El hilo de la vida
De los genes a la ingeniería genética

El hilo de la vida
De los genes a la ingeniería genética

SUSAN ALDRIDGE

*

Edición española a cargo de Gustavo Barja

*

Traducción de Mª Teresa Clará de Cárdenas

CAMBRIDGE
UNIVERSITY PRESS

PUBLICADO POR THE PRESS SYNDICATE OF THE UNIVERSITY OF CAMBRIDGE
The Pitt Building, Trumpington Street, Cambridge, United Kingdom

CAMBRIDGE UNIVERSITY PRESS
The Edinburgh Building, Cambridge CB2 2RU, UK
http://www.cup.cam.ac.uk
40 West 20th Street, New York, NY 10011-4211, USA
http://www.cup.org
10 Stamford Road, Oakleigh, Melbourne 3166, Australia
Ruiz de Alarcón, 13, 28014 Madrid, España
Título original *The Thread of Life. The story of genes and genetic engineering*
ISBN 0 521 46542 7
publicado por Cambridge University Press 1996
© Cambridge University Press 1996

Edición española como *El hilo de la vida.*
De los genes a la ingeniería genética
Primera edición, 1999
© Cambridge University Press, Madrid, 1999
© Traducción española, Mª Teresa Clará de Cárdenas, 1999
ISBN 84 8323 050 X rústica

Quedan rigurosamente prohibidas, sin la autorización escrita de los titulares del copyright,
bajo las sanciones establecidas en las leyes, la reproducción total o parcial de esta obra
por cualquier medio o procedimiento, comprendidos la reprografía
y el tratamiento informático, y la distribución de ejemplares de ella
mediante alquiler o préstamo público.

Producción: Fotomecánica y fotocomposición ANORMI, S.L.
Compuesto en Times 10,5 pt, en QuarkXPress™
Impreso en España por PEMASYELTE, S.L.
Depósito legal: M-17.378-1999

Índice

Prólogo	9
Agradecimientos	11
Ilustraciones	11

PARTE I: ¿Qué es el ADN?	13
1 El ADN es el anteproyecto de la vida	15
El descubrimiento del ADN	15
Retomando los hilos de la herencia	17
Disección del ADN	19
¿ADN o proteína?	21
Tiempos para un cambio de paradigma	23
Adentrándonos en el ADN	27
La doble hélice	28
2 El ADN en acción	36
El código genético	36
El ARN mensajero relaciona el ADN con la proteína	41
Del ARN mensajero a la proteína	43
Las proteínas son especiales	47
Nuevos canales de información: retrovirus y priones	47
Activando y desactivando la expresión génica	50
3 Un primer plano del genoma	56
La paradoja del valor-c	56
Empaquetando el ADN en las células	58
Topografía del genoma	61
La fluidez del genoma	69
4 ¿De dónde proviene el ADN?	73
Orígenes	73
Evolución, la historia molecular	77
Nuestro lugar en la Naturaleza	84
Arqueología molecular	88
¿Otro tiempo, otro lugar?	90

PARTE II: Genes ingenieros 93

5 **Ingeniería genética** 95

6 **Creando nuevas formas de vida** 102
   Cómo se fabrican animales transgénicos 103
   Los peces y el potencial de las «granjas farmacéuticas»... 104
   Trasplantes y xenoinjertos... 109
   Modelos en el ratón... 112
   Los pros y los contras de los derechos de los animales ... 116
   Protección de las patentes 117
   Alimentos transgénicos 119

7 **Genes: el punto de vista humano** 121
   Genética humana: una guía básica 121
   La carga de las enfermedades genéticas 123
   Mutación y caza de genes 131
   ADN e identidad 139

8 **Remplazando genes** 145
   Vida, muerte y la célula 145
   Los genes y el desarrollo 148
   Genes y cáncer 149
   Terapia génica y fármacos provenientes del ADN 151

PARTE III: Biotecnología 157

9 **El amplio mundo de la biotecnología** 159
   Las enzimas son las moléculas principales de la
   biotecnología 159
   El mundo estéril del fermentador 160
   La biotecnología en la medicina 162
   Sabores y enzimas 166
   Enzimas en la lavadora 169

10 **El poder de las plantas** 171
    Una célula, una planta 171
    Nuevos genes, nuevas plantas 175
    Ingeniería para el suministro mundial de alimentos 177
    Rosas azules y petunias rojo ladrillo 186
    Pillaje de genes y de patentes 188
    Más materia de reflexión 189

11 Soluciones ambientales	192
Atrapando la energía solar	192
Minas microbianas	196
Campos de petróleo alternativos	198
El equipo de limpieza biotecnológica	199
Desde la agroquímica hasta la biotecnología	202
Biotecnología: ¿es realmente ecológica?	204
PARTE IV: La última frontera	207
12 Mas allá del ADN	209
Neodarwinismo y el gen egoísta	209
Genes y ambiente	211
Nuevas fronteras: el caos y la resonancia mórfica	213
Bibliografía recomendada	217
Índice alfabético	219

Prólogo

El proyecto del genoma humano, las pruebas de ADN, la terapia génica, la ingeniería genética..., nunca faltan noticias sobre la revolución genética. Este libro pretende ir más allá de los titulares para explorar el rápido y fascinante mundo de la biología molecular.

En la primera parte del libro, he intentado transmitir el poder y la singularidad de la molécula de ADN: cómo se descubrió, qué hace, y de dónde viene. Esto nos lleva a la ingeniería genética y a su potencial –en realidad, no hay nada especial en la transferencia de genes, ha estado ocurriendo durante miles de millones de años–, que ahora proviene de los humanos y no de las fuerzas ciegas de la evolución. Las aplicaciones de la ingeniería genética y de las tecnologías relacionadas con ella que más han atraído a la publicidad: la terapia y el análisis génicos, y los animales transgénicos, serán objeto de nuestra atención a continuación.

Pero la ingeniería genética es solo un aspecto de la biotecnología (aunque ambos términos suelen utilizarse como sinónimos); en la tercera parte del libro, me he centrado en el mundo más amplio de la biotecnología, así como en el de la ingeniería genética, aplicados ambos campos a las plantas y al medio ambiente.

Los críticos dicen que se está enfatizando demasiado la importancia del ADN en la biología, y que esta sobrevaloración está provocando una especie de reduccionismo, lo que ha privado al público y a algunos científicos de sus beneficios. En la última parte, he intentado situar el ADN en su contexto, revisando otras ideas nuevas que han surgido en el campo de la biología durante los últimos veinte años.

Susan ALDRIDGE
Londres

Agradecimientos

Agradezco a las siguientes personas la ayuda que me han brindado en la creación de este libro: a la profesora Lynn Margulis de la Universidad de Massachusetts y al Dr. Iain Cubitt de *Axis Genetics*, por aceptar conversar conmigo acerca de su trabajo; al profesor Ted Tuddenham del Centro de Ciencias Clínicas (CSC) del Consejo de Investigación Médica, por darme la oportunidad de aprender algo sobre genética molecular, y a todos mis colegas y amigos del laboratorio del CSC por los cinco años de intensos e interesantísimos debates; a Sandy Smith y a mi marido Graham Aldridge, por leer el manuscrito y hacer muchas sugerencias útiles. Finalmente doy las gracias al Dr. Robert Harington, que anteriormente perteneció a Cambridge University Press, por su apoyo entusiasta desde el inicio del proyecto y al Dr. Tim Benton, por su ayuda y dirección continuadas.

Ilustraciones

Las figs. 1.2 (a) y (b) y 1.3 (a) y (b) están modificadas a partir de *Biological Science* 1 & 2, 2.ª edición, N. P. O. Green, G. W. Stout y D. J. Taylor, editado por R. Soper, Cambridge University Press, 1993.

Las figs. 2.1, 2.2, 2.3, 4.1 (a) y (b), 5.1, 7.1, y 10.1 están modificadas a partir de *Biochemistry for Advanced Biology*, de Susan Aldridge, Cambridge University Press, 1994.

La fig 3.1 proviene de *Gray's Anatomy,* 3.ª edición, editado por R. Warwick y P. Williams, Longman, Londres, 1973.

Parte I
¿Qué es el ADN*?*

1
El ADN es el anteproyecto de la vida

Tome una cebolla grande y píquela finamente. Ponga los pedazos en una cacerola de tamaño mediano. A continuación mezcle diez cucharadas de líquido lavavajillas con una cucharada de sal, y añada agua hasta obtener 0,75 litros. Añada aproximadamente una cuarta parte de esta mezcla a la cebolla, y cuézalo al baño maría durante cinco minutos, removiendo con frecuencia. Licúelo a alta velocidad durante cinco segundos.

A continuación, cuele esta mezcla y añada unas cuantas gotas de zumo de piña natural al líquido ya colado, mezclándolo bien. Viértalo en un vaso alto y helado, y termine añadiendo algún tipo de alcohol muy frío (el vodka puede servir) por los laterales, de manera que flote sobre esta mezcla. Espere unos minutos, y observe cómo se forma una zona turbia entre las dos capas. Introduzca una varilla para cócteles, y suavemente enganche con ella el material turbio. Debería convertirse en una especie de tela de araña hecha de fibras que puede retirarse del vaso. Esto es el ADN (abreviatura de ácido desoxirribonucleico).

El ADN es la materia de la que están hechos los genes. Los genes transportan información biológica que luego se traduce en las características de los seres vivos, que se transmiten de generación en generación. Por tanto, los genes determinarán el color de las alas de una mariposa, el aroma de una rosa, y el sexo de un bebé. El ADN solo es una sustancia química, no una entidad más compleja, como un cromosoma o una célula, y solo puede adquirir su categoría de firma molecular de un organismo si se encuentra en un ámbito biológico.

El descubrimiento del ADN

Los procesos de corte, cocción, molienda, y mezcla anteriormente descritos se parecen a los que tienen lugar a diario en los laboratorios de todo el mundo a la hora de extraer ADN de un tejido vivo. El ADN domina la biología moderna y, sin embargo, han pasado muchas décadas desde su descubrimiento hasta la comprensión de su significado.

El ADN fue aislado por primera vez por el bioquímico suizo Friedrich Miescher, en 1869, a partir del pus humano: mezcla de bacterias, plasma sanguíneo y leucocitos que exuda de las heridas y los abscesos infectados.

La vida y el trabajo de Miescher estuvieron bajo la gran influencia de su tío, el anatomista Wilhelm His, uno de los fundadores de la biología molecular. Después de estudiar medicina, Miescher se trasladó a Tübingen para trabajar con el famoso químico Felix Hoppe-Seyler en el primer laboratorio del mundo dedicado en exclusiva al estudio de la bioquímica.

Los últimos años del siglo XIX fueron apasionantes. Aunque el físico inglés Robert Hooke había descrito anteriormente las células en 1665, en su ya clásica obra *Micrographia*, fue solo en el siglo XIX cuando se comprendió su significado como bloques fundamentales para la construcción de cualquier organismo. Las células son unos compartimentos muy pequeños llenos de un líquido llamado citoplasma y que están separados del ambiente exterior por una fina membrana hecha de un material graso. Los microorganismos pueden estar formados por una sola célula, como las bacterias, las amebas y los hongos, o pueden coexistir en comunidad con diferentes tipos de células que trabajan juntas. Estos microorganismos multicelulares abarcan desde las esponjas, las medusas, y otros animales pequeños, que habitan en pequeñas charcas y que se defienden con solo unos cuantos tipos de células, hasta los humanos que ostentamos más de 200 tipos diferentes de células.

Hacia 1860, la idea de que la vida surgió de manera espontánea fue abandonada definitivamente. Rudolf Virchow, padre de la patología clínica, desarrolló el concepto según el cual las células, esos bloques con los que se construye la vida, solo podían provenir de otras células. Los experimentos que llevó a cabo el gran científico francés Louis Pasteur apoyaron esta idea. Pasteur demostró que en los recipientes con caldos de cultivo solo se desarrollaban hongos si dichos recipientes resultaban contaminados por microbios transportados en el aire. Si se calentaban y luego se sellaban, estos recipientes permanecían estériles, es decir, ninguna vida microbiana aparecía de manera espontánea bajo estas condiciones.

Las bacterias provienen de otras bacterias mediante un sencillo procedimiento de división celular denominado fisión binaria o bipartición. Esto puede ocurrir cada veinte minutos. Si se administra comida y energía de manera ilimitada, y un ambiente ideal en el que no existan depredadores, una única bacteria puede generar un número superior a la población humana (5.000 millones de personas) en menos de once horas.

La bipartición es un ejemplo de reproducción asexual en la que un nuevo organismo proviene de un único «progenitor». Otras criaturas más complejas, como nosotros mismos, provenimos de la unión de una célula de cada uno de nuestros padres. Esto es la reproducción sexual. La célula formada gracias a esta unión crece para convertirse en un organismo completo (que contiene, en un ser humano, al menos un billón de células, o 10^{12}), mediante el procedimiento de división celular llamado mitosis. En los organismos multicelulares, las células se multiplican muy deprisa solo durante el desarrollo y en respuesta a una lesión tisular. El resto del tiempo existe un equilibrio entre muerte y renovación celular.

Cada vez que una célula se divide, produce dos células del mismo tipo. Una célula de la piel humana tiene que producir otra célula de piel humana, por ejemplo, y las células de las hojas han de fabricar más células de hojas, mientras que las bacterias producen más bacterias de la misma especie. El problema al que tuvieron que enfrentarse Virchow, Pasteur, y sus contemporáneos, fue cómo demostrar que las células provenían de otras células y averiguar cómo se transmiten las características particulares de cada tipo de célula cuando estas se multiplican.

La mayoría de las células son demasiado pequeñas para poder ser observadas a simple vista, por lo que gran parte del trabajo realizado en los laboratorios consistía en escudriñarlas a través de los microscopios. Los nuevos bioquímicos se aferraron a los tintes de color intenso, como el Malva de Perkins, que la industria química alemana estaba comercializando por entonces. Estos tintes ayudaron a desvelar la estructura interna de las células. Esto, junto con las mejoras que estaban llevándose a cabo en el campo de las lentes de los microscopios, mostró que muchas células poseen un centro conocido como «núcleo» (observado por primera vez en 1831). Justo antes del descubrimiento del ADN por Miescher, el científico alemán Ernst Haeckel había sugerido la idea de que el núcleo era de enorme importancia en la transmisión de características de una generación a la siguiente.

Miescher tenía especial interés por el contenido químico de las células. Cada mañana llamaba a la clínica local y recogía los vendajes ya utilizados. En los días anteriores a los antisépticos, los vendajes estaban empapados en pus, y Miescher había descubierto que los grandes núcleos de los leucocitos presentes eran idóneos para sus investigaciones. Fue en estos núcleos dónde Miescher, en 1869, descubrió una nueva sustancia, que solo aparecía cuando Miescher añadía una solución alcalina a estas células. Mirando a través del microscopio vio que, con este tratamiento, los núcleos reventaban y dejaban escapar su contenido. Por este motivo denominó nucleína a esta sustancia, basándose en la presunción de que provenía del núcleo.

Los análisis de la nucleína mostraron que se trataba de un ácido, y que contenía fósforo. Estos hallazgos sugirieron que la nucleína no se ajustaba a ningún otro grupo conocido de sustancias químicas encontradas en las células, como las proteínas, los carbohidratos, o los lípidos. Miescher demostró, además, que la nucleína estaba presente en muchas otras células. Más tarde, la nucleína fue denominada ácido nucleico, y hoy en día se conoce como ADN.

Miescher se interesó particularmente en las células del esperma del salmón del Rhin, porque más del 90% de la masa celular de ese tipo de células lo conforma el núcleo (posteriormente a lo largo de su vida, Miescher centró su atención de nuevo en la totalidad del organismo y se interesó por la conservación del salmón del Rhin). En estos experimentos, Miescher también extrajo una proteína simple a partir del núcleo: la protamina. La protamina solo se encuentra en las células seminales. En el resto de los núcleos está presente una proteína parecida llamada histona, que fue identificada por primera vez por el químico alemán Albrecht Kossel. Se estableció pues que el núcleo contenía tanto ADN como proteínas pero, ¿cuál de estas sustancias estaba involucrada en el proceso de la herencia?

Retomando los hilos de la herencia

Mientras tanto, el microscopio estaba revelando más y más detalles sobre la vida secreta de las células. En 1879, el químico alemán Walther Flemming descubrió unas pequeñas estructuras en forma de hebras dentro del núcleo, que estaban hechas de un material que él llamó cromatina debido a que absorbía con rapidez el color de los tintes utilizados para colorear las células y tejidos (más tarde estas hebras fueron llamadas cromosomas).

Estos cromosomas teñidos o marcados revelaron a Flemming, y al resto de los investigadores de la época, los detalles más íntimos de la mitosis. Observaron cómo los cromosomas se multiplican por dos, como si la célula hubiera suministrado una copia de cada uno de ellos. Y entonces, justo antes de que la célula se divida, los cromosomas emparejados se dividen, al igual que una pareja que se está divorciando, y toma cada cual por residencia una de las dos células producidas por la división celular. Por tanto, la mitosis está acompañada por la aportación de un juego completo de cromosomas a cada una de las nuevas células.

A continuación, le llegó el turno al sexo para ser observado bajo el microscopio. Oskar Hertwig, que trabajaba en la Costa Azul francesa en 1875, colocó dos pequeñas gotas de agua de mar que contenían huevos y esperma del caballito de mar mediterráneo en una placa de cristal, enfocó las lentes de su microscopio, se acomodó en su sillón, y esperó para ver qué es lo que iba a pasar. Se perdió el momento de la fecundación, cuando se unen el huevo y el espermatozoide, pero pudo observar la fusión de sus dos núcleos y el momento en el que empezaron a dividirse. Ocho años más tarde, Edouard van Beneden, en la Universidad de Lieja, observó que los cromosomas del espermatozoide y del huevo se mezclaban durante la fecundación de la lombriz intestinal del caballo. Aún más, observó que estas células germinales poseían la mitad de cromosomas que las demás. Como ya sabemos hoy en día, las células germinales se forman gracias a un tipo especial de división celular denominado meiosis, que reduce a la mitad el número de cromosomas. Por esto, cuando las células germinales se unen durante la fecundación, el huevo fecundado que va a dar lugar a un nuevo organismo presenta un juego completo de cromosomas.

La cromatina era, obviamente, el material directamente relacionado con la herencia. Los análisis demostraron que contenía nucleína y, en 1884, Hertwig declaró que «la nucleína es la sustancia responsable [...] de la transmisión de las características hereditarias», declaración que corresponde más o menos a lo que hoy en día entendemos como el papel del ADN.

Irónicamente, Miescher, quien había invertido mucho tiempo y energía especulando sobre el papel biológico de la nucleína, no pudo aceptar nunca las teorías de Hertwig. Sí creyó, sin embargo, que la información podía transmitirse de una célula a la siguiente en forma de código químico, almacenado en grandes moléculas como las proteínas. En 1892 escribió a su tío, Wilhelm His, que la repetición de las unidades químicas en unas moléculas tan grandes podía actuar como un lenguaje «igual que las palabras y los conceptos de todos los idiomas pueden encontrar su expresión en las letras del alfabeto».

Permaneció fiel al estudio de la nucleína, y trabajó durante muchas horas y a bajas temperaturas, ya que estaba convencido de que estas eran las condiciones necesarias para obtener los mejores resultados. Tenía razón a este respecto: el tiempo ha demostrado que el ADN es una molécula frágil, y por esta razón es tan importante un entorno fresco para la extracción del ADN de la cebolla, descrita al inicio de este capítulo (y por qué un cubo lleno de hielo es un instrumento fundamental para cualquier biólogo que se respete). Al final, sus intensos esfuerzos pasaron factura, y su salud, que había sido siempre delicada, sufrió un bajón que acarreó su muerte a la edad de cincuenta y un años.

Disección del ADN

Ambos, Hertwig y Miescher, tenían razón con respecto al ADN, pero la química ha tardado casi un siglo en convertir sus ideas en el concepto central de la biología molecular.

La química de la vida está basada en el elemento denominado carbono. Existen probablemente millones de componentes diferentes de carbono en la naturaleza. La mayoría no ha sido aún identificada, y otros elementos, como los fármacos potenciales que fabrican las plantas al borde de la extinción, nunca lo serán. La investigación química de los productos naturales como el ADN, no tiene límites. Las revistas especializadas en química nos invaden con artículos sobre nuevos y prometedores componentes extraídos de las esponjas que yacen en el fondo del mar, o de las malas hierbas comunes, o de los insectos, y del tejido humano, solo por mencionar algunas de las múltiples fuentes existentes. Algunos de estos compuestos son interesantes por sí mismos, por ejemplo debido a que presentan una nueva disposición de sus átomos, y otros poseen una inmediata y obvia aplicación para la salud y el bienestar de los seres humanos.

El objetivo de un químico que está extrayendo un producto natural es el de comprender su estructura; es decir, desvelar la disposición de los átomos en las moléculas del nuevo compuesto. La estructura suele indicar las propiedades y la función de una sustancia. Por ejemplo, la estructura de un diamante, que es una enorme red de átomos de carbono, cada uno de los cuales está unido a otros cuatro que lo rodean, le da su propiedad de dureza. Por este motivo se pueden utilizar diamantes para fabricar herramientas de corte resistentes al desgaste. La conexión entre la estructura y la función hallada en el ADN es, sin lugar a dudas, el hecho más significativo de la historia de la química.

La primera etapa en el camino hacia la estructura es averiguar qué elementos contiene el nuevo componente y, a partir de aquí, se puede calcular una formula química aproximada. Miescher halló una fórmula para el ADN: $C_{29}H_{49}O_{22}N_9P_3$ (es decir, por cada 29 átomos de carbono, hay 49 de hidrógeno, 22 de oxígeno, 9 de nitrógeno y 3 de fósforo).

Las estructuras de las moléculas sencillas, como la del agua, son fáciles de averiguar, porque una fórmula como H_2O (dos átomos de hidrógeno y uno de oxígeno) solo sugiere una única disposición posible de sus átomos, de acuerdo con las leyes de la química. Sin embargo, la fórmula de Miescher para el ADN (que al final resultó ser errónea, era demasiado sencilla) sugería miles de posibilidades. La siguiente etapa, llevada a cabo por Miescher y sus contemporáneos, fue romper la molécula del ADN e investigar las diferentes agrupaciones de átomos que contenía.

Una de las cosas que hace que la gente crea que la química es algo aburrido y confuso es la falta de apreciación de las reglas que tienen sentido en medio de una cantidad enorme de páginas llenas de ecuaciones y fórmulas. Existen 92 elementos en la naturaleza, pero no se combinan simplemente al azar para producir miles de millones de componentes sin relación alguna entre sí. Las reglas sobre las combinaciones químicas, que se desarrollaron en el siglo XIX, han producido una enorme base de datos sobre familias químicas, cada una de las cuales contiene diferentes grupos de átomos. Los componentes de una misma familia tienden a comportarse de una manera similar y predecible. Por ejemplo, los cloruros, como el cloruro sódico y el cloruro de magnesio, siempre producirán un precipitado blanco delator si se mezclan con nitrato de plata.

Una vez que se conoce la fórmula de un componente, la siguiente etapa es asignar este componente a una familia tras haberlo sometido a diferentes pruebas (como la prueba del nitrato de plata arriba descrita). Las sustancias más complejas, como el ADN, tienden a presentar atributos de más de una familia química, ya que contienen más de un grupo de átomos.

En 1900, los químicos habían calculado que el ADN contenía componentes de tres diferentes familias químicas. Contenía fosfato, azúcar, y una «base».

Un grupo fosfato consiste en un átomo de fósforo rodeado de cuatro átomos de oxígeno. El lugar donde más probabilidades hay de encontrar fosfato hoy en día es en los supermercados, en los que filas de detergentes «ecológicos» alardean de estar «libres de fosfatos». El fosfato es un nutriente fundamental para todos los seres vivos (no hay más que fijarse en los abonos para jardines), ya que es componente esencial del ADN (y de los huesos).

Si los fosfatos provenientes de los detergentes se introducen en el suministro de agua, el resultado parece estimular un crecimiento frondoso de las algas de los ríos en detrimento de otros microorganismos, hecho que produce un desequilibrio del ecosistema. La razón por la que los fosfatos están presentes en los detergentes es que impiden que la suciedad ya retirada de los tejidos vuelva a introducirse en ellos.

Los azúcares son un subgrupo dentro de una gran familia bioquímica conocida como carbohidratos. Como su propio nombre sugiere, contienen carbono y elementos propios del agua: hidrógeno y oxígeno. Es fácil confirmar esta afirmación. Caliente una cuchara llena de azúcar sobre una llama y, a los pocos minutos, los cristales blancos producirán nubes de vapor, dejando atrás una abultada masa negra de carbón en la cuchara. También puede observar cómo se quema una tostada, otro ejemplo de la descomposición de carbohidratos. La «D» del ADN significa desoxirribosa, nombre del azúcar que fue identificado como parte de la molécula del ADN.

Sin embargo, la parte más significativa de la molécula del ADN es la «base». Las bases son elementos químicos que reaccionan frente a los ácidos para neutralizarlos. Un ejemplo de base es el amoniaco, que frecuentemente forma parte de los productos de limpieza de un hogar. Otro es el bicarbonato sódico. Si uno añade uno de estos compuestos al vinagre (que es un ácido), tiene lugar una neutralización, acompañada de efervescencia, debida a la formación del gas dióxido de carbono como subproducto. Algo parecido ocurre cuando se echa un comprimido del antiácido *Alka-Seltzer* en un vaso de agua: los comprimidos secos contienen ácido cítrico y bicarbonato sódico, y estos reaccionan cuando entran en contacto con el agua.

Las bases del ADN son un poco más complicadas que las que acabamos de mencionar, pero, en vista de que son muy importantes para el almacenamiento y la transmisión de la información biológica, vale la pena detenerse y observarlas con más detalle. Pertenecen a dos familias llamadas purinas y pirimidinas. Las purinas del ADN son la adenina (A) y la guanina (G), mientras que las pirimidinas son la citosina (C) y la timina (T). Como muchas otras moléculas biológicamente activas, como las vitaminas y los barbitúricos (fármacos sedantes), las purinas y las pirimidinas contienen átomos de carbono y de nitrógeno dispuestos en un anillo. Las purinas contienen un anillo hexagonal y otro pentagonal unidos entre sí, y las pirimidinas solo poseen un único anillo hexagonal. La pertenencia a familias de las cuatro bases del ADN, y en particular, las relaciones entre las dos familias, fueron de enorme importancia para poder descifrar la estructura detallada de la molécula. Dicho de modo sencillo, las purinas y las pirimidinas se unen en el ADN para producir la pieza clave de la molécula y la llave de su significado biológico.

Con esto, sin embargo, nos adelantamos demasiado a la historia. A principios del siglo XX, lo único que tenían los químicos de la época eran las diferentes piezas que conformaban el rompecabezas del ADN: fosfato, desoxirribosa, y las bases. Tenían que descubrir cómo se interrelacionaban.

La mayor parte del mérito en relación con esto se debe a un brillante y productivo bioquímico llamado Phoebus Levene. Estudió bajo la tutela del químico y músico Alexander Borodin en el Instituto Químico de San Petersburgo antes de emigrar hacia Estados Unidos en 1891. Allí se instaló en el Instituto Rockefeller para la Investigación Médica. Levene, que tuvo problemas continuos con el director del Instituto, Simon Flexner, por pasarse de su presupuesto, se dedicó a analizar el ADN más en profundidad.

Demostró que los tres componentes estaban ligados entre sí por uniones o enlaces químicos en el siguiente orden: fosfato, azúcar, base, actuando el azúcar como una especie de puente entre el fosfato y la base. Llamó a esta unidad nucleótido, y sostuvo que el ADN estaba compuesto por varios nucleótidos ensartados juntos como las cuentas de un collar. Demostró además que la hilera de enlaces químicos que unía a los nucleótidos, el hilo del collar, atravesaba los grupos fosfatos y no las bases.

En aquel tiempo se identificó otro tipo de ácido nucleico en el citoplasma. Se trata del ácido ribonucleico o ARN. El ARN es similar al ADN en cuanto a su disposición química, con la diferencia de que una base de la familia de las pirimidinas llamada uracilo (U) está situada en lugar de la T, a la vez que, como su nombre indica, el azúcar ribosa sustituye a la desoxirribosa.

¿ADN o proteína?

Desafortunadamente, lo que no se pudo apreciar hasta bien entrado el siglo XX fue la longitud de la molécula de ADN. Si se tuviera que extraer ADN de los cromosomas de una única célula humana y juntar las piezas para formar una sola molécula, se obtendría una longitud de más de dos metros. En uno de los microorganismos más simples, la bacteria *Escherichia coli (E. coli)*, la molécula de ADN supera apenas un milímetro, longitud mil veces mayor que el diámetro de la célula bacteriana en sí. Las moléculas de ADN presentan diferentes longitudes según las especies, pero incluso la menor o la más corta consisten en miles de nucleótidos ensartados juntos.

Levene y sus contemporáneos pensaban en una molécula mucho más pequeña, con menos de diez nucleótidos. Lo que probablemente les condujo a esta conclusión fue la ruptura del ADN en pequeños fragmentos durante sus experimentos. Una molécula de ADN debe ser extraordinariamente fina, siendo a la vez miles, millones, o incluso miles de millones de veces más larga que ancha. Por tanto, la manipulación mecánica podía fácilmente quebrar tan frágiles fibras. En la extracción de ADN de la cebolla realizada de una manera tecnológicamente precaria a la que nos hemos referido al principio del capítulo, intentamos proteger la integridad de las fibras minimizando el tiempo de la fase de licuación (esta etapa es esencial para romper las membranas que rodean al núcleo y a las células del tejido de la cebolla para que liberen el ADN).

Hubo que esperar hasta los años treinta de este siglo para que dos científicos suecos, Torbjörn Caspersson y Einar Hammersten, utilizaran nuevos métodos para la medición del tamaño de la molécula de ADN, y demostraran que se trataba de un polímero. Un polímero es una larga molécula compuesta por un número de moléculas más pequeñas denominadas monómeros que están químicamente unidas entre sí. En el ADN, los monómeros son nucleótidos de cuatro clases diferentes, cada uno de los cuales contiene una base diferente. Algunos polímeros contienen un solo tipo de monómero. Por ejemplo, el polietileno está basado en el monómero etileno, un pequeño hidrocarburo. El polímero natural más abundante en el mundo, la celulosa, tiene como monómero a la glucosa.

Si la información genética está de alguna manera codificada para la disposición de los átomos dentro de una molécula, entonces es probable que esa molécula sea un polímero, dada la cantidad de datos necesarios para poder especificar las características de un organismo, por simple que este sea. Pero el significado biológico del ADN seguía sin descubrirse. El progreso se veía frenado por la insistencia de Levene en el hecho de que las cantidades de las cuatro bases eran iguales en todas las moléculas de ADN. Levene pensaba en una disposición regular de los cuatro nucleótidos correspondientes, cada uno con su base propia, a lo largo de toda la molécula. La secuencia del ADN en la que creía Levene era algo parecido a la siguiente serie: ACGTACGT-ACGT- repitiéndose eternamente. Este tipo de disposición no podía almacenar información (mientras que una secuencia más variada, como CCTATTT-GAGTAA sí la hubiera tenido). La creencia de Levene adquirió una categoría dogmática conocida como la hipótesis tetranucleótida. Condujo a la presunción de que el ADN jugaba un papel de soporte (literalmente) en el proceso hereditario, que solo servía para mantener a las importantes proteínas nucleares en posición.

A medida que se empezaron a desarrollar las técnicas bioquímicas a principios de este siglo, las proteínas empezaron a competir favorablemente frente a los ácidos nucleótidos como candidatos para el anteproyecto de la vida. Mientras que los ácidos nucleicos parecían unas moléculas más bien sencillas, las proteínas, que también son polímeros, eran complejas y sutiles. El gran químico alemán Emil Fischer, contemporáneo de

Levene, demostró que los monómeros de las proteínas eran simples moléculas denominadas aminoácidos. Comúnmente, existen veinte aminoácidos en las proteínas, por lo que, cuando estos están unidos por centenas, o incluso por miles, para crear una molécula de proteína, existe una enorme cantidad de secuencias posibles. Si comparamos esto con la monótona regularidad del ADN de Levene, podemos fácilmente comprender por qué los bioquímicos de entonces se dejaron aturdir.

Evidentemente, las proteínas son de gran importancia para las células. Cada célula viva es un panal de actividad química en el que miles de moléculas diferentes son, bien descompuestas en componentes más sencillos, bien reconstruidas en algo mucho más complejo. Ciertamente, mientras Levene y sus contemporáneos especulaban acerca de los problemas de la herencia, otros bioquímicos estudiaban la igualmente espinosa cuestión de cómo se controlaba y coordinaba toda esa frenética bioquímica celular.

Una típica célula bacteriana podría contener cerca de 3.000 proteínas diferentes, mientras que una célula humana podría poseer entre 50.000 y 100.000. De todas ellas, quizá la mitad podrían ser catalizadores biológicos llamados enzimas. Estas realizan dos cosas: todas aceleran las reacciones químicas y cada enzima actúa en general sobre una sola reacción.

El sistema digestivo de los humanos es un conjunto de órganos: estómago, páncreas, etc., cuyas células están equipadas con un conjunto de enzimas digestivas que descomponen los alimentos y extraen su energía y nutrientes. Si no tuviéramos enzimas, nos moriríamos de hambre rápidamente, porque tardaríamos unos cincuenta años en digerir una comida típica. Y además tenemos que poseer la totalidad del conjunto de enzimas. La pepsina, por ejemplo, que se encuentra en el estómago, solo será una ayuda para la descomposición de la proteína en aminoácidos. Actuará sobre la proteína de la leche en un tazón de cereales, pero dejará la descomposición de los carbohidratos del cereal, y la grasa de la leche, para otros miembros de la familia de las enzimas digestivas. En comparación con el sistema digestivo, las reacciones químicas que tienen lugar habitualmente en la célula son mucho más complicadas. En una célula del hígado podría haber cientos de reacciones ocurriendo en cualquier momento y cada una de ellas es catalizada por su propia enzima.

Pronto se les dio a las enzimas un carácter que pertenecía legítimamente al ADN. La imagen que empezó a surgir era la de un núcleo que contenía un conjunto maestro de enzimas, las cuales se mantenían en su lugar gracias a un soporte de ADN, del cual se generaban copias mediante un mecanismo directo de replicación. Este «dogma de la proteína» constituyó una creencia poderosa a la que algunos bioquímicos aún se agarraron hasta la mitad de los años cincuenta antes de que se desvelara completamente el papel del ADN.

Tiempos para un cambio de paradigma

En ciencia, las ideas surgen gracias a corrientes llamadas paradigmas, entendiendo por paradigma la idea del momento que explica cómo funciona cierto aspecto del mundo físico. Cuando se reta por primera vez un paradigma científico, la comunidad científica suele responder con negaciones furiosas o con una total indiferencia, y la nueva hipótesis ha de esperar durante muchos años antes de ser «redescubierta» en el momento idóneo. La teoría de la deriva continental descrita por Alfred Wegener en 1912, por ejemplo, es un buen ejemplo. Hubo que esperar hasta los años sesenta para que la evidencia documentada acerca del movimiento de las placas terrestres a lo largo del tiempo geológico hiciera que las ideas de Wegener fueran finalmente aceptadas.

En 1944, Oswald Avery y su equipo (Colin McLeod y Maclyn Macarty) anunciaron el descubrimiento de que era el ADN, y no las proteínas, el responsable del proyecto de la vida. Avery, un microbiólogo médico del Instituto Rockefeller, era un hombre modesto, con pocas probabilidades de realizar el flamante anuncio del descubrimiento del secreto de la vida. Y, sin embargo, su descubrimiento fue acogido con una enorme ovación por parte de sus colegas. Este tributo hubo de ser especialmente gratificante para Avery, ya que se produjo en vísperas de su jubilación. Los años han resaltado el volumen de su trabajo, el cual le hubiera casi con toda seguridad merecido el Premio Nobel de haber vivido más tiempo.

Fuera del Instituto Rockefeller, la respuesta fue acallada. Incluso surgió cierto resentimiento sobre el hecho de que habían sido simples médicos, y no científicos, los que finalmente habían descubierto el papel clave del ADN. Sin embargo, pocos dudaron de la importancia de los resultados obtenidos por Avery, y la tarea de descifrar el secreto del funcionamiento del ADN pasó a ser la primera prioridad en la agenda científica.

Lo que inició a Avery en su camino hacia el ADN fue su determinación para resolver un problema apuntado en 1928 por Fred Griffith, un microbiólogo de la salud pública que trabajaba en Londres. Griffith había obtenido un resultado asombroso en su trabajo con los neumococos, bacterias causantes de la neumonía. En aquellos días se temía mucho a esta enfermedad (eran tiempos anteriores a los antibióticos) pues, con excesiva frecuencia, era mortal. Griffith demostró que existían dos formas diferentes de neumococos, que él denominó «rugosos» y «lisos» según la apariencia de las colonias que producía cada uno cuando se cultivaban en placas con nutrientes (una colonia es una comunidad de millones de bacterias visibles a simple vista). La forma lisa tiene una delgada envuelta de carbohidratos sobre la superficie de sus células. Esto parece actuar como un disfraz cuando la bacteria penetra en el organismo. La forma rugosa, que no posee esta envuelta, es reconocida y rápidamente eliminada por las defensas de nuestro organismo y, por tanto, es inofensiva.

Como la mayoría de las bacterias, la forma lisa puede eliminarse con calor; pero cuando Griffith intentó mezclar neumococos lisos muertos por la acción del calor con bacterias rugosas vivas pero inócuas, encontró que este cóctel era letal para sus ratones experimentales. Cuando analizó la sangre de los animales descubrió que estaba cargada de bacterias lisas. No solo las células bacterianas muertas habían pasado su virulencia de algún modo a los neumococos lisos, sino que esta característica debía haberse transmitido a la progenie de las bacterias vivas.

Griffith acababa de realizar el primer experimento documentado sobre ingeniería genética pero, por supuesto, no lo reconoció como tal. Muy rara vez la ingeniería genética aparece de manera espontánea como en este caso (como ya veremos en el capítulo 5). Griffith se quedó perplejo ante sus propios resultados. La comunidad científica denominó a la sustancia que se había transmitido desde los neumococos muertos a los vivos «principio transformador».

Fuera lo que fuera este principio, lo que sí contenía eran las instrucciones para fabricar la envoltura de carbohidrato para que las bacterias rugosas se convirtieran en lisas, y letales. Avery no se hizo ilusiones acerca de la dificultad de extraer esta sustancia de las células neumocócicas. «El [...] extracto [...] está lleno de polisacáridos, carbohidratos, nucleoproteínas, ácidos nucleicos libres, lípidos y otros constituyentes celulares. ¡Intenta identificar dentro de esta compleja mezcla el principio activo!», escribió Avery a su hermano, otro microbiólogo médico en 1943.

Avery y su equipo invirtieron muchos años de penoso trabajo en demostrar que el ADN era el principio transformador. El principal objetivo de su trabajo fue la utilización de enzimas. Las enzimas actuaban como un equipo de instrumentos bioquímicos capaces de cortar componentes celulares específicos, dejando otros intactos. Cuando los investigadores añadieron enzimas que digerían las proteínas, la actividad transformadora permaneció intacta. Por tanto, el principio transformador no era una proteína. Esta fue la primera sorpresa. Entonces añadieron, secuencialmente, enzimas que desintegraban los carbohidratos, los lípidos, y el ARN. Ninguna de estas podía destruir el principio transformador. Fue solo cuando añadieron una enzima que cortaba el ADN cuando la actividad transformadora finalmente desapareció.

Dentro de la excitación siguiente al anuncio de estos resultados, muchos científicos volvieron a sus lugares de trabajo para verificar los resultados obtenidos por Avery. Esta conmoción produjo otro experimento puntero. En los años cuarenta, estaba de moda trabajar con bacteriófagos (abreviado en fagos) para estudiar la base química de la genética. Los fagos son virus que atacan a las bacterias, y muchos biólogos moleculares de la época se apuntaron a una famosa escuela de verano sobre fagos que tuvo lugar en el Laboratorio Cold Spring Harbor, en Long Island, Nueva York.

Alfred Hershey, uno de los miembros del llamado «grupo de los fagos» de Cold Spring Harbor, comentó en una carta dirigida a un colega suyo en 1951: «he estado pensando [...] que el virus podría actuar como una pequeña aguja hipodérmica llena de principio transformador». Como cualquier otro virus, cuando los fagos invaden las células, se reproducen con la ayuda de las enzimas celulares. Hershey, con su colega Martha Chase, se propusieron dejar que los fagos infectaran las bacterias e identificar el calco descifrando si era ADN o proteína lo que había penetrado en la célula.

En su hoy famoso experimento (fig.1.1), Hershey y Chase explotaron las diferencias químicas entre el ADN y la proteína. Solo el ADN contiene fósforo; solo las proteínas contienen azufre. Haciendo crecer fagos en una solución química que contenía fósforo radiactivo y azufre radiactivo, Hershey y Chase se aseguraron de que, tanto el ADN, como la proteína del fago, adquirieran una etiqueta radiactiva. La presencia de esta etiqueta significaba que sería fácil seguir el destino de los fagos de ADN y de proteína después de una infección.

Mezclaron los fagos, con sus dos etiquetas radiactivas, con las bacterias y esperaron a que la infección apareciera. Esto permitió que la parte «vacía» de los fagos se quedara pegada al exterior de las células bacterianas, mientras que los contenidos de los fagos, con las instrucciones genéticas para fabricar más fagos iguales, acabaron en el interior de las bacterias. Hershey y Chase vertieron entonces esta mezcla en una licuadora

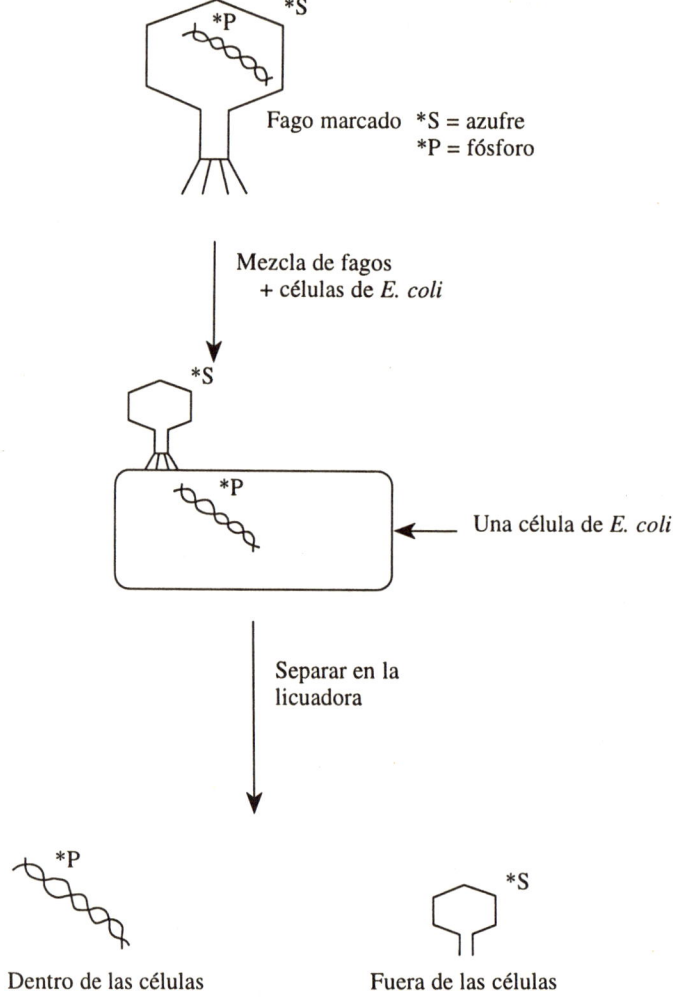

Fig. 1.1. *Experimento de Hershey y Chase*. El material genético del bacteriófago, que contiene las instrucciones para fabricar más fagos, debe pasar hacia el interior de las células bacterianas durante la infección. El experimento de Hershey y Chase muestra que este material es ADN y no proteína, porque, en su fago doblemente marcado, el ADN contiene fósforo radiactivo y la proteína, azufre radiactivo. Después de la infección, el rastro que queda en el interior de la bacteria es fósforo radiactivo, no azufre.

Waring, un utensilio de cocina que no solo servía para hacer sopas sino que también se utilizó para separar la conexión entre la bacteria y el fago vacío. Procedieron entonces a la ruptura de las bacterias con el fin de observar lo que había en su interior y encontraron la firma radiactiva de la etiqueta del fósforo, y no la del azufre. Por tanto, el fago había inyectado ADN en el interior de la bacteria. El azufre radiactivo acabó en el fago vacío, porque la proteína solo había suministrado una envoltura protectora para el ADN, no poseía instrucciones para que el fago se reprodujera.

Hershey y Chase habían confirmado el descubrimiento de Avery respecto a que el ADN es el anteproyecto de la vida. Estos descubrimientos produjeron un cambio en las opiniones de los investigadores, en favor de que el ADN es la molécula que transmite la información entre las generaciones. Este cambio de paradigma generó entonces una nueva serie de problemas para aquellos que lo aceptaron, en particular en lo referente a cómo transporta el ADN esa información, y cómo se traduce en la actividad bioquímica de la célula. Estas preguntas se convirtieron en puntos centrales de la biología durante los siguientes veinte años, e incluso hoy en día ningún biólogo molecular diría que puede darles una respuesta total.

Adentrándonos en el ADN

Fue el químico austríaco Erwin Chargaff quien realizó una de las mayores aportaciones para la comprensión del ADN. El trabajo de Avery le había impresionado profundamente. Escribió: «vi, delante de mí y en medio de la oscuridad, el inicio de una gramática de la biología. Avery nos ha dejado el primer texto de un nuevo lenguaje, o más bien nos ha mostrado dónde buscarlo. He decidido investigar ese texto».

En los años cuarenta, las técnicas analíticas estaban lo suficientemente avanzadas como para facilitar la realización de nuevas indagaciones acerca de la estructura del ADN, objetivo que Chargaff estaba buscando. Una de estas técnicas, la cromatografía en papel, iba a demostrar ser particularmente poderosa para sus investigaciones. En la actualidad, la cromatografía en papel de moléculas biológicas, como la clorofila o los aminoácidos, forma parte de la enseñanza de la ciencia. Incluso se podría hacer en casa con un equipo muy sencillo.

La cromatografía en papel (la palabra cromatografía significa «escritura coloreada») se basa en la aplicación de una muestra consistente en una mezcla de moléculas, como los pigmentos extraídos de los pétalos de una flor, a un pedazo de papel secante. Las moléculas se adhieren a la celulosa del papel, pero con diferentes afinidades dependiendo de su naturaleza química. Algunas se adhieren rápidamente a la celulosa y otras lo hacen con menos intensidad. Si cogemos un extremo del papel secante y lo introducimos en el interior de un recipiente que contiene un disolvente, como el agua o el alcohol, este empezará a subir por la tira de papel a través de los canales situados entre las fibras de celulosa. A medida que el disolvente sube, y este movimiento se ve con claridad, arrastra con él los componentes de la mezcla. Los que se unen débilmente a la celulosa se mueven más adelante en el papel que aquellos que se han adherido con más fuerza. El resultado es un despliegue de los componentes sobre el papel según su afinidad por la celulosa.

Una vez que el disolvente ha recorrido todo el papel, se deja secar y se localizan las posiciones de los componentes sobre el papel mediante un agente visualizador, como la luz ultravioleta que produce un brillo fluorescente en la mayoría de las moléculas biológicas. Algunas veces se tiñen los componentes. La cromatografía de un extracto de hojas de espinaca, por ejemplo, dará lugar a manchas o bandas de color verde, gris y naranja sobre el papel filtro, demostrando que las hojas verdes contienen diferentes pigmentos. Por tanto, la cromatografía permite separar las mezclas de sustancias químicas. Si se procede a continuación a una investigación química más completa se obtendrá la identificación de cada uno de los componentes de la mezcla.

Chargaff fue el pionero de la cromatografía en papel de los ácidos nucleicos. Seccionó muestras de ADN en sus nucleótidos componentes incubándolos con enzimas. La mezcla resultante fue sometida a una cromatografía en papel, y en la visualización observó cuatro manchas o bandas distintas sobre el papel, una para cada nucleótido (recuérdese que los nucleótidos del ADN solo se diferencian por la base que contienen: A, C, G, O T). Entonces recortó cada banda del papel secante y lavó los nucleótidos con el disolvente para poder evaluar qué cantidad de cada uno se hallaba en la muestra de ADN.

Su trabajo derribó la hipótesis tetranucleótida de Levene. Después de todo, los nucleótidos no se hallaban en cantidades iguales en el ADN. Los análisis realizados en los ADN provenientes de levaduras, bacterias, bueyes, ovejas, cerdos y humanos demostraron que cada especie podía, al contrario, estar caracterizada por una cantidad relativa de A, C, G, y T en su ADN (esto es lo mismo para las cantidades relativas de los nucleótidos correspondientes). Por ejemplo, en el ADN humano, el 30,9% del contenido en bases lo conforma la A, mientras que en la levadura, solo el 27,3% de las bases corresponde a A. En una especie dada, estas cifras son idénticas, cualquiera que sea el tejido del cual se haya extraído el ADN. Por tanto, si el ADN del bulbo de una cebolla, cuya extracción hemos descrito en el inicio de este capítulo, hubiera sido analizado, el perfil de su contenido en bases hubiera sido el mismo si el experimento se hubiera repetido con las hojas de la cebolla. Esto era interesante, y justamente lo que cabría esperar de un calco químico, diferente entre las especies, pero idéntico dentro de una misma especie.

Pero la principal contribución de Chargaff resultó ser el descubrimiento de que el número de moléculas de A en *cualquier* muestra de ADN era siempre igual al número de moléculas de T, y a la inversa, las cantidades moleculares de C y G también eran similares entre sí. Cuando se publicó este trabajo en 1950, Chargaff pareció no dar mucha importancia a este hallazgo, más tarde conocido como las proporciones de Chargaff. Era tarea de otros investigadores aprovechar el significado de su trabajo.

La doble hélice

La doble hélice se ha convertido en el símbolo de la biología molecular: desde las portadas de los libros de texto y logotipos de conferencias, hasta camisetas y tazas obsequiadas por las empresas de biotecnología, la espiral del ADN es un recordatorio constante, para los que trabajan en este campo, de la potente conexión entre estructura química y función.

Demasiado a menudo hoy en día, la química ofrece una mala imagen pública. Además de ser culpada por la polución ambiental (fue un químico, Thomas Midgeley, el que inventó tanto la gasolina con plomo como los clorofluorocarbonos o CFC destructores de la capa de ozono), los químicos suelen ser vistos como personas aburridas, analíticas, y carentes de imaginación. Durante una fiesta, pocas son las personas que se acercan a un químico, salvo quizá otro químico. De hecho, la apreciación de la química requiere una voluntad imaginativa para adentrarse y explorar el mundo molecular. Tuvo que recurrirse a un matrimonio entre este tipo de actitud y la tecnología apropiada para insuflar vida a la estructura del ADN.

La técnica llamada cristalografía de rayos X permite la creación de imágenes tridimensionales de grandes moléculas biológicas, como las proteínas y los ácidos nucleicos, en los que la posición de cada átomo está fijada en el espacio. Este tipo de información no puede obtenerse a partir de las técnicas tradicionales basadas en la química, las cuales apenas podían ofrecer imágenes bidimensionales de una molécula, y muy pocos indicios que explicaran el funcionamiento real de dicha molécula.

Promovida por el equipo formado por William y Lawrence Bragg, padre e hijo, en 1913, la cristalografía de rayos X se basa en la interacción de los rayos X con los electrones que rodean a los átomos en un cristal. Un haz de rayos X es dirigido hacia el cristal, y cuando alcanza su objetivo, la interacción hace que el rayo se desvíe de su dirección original. Si el cristal está rodeado de papel fotográfico (que responde a la presencia de los rayos X), el papel registra un patrón de puntos formado por los rayos X desviados. Mediante el análisis matemático de este patrón se calcula la disposición tridimensional de los átomos en el cristal, obteniéndose así una buena imagen de la forma global de la molécula.

Los Bragg empezaron por observar las disposiciones regulares de los átomos en sustancias sencillas, como la sal común (cloruro sódico). Posteriormente, otros científicos, como Max Perutz y Dorothy Hodgkin, que trabajaban en Cambridge, desarrollaron varias técnicas aplicables a toda una serie de moléculas biológicamente activas que incluían la hemoglobina, la vitamina B_{12}, y la penicilina. En 1938, William Astbury, que había estudiado con el mayor de los Bragg, obtuvo la primera fotografía por rayos X del ADN. Esta fue difícil de interpretar, y no fue hasta finales de los años cuarenta cuando tres equipos distintos de científicos se pusieron a trabajar con empeño en el problema de la estructura del ADN.

En el King's College de Londres, Maurice Wilkins (quien, como muchos otros físicos se había vuelto a dedicar a la biología tras haber estado trabajando en el Proyecto Manhattan, construyendo una bomba atómica durante la Segunda Guerra Mundial) se preguntaba si las largas fibras de ADN que se forman cuando este se retira de las soluciones acuosas apuntaban hacia alguna regularidad de su estructura molecular. Utilizando un aparato de rayos X improvisado, obtuvo nuevas imágenes, mucho mejores que las de Astbury. Pero una vez más, las imágenes eran difíciles de interpretar.

En 1951, a Wilkins se le unió Rosalind Franklin, una experta en cristalografía de rayos X. Franklin construyó un nuevo laboratorio de rayos X en el King's College y obtuvo fantásticas imágenes del ADN. Pronto adquirió la noción de que la molécula estaba probablemente enrollada en una forma helicoidal. La hélice como motivo en las moléculas biológicas fue propuesta por primera vez por el químico americano Linus Pauling, quien había desarrollado la teoría del enlace químico. Por eso, el concepto de que el ADN podría ser también helicoidal no era demasiado sorprendente.

Mientras tanto, Francis Crick y James Watson habían aunado sus fuerzas en el Cavendish Laboratory de Cambridge; solo estaban unidos por su interés por el ADN y por su falta de conocimientos sobre el funcionamiento de los enlaces químicos. Sin embargo, cada uno de ellos poseía unos antecedentes impresionantes: Crick como matemático y físico, y Watson como una de las estrellas emergentes del mundo de la biología molecular. Se impusieron la tarea de la construcción de un modelo físico de la molécula de ADN, utilizando placas de metal y cuerdas para simular las unidades de nucleótidos y los puentes químicos existentes entre ellos. Estos dos hombres trabajaron en unas cabañas prefabricadas detrás del Cavendish y que hoy día se utilizan como cobertizos para guardar bicicletas.

Crick y Watson perseguían la idea de que el ADN era, de algún modo, una molécula autorreplicativa que se copiaba a sí misma durante la división celular para transmitir la información genética a las nuevas células. De alguna manera, una estructura helicoidal debía incluir esta propiedad en la molécula. Empezaron a preguntarse si las bases eran responsables de este aspecto único de la molécula, quizá por algún tipo de emparejamiento. Cuando Chargaff visitó el Cavendish en 1952 y le recordó a Crick el contenido de su artículo de 1950 en el que se describían las proporciones de las bases, se encendió la luz que llevaría a la solución final. Crick comprendió que A debe emparejarse con T, y C con G.

Lo que aceleró el trabajo de Crick y Watson fueron las noticias de una tercera entrada en la «carrera» del ADN. Cuando supieron que Linus Pauling acaba de publicar su propio modelo de ADN, y que contenía un error fundamental, ambos se impusieron la construcción del modelo correcto sin perder ni un momento. Wilkins tenía amistad con ambos científicos, por lo que Watson se dirigió a Londres para mostrarle el artículo de Pauling sobre el ADN.

Wilkins confesó que las relaciones entre él y Franklin eran tirantes y que no progresaban mucho en el proyecto sobre el ADN. Enseñó a Watson una de las imágenes por rayos X realizadas por Franklin y, en palabras de Watson: «en el momento en que vi la imagen, me quedé boquiabierto y mi corazón empezó a latir con rapidez». El modelo de rayos X parecía indicar sin ninguna duda la presencia de una estructura helicoidal.

De vuelta en Cambridge, la construcción del modelo empezó inmediatamente. Esta vez, Crick y Watson decidieron intentar una doble hélice para poder incorporar en ella sus ideas sobre el emparejamiento de bases. Pero todavía faltaba algo. No sabían si los fosfatos de los nucleótidos debían estar dentro o fuera de la doble hélice. Aunque estaban convencidos de que las bases se emparejaban, no podían ver qué es lo que las mantenía juntas.

Fue otro visitante al laboratorio, el químico Jerry Donohue, quien resolvió el dilema al destacar que unos débiles puentes químicos llamados puentes de hidrógeno se podían formar entre A y T, y entre G y C. Los puentes de hidrógeno se encuentran en los carbohidratos y también en las proteínas, y entre las moléculas del agua.

Los puentes de hidrógeno entre A y T, y entre G y C mantenían las parejas purina-pirimidina juntas. Aquí se encontraba la razón implícita de las proporciones de Chargaff: donde haya una A, debe haber una T porque están emparejadas en la doble hélice del ADN, y lo mismo ocurre con C y G (fig.1.2.a). Esta fue la última, y más importante pieza del rompecabezas del ADN. Crick y Watson construyeron rápidamente el modelo definitivo de ADN. Se trataba de una doble hélice, con las bases en el interior, enfrentándose una a otra en parejas, mientras que los fosfatos recorrían el exterior, formando el esqueleto

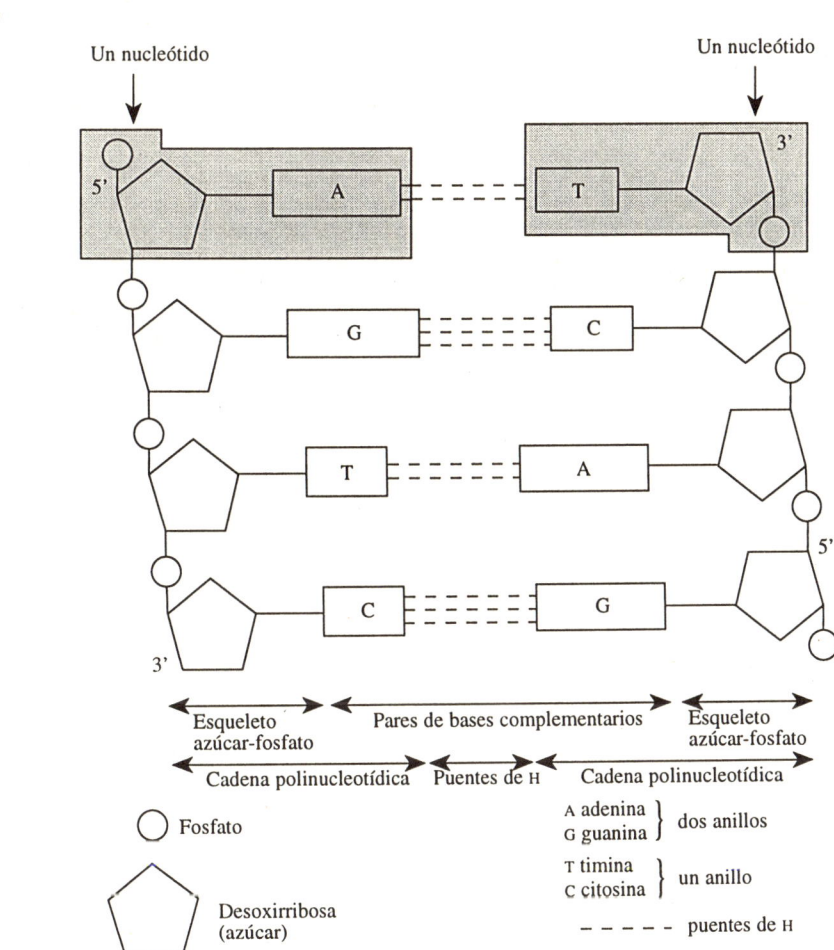

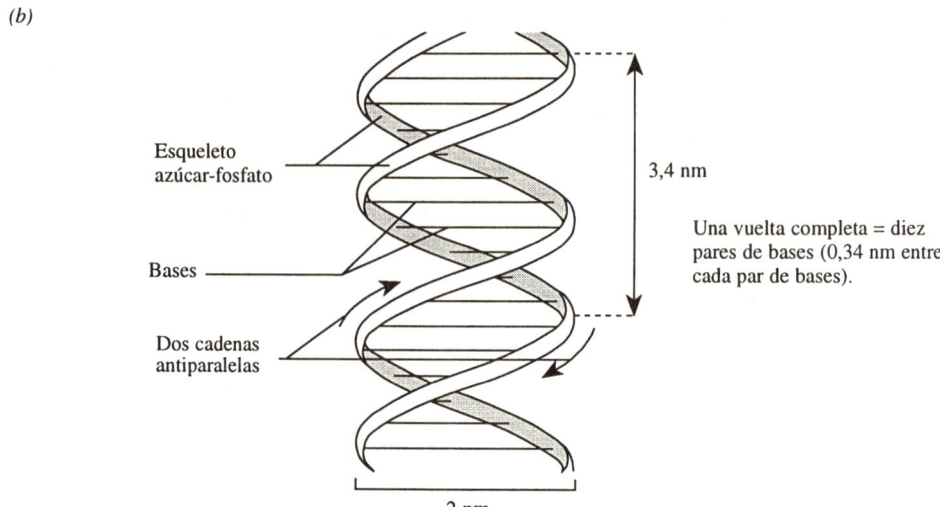

(a) Diagrama de la estructura de cadenas estiradas de ADN (página anterior). Cada unidad nucleotídica de la molécula de ADN se compone de tres partes: fosfato, azúcar y una base. Las bases se aparean por medio de puentes de hidrógeno situados en el centro entre ambas cadenas, A se aparea con T y C con G.
(b) La doble hélice de ADN. La molécula de ADN consiste en dos largas cadenas de nucleótidos, enrolladas entre sí para formar una doble hélice. Se muestran las dimensiones de esta hélice (1 nm son 0,000000001 m).

de la molécula (fig.1.2.b). La desoxirribosa era el puente que mantenía la base y el fosfato juntos. Una analogía aproximada podría estar representada por una escalera de caracol en la que los fosfatos son la barandilla y los pares de bases, los escalones.

La belleza de este modelo radica en que su estructura sugiere inmediatamente la función. Tal y como Crick y Watson sugirieron en su publicación sobre la estructura de doble hélice, en la revista *Nature*, el 25 de abril de 1953: «no se nos escapa que el apareamiento específico que hemos postulado sugiere un posible mecanismo de replicación para el material genético» (fig.1.3.a).

En 1957, esta sugerencia fue seguida por un cuidadoso experimento realizado por Matthew Meselson y Franklin Stahl, quienes trabajaban en los laboratorios biológicos Hole Marine en Massachusetts (fig.1.3.b). Alimentaron a una colonia de *E. coli* con un nutriente que contenía un isótopo de nitrógeno pesado, cuyos átomos pesaban más que los del nitrógeno normal. Las bacterias consumieron este nutriente y lo utilizaron para construir ADN a medida que se iban multiplicando. Por tanto este nuevo ADN tenía la forma pesada de nitrógeno incorporada en sus bases. Meselson y Stahl extrajeron este ADN de las bacterias utilizando técnicas similares a las descritas al principio de este capítulo. Entonces tomaron una muestra de las bacterias de la colonia alimentada con este nutriente conteniendo nitrógeno pesado y la trasladaron a un nutriente que contenía la forma ligera normal. Otra vez las bacterias se multiplicaron, y Meselson y Stahl extrajeron ADN. Repitieron este procedimiento hasta que obtuvieron muestras de ADN de varias generaciones de estas bacterias.

Entonces cada muestra de ADN fue analizada para determinar cuán pesada era. Esto se llevó a cabo poniendo en suspensión el extracto de ADN en una solución salina y haciéndolo girar en una centrifugadora. La molécula de ADN se hundió hasta un nivel en el tubo que indicaba su peso. Las moléculas de ADN pesado tendieron a quedarse en el fondo, y las ligeras flotaron en la superficie.

La primera generación de ADN era 50% pesada y 50% ligera. En la siguiente generación, la distribución del peso correspondiente fue 75% ligera, y 25% pesada. Meselson y Stahl declararon que esto apuntaba a lo que se denominaba replicación semiconservativa.

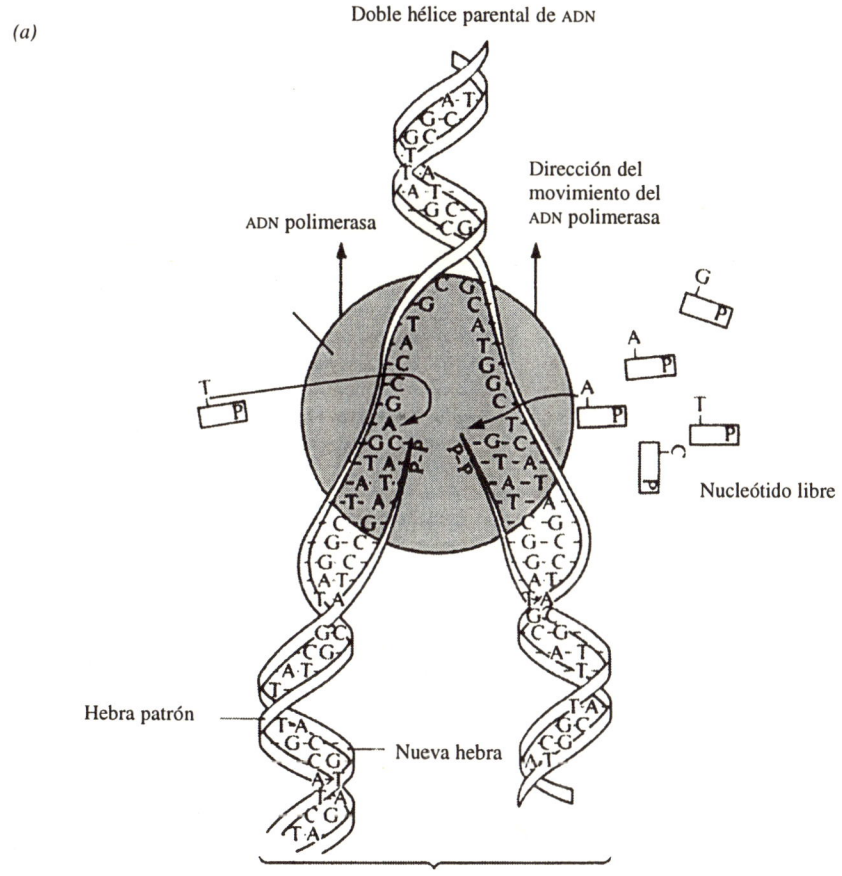

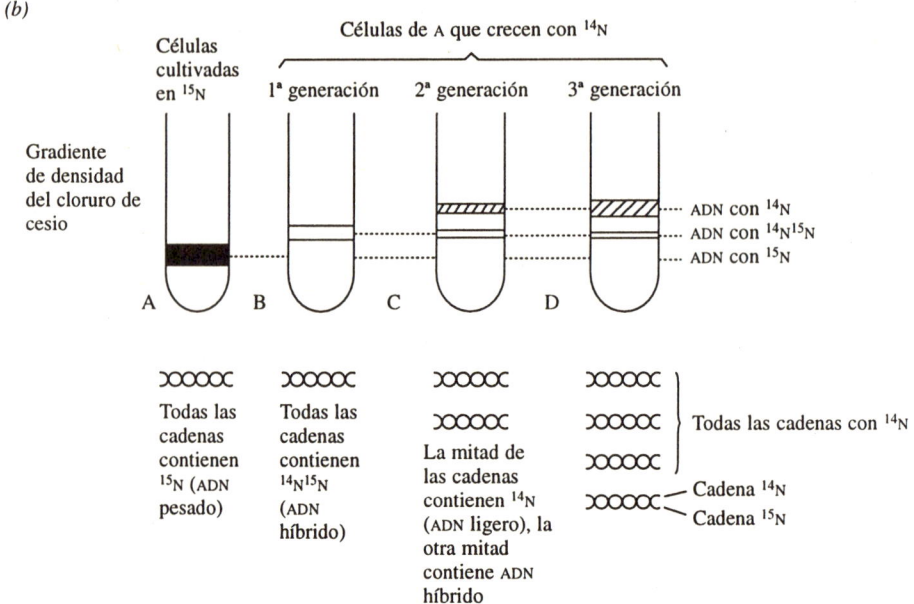

Fig. 1.3 *(a) Diagrama simplificado de la replicación de la doble hélice de* ADN. Debido a que la enzima de ADN polimerasa «abre la cremallera» de la doble hélice, los nucleótidos libres se ponen en posición, cercanos a sus bases complementarias. Esto crea dos nuevas hebras, como se muestra en la parte inferior del diagrama.
(b) Experimento de Meselson y Stahl. Los nucleótidos libres contienen nitrógeno «ligero» por lo que las dos «nuevas» hebras creadas *(a)* contienen 50% de nitrógeno «pesado», y 50% de nitrógeno «ligero». Cuando, a su vez, estas hebras se replican, aumenta la proporción de nitrógeno «ligero» en el ADN, como aquí se muestra.

El ADN original solo contiene nitrógeno pesado. Justo antes de la replicación se divide en dos hebras diferentes. Estas atraen inmediatamente a las materias primas del ADN, los nucleótidos que contienen A, T, C y G presentes en todas las células. Estos nucleótidos, que contienen nitrógeno ligero ya que esto tiene lugar después de que las células hayan sido transferidas del nutriente con nitrógeno pesado al que contenía nitrógeno ligero, se alinean en posición a lo largo de cada hebra. Una enzima los mantiene juntos a través de sus grupos fosfato. Cada nueva doble hélice tiene ahora una hebra vieja y otra nueva de ADN, y de ahí el término de replicación semiconservativa. Cada una contiene 50% de nitrógeno pesado y 50% de nitrógeno ligero, tal y como Meselson y Stahl habían observado. En la generación siguiente habrá que copiar cuatro hebras de ADN. Las cuatro nuevas dobles hélices creadas tras la replicación contendrán ahora dos hebras únicas con nitrógeno pesado y seis con nitrógeno ligero, una vez más correspondiendo a las proporciones arrojadas por Meselson y Stahl del 25% y 75%, para la segunda generación.

Este proceso de replicación se basa en el apareamiento de bases mediante puentes de hidrógeno, y este apareamiento de bases se ha convertido en el concepto más potente de la biología molecular. No solo se encuentra en el corazón de la replicación del ADN, y del paso de la información genética a través de casi cuatro mil millones de años de evolución, sino que también dirige la expresión genética (el modo en el que el ADN fabrica proteínas), la ingeniería genética, y todas las demás tecnologías basadas en el ADN.

2
El ADN en acción

El ADN es una base de datos. La información que contiene permite el ensamblaje de las importantísimas moléculas de proteínas de la célula a partir de sus componentes, los aminoácidos. Esta base de datos se transmite de una célula a otra por el poder que tiene la molécula de ADN para autorreplicarse, tal y como ya hemos visto en el capítulo 1. Ahora nos vamos a ocupar de cómo las «recetas» de proteínas se extraen del ADN a lo largo de la vida de una célula individual.

En la mayoría de los organismos, la información fluye en una sola dirección: desde el ADN hacia la proteína. Esta regla se denomina «dogma central de la biología molecular». Este término fue acuñado por Francis Crick en 1956, muchos años antes de que se desvelaran los detalles de los procedimientos moleculares involucrados.

El código genético

El concepto de gen como factor hereditario responsable de las características de un organismo fue propuesto por primera vez por el botánico y monje austriaco Gregor Mendel en 1865. Mendel se fijó en cómo las características, como el color de una flor, o el tamaño y la forma de una semilla, se heredaban durante los experimentos cuidadosamente controlados que realizó con las plantas de guisante.

Normalmente, los guisantes son líneas puras. Se reproducen por autopolinización, mediante la cual el polen y el óvulo (células sexuales masculina y femenina, respectivamente) de una misma planta se unen para dar frutos similares a los progenitores. Por ello, un guisante con flores blancas producirá más guisantes de flores blancas, y así sucesivamente.

Mendel retiró los estambres (productores del polen) de sus plantas experimentales con el fin de que no volvieran a autopolinizarse. Entonces escogió pares con diferentes características: por ejemplo, semillas lisas y rugosas, o flores rojas y blancas. Realizó una polinización cruzada entre las parejas poniendo polen proveniente de una planta dentro del estigma (extremo del órgano sexual femenino) de otra. Procedió entonces a sembrar las semillas obtenidas, y esperó a ver qué tipos de plantas habían producido sus experimentos.

El sentido común nos induciría a pensar que la nueva generación tendría una mezcla de las características parentales, es decir, que los frutos provenientes de semillas lisas y semillas rugosas deberían consistir en semillas ligeramente rugosas, por ejemplo. Mendel descubrió que, por el contrario, el resultado no arrojaba un promedio de características. Se heredaba una de las dos características.

Los cuidadosos experimentos de Mendel con miles de plantas de guisante dieron lugar a la observación de la existencia de diferentes tipos de herencia, que ya veremos en el capítulo 4. Por ahora, el aspecto a resaltar del trabajo de Mendel es su sugerencia de que las características físicas del individuo están asociadas a «factores» transmitidos a las generaciones siguientes. Hoy en día llamamos a estos factores «genes», y sabemos que se encuentran en los cromosomas del núcleo. Podemos incluso precisar aún más: un gen es un segmento de ADN.

Mendel, sin embargo, no sabía nada de la naturaleza física de sus factores. Quizá por esto su trabajo tuvo poco impacto. Conocía el trabajo de Darwin sobre la evolución (discutido en el capítulo 4), pero parece probable que Darwin no tuviera noticias de los resultados obtenidos por Mendel. Fue quizá la religión la que impidió que Mendel y Darwin se unieran para confeccionar un mecanismo relacionado con la evolución. La comunidad científica pudo haber ignorado el trabajo de Mendel, pero este no pasó desapercibido a la aguda mirada de las autoridades religiosas. Temeroso de que las represalias amenazaran su posición (fue nombrado abad de su monasterio en 1868), Mendel no se esforzó mucho en publicar su trabajo. No fue hasta 1900 cuando varios científicos repitieron y confirmaron sus experimentos, y su gran contribución a la ciencia de la genética fue finalmente reconocida.

Durante la primera mitad del siglo XX, se aceleraron los esfuerzos por desentrañar la naturaleza del gen, empezando por el entendimiento general que consideraba que los genes se encuentran en los cromosomas. Por tanto, mientras algunos bioquímicos, como Levene, Avery, y el tándem Hershey-Chase, estaban ocupados intentando descubrir si los genes estaban compuestos por ADN o por proteínas, otros se interesaron en otras cuestiones distintas, por ejemplo en su tamaño, o en si realmente eran moléculas o entidades mayores, como los propios cromosomas.

Se necesitaban aires de inspiración, y estos vinieron del mundo de la física. Max Delbrück, que trabajaba en Berlín, se unió a un grupo de genetistas que estaban llevando a cabo experimentos según la tradición mendeliana sobre las moscas de la fruta (*Drosophila*). Observaron mutaciones, variaciones en los cromosomas que producían cambios observables en las características de las crías de estas moscas. Bombardearon a los insectos con rayos X para aumentar la velocidad de mutación. De este tipo de trabajo surgió una estimación sobre el tamaño del gen: miles de átomos o un poco menos, lo que significó que los genes debían poseer una naturaleza molecular (aunque su estimación fue demasiado baja; un gen típico posee cerca de 1.000 nucleótidos y cada nucleótido alrededor de 50 átomos).

Delbrück se inspiró en teorías provenientes del nuevo y apasionante mundo de la física cuántica (con la que no estaban familiarizados la mayoría de los biólogos) para explicar porqué los rayos X producían mutaciones. El gen era una molécula estable si se encontraba en su entorno habitual; sin embargo, si se enfrenta a un haz de rayos X que posee mucha más energía que su ambiente natural, el gen puede ser sometido a un cambio irreversible, o mutación, que altera las características del organismo. Por tanto, un impacto de rayos X sobre el gen de la *Drosophila* correspondiente al color del ojo podría producir una mosca con ojos blancos, en lugar de los rojos usuales. En la actualidad sabemos que esta alteración aparece porque el gen que crea el pigmento para el color de los ojos de las moscas ha mutado, y por eso ya no funciona. Por este motivo, las moscas con esta mutación tienen ojos sin pigmentos (blancos) y no los habitualmente pigmentados (rojos).

Delbrück era amigo del premio Nobel de la Paz, Erwin Schrödinger, uno de los fundadores de la física cuántica. Desde hacía mucho tiempo, Schrödinger estaba interesado en la biología, y sus conversaciones con Delbrück le llevaron a desarrollar su propia teoría sobre la naturaleza del gen durante una serie de conferencias que mantuvo en Dublín en 1943.

Schrödinger se había trasladado a Dublín para escapar de la ocupación nazi de su Austria natal. Era una figura muy popular en Irlanda debido a su evidente entusiasmo por la cultura irlandesa, y por su elevada talla científica. A esta serie de conferencias acudió el primer ministro De Valera, y atrajo también a muchas de las personalidades más influyentes del mundo de la política, las artes, y la Iglesia. Posteriormente publicó sus conferencias en un libro titulado *¿Qué es la vida?*

Schrödinger expuso la idea de que el gen posee un estatuto molecular especial. En sus propias palabras: «la parte más importante de una célula viva, la fibra de cromosomas, podría muy bien llamarse cristal aperiódico». Explicó que los cristales, que tanto los físicos como los químicos estaban tan acostumbrados a utilizar, se caracterizaban por una disposición interna regular de átomos o iones; por ejemplo, en el cloruro sódico analizado por los Bragg tal y como hemos visto en el capítulo 1, cada ion de sodio está rodeado por seis iones de cloro, y viceversa. Schrödinger denominó a esta disposición cristal periódico. Su contenido en información es extremadamente bajo porque no existe variedad en la disposición de sus iones. Por el contrario, un cristal aperiódico posee un elevado contenido de información. Schrödinger lo explicó de la siguiente manera: «la diferencia en la estructura es del mismo tipo que la que existe entre un papel pintado normal en el que el mismo motivo se repite una y otra vez con una periodicidad regular, y una obra maestra de un bordado, por ejemplo una tapicería de Rafael, la cual no contiene aburridas repeticiones, sino un diseño elaborado, coherente, y lleno de significado, trazado por un gran maestro».

Schrödinger sugirió la posibilidad de que un código químico estuviera encajado en el gen. Describió al cristal aperiódico como una larga molécula lineal, hecha de pequeñas unidades (ahora sabemos que se trata de los nucleótidos), que actuaban como si fueran las «letras» de este código químico. Profundizando más en esta idea, comentó: «con la imagen molecular del gen, ya no es inconcebible pensar que ese código en miniatura debería corresponder de manera precisa a un plan de desarrollo altamente complicado y específico, y que de algún modo contiene los medios para ponerlo en marcha». James Watson comentó acerca de este libro: «desde el momento en que leí *¿Qué es la Vida?* de Schrödinger, mi mente se centró en una sola idea: desvelar el secreto del gen». Este comentario puede resumirnos el inmenso impacto que tuvo sobre la nueva generación de biólogos moleculares que iba emergiendo.

Sin embargo, en lo referente a la naturaleza química del gen, Schrödinger apostó por la proteína. Por eso, el refrendo experimental de sus ideas tuvo que esperar la confirmación de que los genes estaban compuestos por ADN.

Poco después de que Crick y Watson publicaran su estructura del ADN, el físico George Gamow sugirió la idea de que las bases podían trabajar como un código de cuatro dígitos. El orden, o la secuencia de las bases dentro del ADN de un organismo es, tal y como lo denominó Gamow, «la firma de la bestia», la cual codifica de algún modo todas sus características (recuérdese que las unidades de las que realmente está hecho el ADN son los nucleótidos, pero que la parte del nucleótido que en realidad varía es la base, por lo que a partir de ahora hablaremos de bases cuando tratemos del código genético).

En esta época, cada vez se iba haciendo más patente el hecho de que el tipo de información codificada por el ADN debía ser la de las secuencias ácidas de las proteínas. Pero solo hay cuatro bases, mientras que suele haber veinte aminoácidos en las proteínas. Evidentemente, el código más simple, una correspondencia de uno a uno (por ejemplo: timina igual a glicocola, uno de los aminoácidos más sencillos) no valdría, pues entonces se dejaría fuera a los 16 aminoácidos restantes. Gamow, quien había publicado varios artículos sobre la teoría de la Gran Explosión, así como libros de divulgación científica que incluían un personaje llamado sr. Tompkins como protagonista, empezó a especular sobre cómo las bases podían combinarse entre sí en el ADN para formar un código genético.

Así, una base para cada aminoácido no funcionaría. ¿Qué pasaría si las bases se emparejasen, especificando cada pareja un aminoácido? Esto nos da 4^2 o 16 disposiciones distintas, insuficientes para codificar veinte aminoácidos. Un código de tripletes arroja 4^3 o 64 disposiciones posibles, mientras que un código de cuartetos resulta en 256.

El problema del código genético fue abordado por Crick y por el biólogo molecular surafricano Sydney Brenner. En 1961, poseían pruebas experimentales de que el código está compuesto por tripletes que no se solapan. Brenner acuñó el término «codón» para definir un triplete de bases. En el mismo año, Marshall Niremberg y Johann Matthei, que trabajaban en el Instituto Nacional para la Salud de Washington, identificaron la primera «letra» del código. En un tubo de ensayo que contenía todos los componentes químicos necesarios para crear proteínas a partir de la información contenida en los genes, identificaron el codón que codificaba para el aminoácido fenilalanina. Este codón poseía una secuencia AAA, tres adeninas en fila. El resto del código fue rápidamente descifrado por experimentos similares. De los 64 codones posibles (recordando que una disposición de tripletes arroja 4^3 posibilidades de acuerdo con la disposición arriba descrita), 61 de ellos codifican para los veinte aminoácidos. Todos los aminoácidos, excepto la metionina, poseen más de un codón correspondiente (tabla 2.1). Por ejemplo, AAA y AAG codifican ambos para la fenilalanina, y ciertos aminoácidos tienen cuatro, o incluso seis, codones. Se dice que estos codones múltiples son redundantes, pero cada codón es inequívoco: cada uno especifica un solo aminoácido.

Tabla 2.1 - *El código genético.*

UUU	Phe	UCU	Ser	UAU	Tyr	UGU	Cys
UUC	Phe	UCC	Ser	UAC	Tyr	UGC	Cys
UUA	Leu	UCA	Ser	UAA	Stop	UGA	Stop
CUU	Leu	CCU	Pro	CAU	His	CGU	Arg
CUC	Leu	CCU	Pro	CAC	His	CGC	Arg
CUA	Leu	CCA	Pro	CAA	Gln	CGA	Arg
CUG	Leu	CCG	Pro	CAG	Gln	CGC	Arg
AUU	Ile	ACU	Thr	AAU	Asn	AGU	Ser
AUC	Ile	ACG	Thr	AAC	Asn	AGC	Ser
AUA	Ile	ACA	Thr	AAA	Lys	AGA	Arg
AUG	Met	ACG	Thr	AAG	Lys	AGG	Arg
GUU	Val	GCU	Ala	GAU	Asp	GGU	Gly
GUC	Val	GCC	Ala	GAC	Asp	GGC	Gly
GUA	Val	GCA	Ala	GAA	Glu	GGA	Gly
GUG	Val	GCG	Ala	GAC	Glu	GGG	Gly

Estos son los 64 codones y sus correspondientes aminoácidos y mensajes de «terminación». Por convenio, el código genético se escribe en el lenguaje del ARN mensajero (ARNm). Por tanto, AAA en un gen será «traducido» en UUU en el ARNm, y esto, finalmente, conducirá a la inserción del aminoácido Phe (fenilalanina) en la proteína correspondiente. Phe, Leu, etc., son las abreviaturas convencionales de tres letras para los veinte aminoácidos presentes en las proteínas.

Los tres codones que no codifican para aminoácidos se denominan codones de terminación. Estos indican el final de la secuencia de aminoácidos para la cual codifica una secuencia particular de ADN. Estadísticamente, se supone que una de estas señales de terminación aparecerá cada veinte codones (aproximadamente 3 en 64). Pero la mayoría de las proteínas contienen al menos cien aminoácidos, y algunas tienen miles de ellos. Un segmento de ADN que codifica para una proteína continúa su lectura hasta que toda la secuencia de aminoácidos ha sido especificada. Este tipo de secuencia se denomina Marco de Lectura Abierto (*Open Reading Frame:* ORF).

Tal y como veremos más adelante, no todo el ADN codifica para las proteínas. Si rastreamos una secuencia de ADN en busca de ORF, bien a simple vista o con un programa informático de emparejamiento de patrones, es posible determinar las secuencias codificadoras. Podemos ahora formular una definición de un gen en términos químicos, y profundizar en el concepto más abstracto propuesto por Mendel y Schrödinger, según el cual un gen es un segmento de ADN que codifica para una proteína particular. Por ejemplo, el gen para la enzima amilasa, la cual degrada las moléculas del almidón del pan cuando uno se come un sándwich, es un segmento de ADN que codifica para la secuencia de aminoácidos de esta importante molécula. Salvo muy pocas excepciones, el código genético es universal. Organismos tan dispares como las bacterias *Escherichia coli*, las plantas superiores, o los humanos, todos utilizan el mismo diccionario de ADN para traducir los mensajes de sus genes. Esta es una de las pruebas más consistentes que poseemos referentes a la antigüedad común de toda vida, o monofilia. Tiene sentido pensar que el código genético haya permanecido idéntico durante miles de millones de años: de haber aparecido una mutación en el mismo, esta hubiera dado lugar a proteínas con secuencias de aminoácidos erróneas, una consecuencia que hubiera sido letal de inmediato. Por tanto, la selección natural habría tendido a eliminar este tipo de mutaciones durante el curso de la evolución.

El ARN mensajero relaciona el ADN con la proteína

El ADN no actúa solo en la producción de proteínas. Si bien las ideas de Gamow acerca de la codificación eran sólidas, sus especulaciones sobre el hecho de que los aminoácidos debían encajar de alguna manera en las cavidades de la doble hélice de ADN y luego ensamblarse juntos para formar una proteína iban en contra de todas las evidencias experimentales.

Cuando una célula crece, la síntesis de proteínas aumenta, y también lo hace la cantidad de ARN (el «otro» ácido nucleico) en el interior de la célula. El ADN nunca sale del núcleo, y la síntesis proteica tiene lugar en el citoplasma. Una molécula de proteína solo tarda un par de minutos en formarse, y no existe ningún tipo de evidencia que demuestre que el ADN pueda abandonar el núcleo, visitar el lugar donde se sintetiza la proteína, y volver otra vez al interior del núcleo sin ser detectado en este corto espacio de tiempo. Tenía que existir un intermediario entre el ADN y la proteína.

El ARN es ese intermediario. El hecho de que el ARN jugase un papel clave en la síntesis de la proteína ya se había sospechado muchos años atrás. En 1954, Gamow había constituido el Club de las Corbatas de ARN, una asociación informal de científicos (¡solo hombres!) que querían comprender cómo el ARN ayudaba en la construcción de las proteínas. Gamow encargó un conjunto de corbatas con el motivo del ARN bordado en seda sobre fondo negro. Los miembros de dicho club debían ser veinticuatro, veinte correspondientes a los aminoácidos y cuatro, a las bases. Cada miembro tendría los símbolos del aminoácido o base representados en su corbata. Gamow mismo era el aminoácido alanina (símbolo Ala) y Crick era la tirosina (Tyr). Los miembros del club se dedicaron a lanzarse ideas sobre codificación y síntesis de proteínas de unos a otros. Durante la década de los cincuenta, volaron a través de todo el mundo informes, notas de cotilleos, y cartas con simples especulaciones entre Ala, Tyr, Val (Brenner era la valina) y el resto de los miembros del club.

Una de las razones por las cuales no se identificó al ARN como el intermediario entre el ADN y la proteína hasta 1960 es que la célula contiene tres tipos distintos de ARN, todos con una función diferente. El ARN que actúa como intermediario se denomina ARN mensajero (ARNm), pero también existe el ARN de transferencia (ARNt) y el ARN ribosómico (ARNr).

La concentración del ARNm es la que se incrementa en la célula durante la síntesis proteica. Esto se debe a que la célula fabrica ARNm solo cuando los genes están siendo expresados, es decir cuando fabrican proteínas. El ARNm es una copia del gen que está siendo expresado. Sale desde el núcleo hacia el citoplasma, transportando la «receta» de la proteína consigo, para que los aminoácidos puedan ensamblarse en el orden adecuado.

La copia del gen en la hebra de ARNm se llama transcripción. Se parece mucho a la replicación del ADN, en particular su fuerza conductora, que también se basa en el emparejamiento de bases. En primer lugar, una pequeña sección de la doble hélice de ADN del gen que va a expresarse ha de ser desenrrollada por una enzima denominada ARN polimerasa (obsérvese que los nombres de las enzimas siempre terminan en *asa*). Después, la ARN polimerasa coloca en posición los nucleótidos sueltos, de los que la célula posee amplios suministros. Pero solo se alinean enfrente de una hebra, no en ambas, porque se trata del proceso de transcripción, no de replicación, y solo se va a fabricar una sola copia.

En este punto es importante observar que los dos extremos de una hebra única de ADN son ligeramente diferentes, químicamente hablando. Un extremo es llamado el extremo 5' y el otro, el extremo 3'. Cuando ambas hebras de ADN se enrollan sobre sí mismas en la doble hélice, lo hacen «cabeza con cola» estando el extremo 5' de una de las hebras enfrente del extremo 3' de la otra hebra, y viceversa. La hebra frente a la que los nucleótidos van a alinearse se llama hebra patrón o «antisentido». La otra hebra es la hebra codificadora o hebra «sentido».

Las reglas de emparejamientos de bases son las mismas que en la replicación, con una excepción. En el ARN, el uracilo (U) está presente en lugar de la timina, por lo que siempre que aparezca A en la secuencia genética, aparecerá U, en lugar de T, en el ARNm correspondiente. Aparte de esto, el ARNm posee la misma secuencia por bases que la hebra codificadora, y ambas son complementarias respecto a la hebra patrón. La ARN polimerasa, una enzima muy versátil, une entonces a los nucleótidos para fabricar una hebra de ARNm (fig. 2.1).

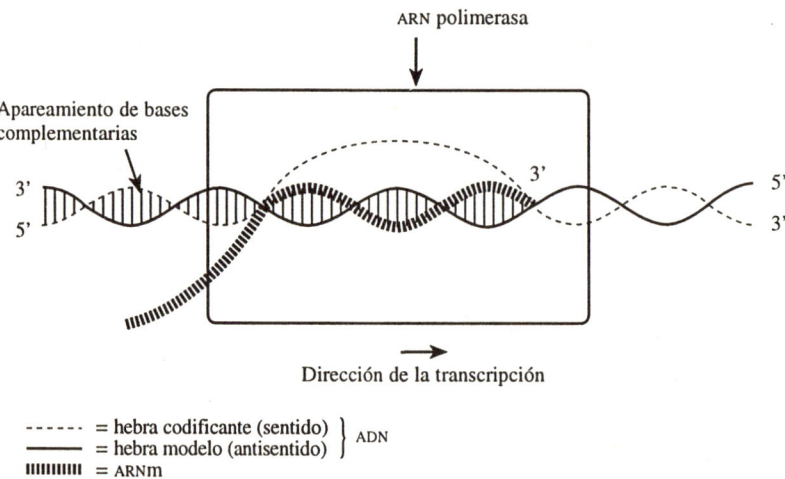

Figura 2.1. *Transcripción del ADN*. Una hebra del ARN mensajero (ARNm) se forma con una secuencia de bases complementaria a la de la hebra modelo del ADN. Este proceso «copia» la información, en forma de código genético, desde el ADN hasta el ARN.

El ARNm se construye poco a poco. Pequeñas secciones de la hélice de ADN se desenrollan, se transcriben, y se enrollan otra vez, siempre moviéndose desde los extremos 3' a 5' de la hebra patrón. Cuando una ARN polimerasa alcanza un codón de terminación, la molécula de ARNm terminada se desliza fuera de la doble hélice, y la enzima vuelve al principio de la hebra patrón lista para fabricar la siguiente molécula de ARNm. La ARN polimerasa trabaja aproximadamente a la misma velocidad que una fotocopiadora: realiza una transcripción del ARNm en el mismo tiempo en el que se hace la fotocopia de una carta.

La transcripción es un proceso tan sumamente vital para todas las células que cualquier interferencia podría acarrear consecuencias fatales. Más de cien muertes al año ocurren en personas que han comido la seta venenosa *Amanita phalloides,* que se encuentra en los robledales y hayedos a finales de verano y durante el otoño. Puede confundirse con facilidad con otra especie comestible, pero contiene la toxina α-amanitina, la cual forma un potente enlace con la ARN polimerasa, y le impide que lleve a cabo su tarea. La mayoría de las enzimas que realizan reacciones bioquímicas vitales en los órganos de nuestro cuerpo tienen una vida media de solo unas pocas horas. Siempre se necesitan suministros nuevos, y la cadena de suministro empieza con la transcripción de los genes adecuados. Cuando la α-amanitina invade las células, el efecto resultante es como imponer sanciones económicas a un país que depende completamente de sus importaciones. Cuando se necesitan enzimas nuevas no hay ninguna disponible. La bioquímica del organismo se altera radicalmente. Alrededor de doce horas después de la ingesta de la toxina, aparecen vómitos graves, diarrea, y dolores de estómago, seguidos de un adormecimiento asintomático que precede a la catástrofe. Privados de sus enzimas vitales, el hígado y los riñones fallan y se detiene la circulación. Incluso con cuidados intensivos, la toxina es fatal en cerca del diez por ciento de los casos. Si no se comienza un tratamiento, la tasa de mortalidad se incrementa hasta el 50%.

Las interferencias con la transcripción pueden, sin embargo, aportar un efecto benéfico. La rifampicina, un antibiótico utilizado en el tratamiento de la tuberculosis, actúa interfiriendo en la unión de cadenas de ARNm por parte de las moléculas de ARN polimerasa de la bacteria infecciosa. Afortunadamente, las moléculas de la ARN polimerasa humana se diferencian suficientemente de la versión bacteriana como para que no les afecte la acción del antibiótico. El fármaco anticancerígeno actinomicina D se asienta en el ADN de doble hebra para que no pueda ser desenrollado para su transcripción. El fármaco se puede dirigir hacia las células cancerosas en crecimiento rápido, porque necesitan fabricar una gran cantidad de ARNm.

Del ARN mensajero a la proteína

En 1955, Crick y Brenner hicieron circular por el Club de las Corbatas del ARN una larga comunicación en la que declaraban que el citoplasma debía contener pequeñas moléculas que actuaran como «adaptadores», que unirían físicamente los codones del ARNm con los aminoácidos para los cuales codificaban. Tras muchos esfuerzos experimentales, se descubrió que las tan ansiadamente buscadas moléculas eran otro tipo de ARN, llamado ARN de transferencia (ARNt).

Existen moléculas de ARNt para cada uno de los veinte aminoácidos usados en la fabricación de proteínas. La primera secuencia de bases de ARNt, de levadura, fue desvelada por Robert Holley y su equipo en la Cornell University en 1965, y el resto no tardaría en llegar. Cada ARNt es una hebra única de ARN que contiene entre 73 y 93 nucleótidos. El emparejamiento interno entre algunas de las bases le da a la molécula un aspecto de hoja de trébol. El tallo de la hoja de trébol acaba en un gancho de tres nucleótidos capaz de coger un aminoácido, de forma que esta parte de la molécula se «enchufa» en el interior del aminoácido. El bucle opuesto a este tallo tiene un triplete de bases llamado anticodón. Esta sección se «enchufa» en el ARNm porque la secuencia anticodón es complementaria al codón del aminoácido que puede ser tomado por el gancho. Por tanto, el ARNt es una preciosa pieza de diseño molecular, que une el ARNm a los componentes de la proteína para la cual codifica.

Por ejemplo, el ARNt que transporta el aminoácido fenilalanina posee un anticodón con la secuencia AAA. Esta puede emparejarse con bases UUU en el ARNm (recordemos que U se sitúa en lugar de T en el ARN). Si vamos hacia atrás, UUU había sido copiado a partir de AAA proveniente de la hebra patrón del gen durante el proceso de transcripción. Por tanto, cuando el codón y el anticodón se encuentran, el ARNt hace que la molécula de fenilalanina esté lista para ser ensamblada en el interior de una molécula de proteína, ¡exactamente lo que pedía el gen!

Las proteínas se ensamblan, en realidad un aminoácido cada vez, gracias a una maquinaria molecular situada en el interior del citoplasma, de la que el ARNm y el ARNt son partes funcionales vitales. Esta maquinaria está instalada en el ribosoma, una partícula compuesta por proteínas y un tercer tipo de ARN llamado ARN ribosómico (ARNr). Existen miles de ribosomas distribuidos por todo el citoplasma y todos ocupados en fabricar copias de las moléculas de proteínas.

Los ribosomas constan de dos subunidades que se ajustan como la parte superior e inferior de una cifra ocho aplastada por ambos lados. Las dos subunidades se enganchan sobre una molécula de ARNm, atrapándola en el espacio que queda entre ellas. La maquinaria de traducción de las proteínas ya está lista para empezar a funcionar (fig. 2.2). En palabras más sencillas, la molécula de ARNm se mueve a través del ribosoma exponiendo sus codones uno por uno a los anticodones situados en los ARNt, cargados con los aminoácidos, que abundan alrededor. En el momento en que detectan «su» codón se ponen en posición.

Este proceso alinea a los aminoácidos en el orden adecuado: uno a continuación del otro. Una enzima especializada en este tipo de trabajo los libera de sus ARNt respectivos y los engancha juntos. Los ARNt liberados se desprenden a continuación para cargarse con nuevos suministros de sus aminoácidos y mantener así la máquina de traducción de proteínas en funcionamiento. Entonces el ARNm se mueve a lo largo del ribosoma, y el siguiente ARNt se coloca en su posición, listo para ser incorporado a la cadena de proteínas en crecimiento.

El ADN en acción

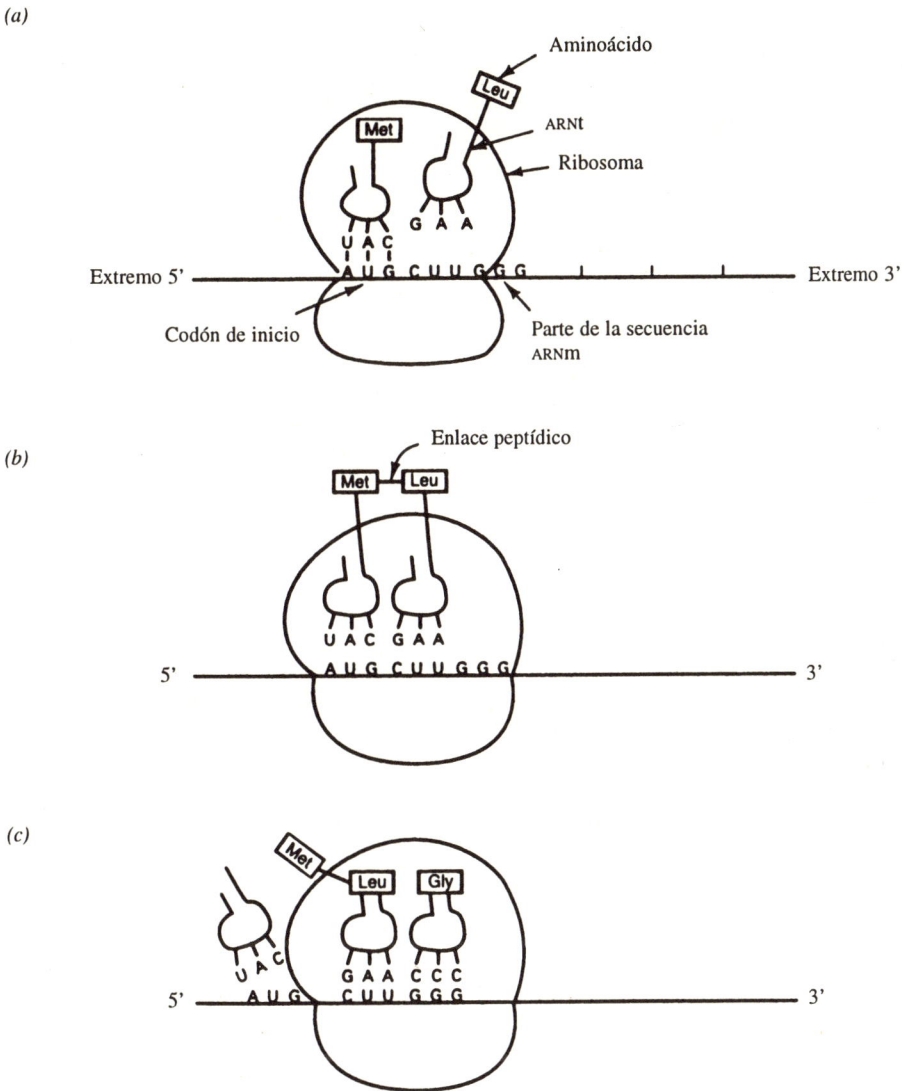

Figura 2.2. *Etapas de la traducción de proteínas.* (a) Los ARNt, cargados con aminoácidos, se ponen en posición sobre el ribosoma a medida que se forman las parejas codón-anticodón. (b) Un enlace químico llamado enlace péptido, se forma entre dos aminoácidos. (c) El ensamblaje de proteínas continúa mientras que los ARNt se van retirando, y el siguiente aminoácido se pone en posición.

Cada molécula de ARNm podría traducirse una y otra vez produciendo miles de moléculas de proteínas. El microscopio electrónico ha captado la belleza y economía de este proceso, mostrando cómo varios ribosomas trabajan a la vez en una hebra de ARNm en diferentes posiciones a lo largo de su longitud.

Obviamente, una interferencia en esta maquinaria precisamente ajustada de la traducción de proteínas puede hacer estragos en la célula. Antes de la introducción de la inmunización eficaz, la difteria era una de las enfermedades más temidas debido a su elevada tasa de mortalidad. La difteria está causada por la acción de una toxina producida por ciertas cepas de la bacteria *Corynebacterium diphteriae*, presente en el tracto respiratorio superior. La toxina incapacita a la enzima, en este caso la translocasa, que normalmente mueve el ARNm a lo largo del ribosoma, ocasionando la detención de la síntesis proteica en un estadio muy precoz. Lo que hace que esta toxina sea especialmente mortífera es que no bloquea la enzima ella misma, sino que actúa como un catalizador, obligando a que un componente de la célula llamado ADP-ribosa haga el trabajo en su lugar. Por tanto, una única molécula de toxina puede matar una célula, porque puede visitar a todos los ribosomas, a base de forzar a la ADP-ribosa a poner a la enzima translocasa fuera de juego en cada sitio. No es de sorprender que un microgramo de la toxina de la difteria pueda ser absolutamente letal para una persona no inmunizada frente a este microorganismo.

Muchos antibióticos se deshacen de las bacterias mediante la interferencia con los ribosomas bacterianos, no con los de los humanos. Por ejemplo, la eritromicina, que es muy útil para tratar infecciones bacterianas en personas alérgicas a la penicilina, aprieta eficazmente el ARNm en el interior del ribosoma de forma que no pueda ser «leído». La estreptomicina, una de las primeras y más eficaces armas frente a la tuberculosis, impide que el primer ARNt se acerque al ribosoma, de forma que la síntesis de las proteínas en las bacterias se detiene.

Otra forma de bloquear la síntesis proteica es inhabilitar el ARNm antes de que se acerque al ribosoma. Esto puede realizarse utilizando un segmento corto de ADN de hebra única complementario de una parte de la secuencia de ARNm. Este tipo de molécula se conoce como oligonucleótido antisentido («oligo» se refiere a corto), y se sintetiza fácilmente en el laboratorio. El «oligonucleótido antisentido» captura el ARNm y forma una doble hélice de ARN-ADN que no puede ser usada por el ribosoma. El resultado es que no se puede llevar a cabo la síntesis proteica.

La tecnología antisentido nos ha aportado tomates con un mayor período de caducidad, o petunias de bonitos colores pálidos (ver capítulo 10), así como nuevas aproximaciones y potenciales terapias para el cáncer, el SIDA, y otras enfermedades víricas. Hoy en día ya se están probando oligonucleótidos antisentido en pacientes con leucemia, con la esperanza de que sean capaces de detener la actividad nociva de algunos de los genes involucrados en el desarrollo del cáncer (ver también capítulo 8). Los estudios llevados a cabo en tubos de ensayo sugieren que los oligonucleótidos antisentido pueden bloquear la traducción de los genes que ayudan a los virus, como el VIH o el de la gripe, a reproducirse.

Las proteínas son especiales

Acabamos de ver cómo el ADN fabrica proteínas. Antes de explorar el ADN en mayor profundidad, volvamos a ocuparnos de las proteínas otra vez para averiguar por qué la conexión ADN-proteína es tan importante. Como ya hemos visto en el capítulo 1, los bioquímicos solían pensar que las proteínas eran más importantes que el ADN. Hoy en día, la balanza se inclina en el otro sentido. En realidad, este tipo de división es artificial. Tanto los ácidos nucleicos como las proteínas son igualmente importantes para que la vida se mantenga; otras moléculas biológicamente activas juegan un papel de soporte.

El papel crucial que juegan las proteínas no es muy aparente en la información que leemos diariamente sobre salud y nutrición. Por ejemplo, necesitamos comer una dieta equilibrada a base de carbohidratos, proteínas, grasas, minerales, vitaminas y fibra, todo junto con grandes cantidades de agua (y, por supuesto, podemos estar mucho más tiempo sin comer que sin beber). Este consejo no nos dice mucho sobre qué es lo que hacen las moléculas en nuestro organismo. Una vez en el sistema digestivo, los carbohidratos, las proteínas y los lípidos (grasas) son degradados en moléculas más pequeñas, glucosa, aminoácidos y ácidos grasos, que actúan como la «materia prima» de la célula.

Entonces, la célula empieza a construir las moléculas que necesita a partir de esta materia prima, hormonas, enzimas, ácidos nucleicos, y así sucesivamente. Pero las enzimas, que son proteínas, son absolutamente esenciales para este trabajo de construcción. Piénsese en las condiciones en el interior de la célula (una temperatura de 37 °C y un entorno acuoso), y entonces pregunte a cualquier químico orgánico si él o ella podría construir las moléculas necesarias para mantenerse en vida a partir de la materia prima de la célula bajo estas condiciones, pero sin utilizar enzimas. La respuesta sería un rotundo «no». Aparte de las enzimas, existen proteínas que se utilizan como material de construcción dentro del organismo: la actina y la miosina en el músculo, el colágeno en el hueso y la queratina en la piel.

Una vez que una proteína ha sido sintetizada, se dedicará a sus quehaceres, pero tarde o temprano su vida llegará a un fin. El gen correspondiente tendrá que fabricar más copias para sustituirla. La imagen que nos podemos hacer es la de genes y proteínas trabajando en conjunto; los genes suministran las proteínas, y las proteínas se ocupan del «trabajo» bioquímico necesario para que la célula y, en último lugar, el organismo, siga funcionando.

Nuevos canales de información: retrovirus y priones

El dogma central, según el cual la información fluye desde al ADN hacia el ARN y desde este hacia la proteína, ha sido el núcleo de la biología molecular durante más de cuarenta años. Una vez que los detalles moleculares sobre la expresión genética fueron aclarados, como hemos visto anteriormente, la imposibilidad de que este proceso tan complejo pudiese recorrer el camino a la inversa parecía obvia. Crick comentó que «la información nunca podría fluir desde la proteína de vuelta al ADN».

Sin embargo, el dogma central sí permite la eventualidad de que existan otros canales de información. Obviamente, la información pasa de una hebra de ADN a la otra durante la replicación. El flujo de información desde el ADN al ARN también puede invertirse. Esto ocurre en un grupo de virus llamado retrovirus. El virus de la inmunodeficiencia humana (VIH), asociado al SIDA, es un retrovirus, al igual que otros virus causantes de tumores en humanos y demás animales.

Los virus son las formas de vida más simples que existen. Consisten en una hebra única o doble de ácido nucleico (ADN o ARN) rodeada por una envuelta proteica. No poseen una existencia independiente sino que deben invadir una célula huésped y hacerse con su maquinaria celular para expresar sus propios genes. El material genético de un retrovirus es ARN de hebra única. Se replica en el interior de la célula huésped copiando sus genes basados en ARN hacia una hebra de ADN (al contrario que la transcripción normal según la cual se hace una copia de ARN a partir del ADN). Mediante este procedimiento se crea una doble hebra ARN-ADN. Entonces la hebra de ARN se degrada y la hebra de ADN se duplica, todo ello bajo el control de reacciones enzimáticas, por supuesto. Entonces los genes víricos están presentes en la misma forma, ADN, que los genes de la célula huésped, la cual los adopta inocentemente y los trata como si de sus propios genes se tratara.

La enzima vírica que cataliza los tres pasos de la copia del ARN en ADN se llama transcriptasa inversa (TI) y fue descubierta independientemente por Howard Temin y David Baltimore en 1970. Este descubrimiento se describió en un sorprendente editorial publicado en la revista *Nature* con el título «El dogma central invertido».

Los fármacos que se utilizan en la actualidad para tratar el SIDA: AZT, ddI, y ddC, actúan bloqueando la acción de la enzima TI del VIH y, por tanto, se les conoce como inhibidores de la TI. La estrategia es buena, pero estos singulares fármacos han demostrado tener graves limitaciones para el tratamiento del SIDA, por lo que se necesitan urgentemente mejores inhibidores de la TI. A finales de 1991, Thomas Steitz y su equipo de la Universidad de Yale, habían resuelto la estructura tridimensional de la TI del VIH utilizando cristalografía de rayos X. Esto reveló con más detalle la parte de la enzima que ha de ser bloqueada por un inhibidor. Hoy día, la industria farmacéutica puede profundizar más en este campo, en busca de una molécula hecha a la medida que pueda hacer este trabajo, investigando los posibles candidatos en las bibliotecas informáticas de las estructuras moleculares conocidas.

En los últimos diez años, el dogma central ha sido retado de nuevo por el concepto herético de que la información podría, bajo ciertas circunstancias, pasar de una proteína a otra sin involucrar para nada a los ácidos nucleicos. Las enfermedades infecciosas están en general causadas por la invasión de un organismo por parte de un microbio, bacteria, virus, u hongo, que entonces se replica utilizando ácido nucleico, dañando a su huésped de varias maneras.

Sin embargo, existe un grupo de enfermedades que afecta al sistema nervioso de los humanos y otros animales en el cual el agente infeccioso no parece ser un microbio. En su lugar lo que ocurre es que la enfermedad parece ser transmitida por una partícula que contiene proteínas llamada «prión». El *scrapie* o prurito de las ovejas, una enfermedad nerviosa fatal de ovejas y cabras, entra en esta categoría, así como la encefalopatía espongiforme de los bovinos (EEB o «enfermedad de las vacas locas») que, desde 1985, ha matado a más de 70.000 cabezas de ganado en el Reino Unido. La EEB aparece cuando el ganado come pienso que contiene tejidos encefálicos procedentes de ovejas infectadas con *scrapie*.

Las enfermedades priónicas que afectan a los humanos incluyen el kuru y la enfermedad de Creutzfeldt-Jakob (ECJ). El kuru ha sido asociado con el manejo y consumo por los antiguos pobladores de Papúa-Nueva Guinea de tejidos cerebrales humanos durante los ritos funerarios (afortunadamente la enfermedad, que solía afectar hasta el 1% de la población, está desapareciendo ya que el canibalismo ha sido abandonado).

La ECJ es un tipo poco frecuente de demencia fatal; han surgido casos entre las personas operadas con instrumentos infectados por priones, o en pacientes tratados con hormona del crecimiento contaminada. Esta hormona, utilizada para tratar el enanismo, se fabrica hoy en día por ingeniería genética (ver capítulo 5), pero antes se extraía de las glándulas hipofisarias de cadáveres humanos. Los especialistas funerarios recibían dinero por retirar estas glándulas de los cadáveres. Raras veces, la glándula se tomaba inadvertidamente del cadáver de algún enfermo de ECJ, lo que transmitía la infección.

La naturaleza infecciosa de la proteína (conocida como proteína relacionada con el prión, PrP) en las enfermedades priónicas ha sido demostrada experimentalmente. Cuando un extracto de tejido infeccioso era tratado con productos químicos que pueden destruir la proteína, aparecía una reducción de la capacidad de infección. Pero cuando el tejido fue expuesto a los rayos ultravioleta, los cuales inactivan el ácido nucleico, su grado de virulencia permaneció intacto. Esto sugiere que los priones no contienen ácidos nucleicos. Obsérvese que esta estrategia es muy similar a los experimentos de Avery descritos en el capítulo 1.

La hipótesis de los priones, es decir, la idea según la cual la PrP puede reproducirse sin la ayuda de ácido nucleico, todavía es controvertida. Algunos científicos argumentan que el prión debe contener ácido nucleico que por algún motivo no puede detectarse. Quizá las moléculas sean muy pequeñas, y su estructura pueda ser inhabitual y resistente a la luz ultravioleta de los experimentos arriba descritos.

La PrP resulta ser una variante anormal de proteína producida naturalmente por nuestro organismo. Stanley Prusiner de la Universidad de California, un pionero de la investigación sobre los priones, ha sugerido el siguiente mecanismo para la replicación de un prión. Una molécula anómala de PrP se une a otra normal. La asociación convierte a la molécula normal en una molécula anormal, transformación acompañada por una alteración significativa en la forma de la molécula. Entonces, las dos moléculas se separan. Cada una de las dos moléculas, ahora anormales, podría repetir este proceso, lo que daría lugar a cuatro moléculas anormales. Esta corrupción se convertiría, como en el caso de la multiplicación bacteriana, en una cascada de duplicaciones repetidas. Grandes cantidades de moléculas anormales de PrP producen unas conocidas lesiones llamadas placas en el tejido cerebral, que conducen a los síntomas de las enfermedades priónicas. Los científicos del Instituto para la Tecnología de Massachusetts y de los Institutos Nacionales norteamericanos de la Salud, han demostrado que la PrP anormal puede verdaderamente transformar la PrP normal en PrP «mala», al menos en los tubos de ensayo, y esto sugiere que Prusiner podría tener razón.

La investigación de las enfermedades priónicas es importante. Una mayor comprensión de esta área podría ayudar a clarificar si la EEB puede ser transmitida a los humanos. El conocimiento sobre cómo los priones destruyen el tejido cerebral también podría tener implicaciones sobre otras enfermedades neurodegenerativas como la enfermedad de Alzheimer, en la que aparecen unas placas parecidas a las placas priónicas, o la enfermedad de Parkinson.

Activando y desactivando la expresión génica

Existen ciertas proteínas de las que se ha de disponer en todo momento para que las células sigan funcionando. Por ejemplo, las proteínas histónicas son vitales para que las células con núcleo puedan organizar su ADN en cromosomas, como ya veremos en el capítulo 3. Otras proteínas están más especializadas, y podrían necesitarse solo en algunos estadios del desarrollo, o en ciertos tejidos. Un ejemplo es la hormona insulina, fabricada en el páncreas, y utilizada para controlar la cantidad de glucosa en la sangre (azúcar sanguíneo). La insulina no se produce ni se utiliza en el cerebro, el hígado o cualquier otro tejido.

Sin embargo, todas las células del organismo poseen su propio potencial para expresar genes que codifican tanto para proteínas esenciales como para las especializadas. Esto ha de ser así porque el ADN de la célula original del organismo (el óvulo fecundado de los humanos, por ejemplo) se copia al formarse cada célula a medida que el organismo crece y, por tanto, contiene el juego completo de genes.

Los genes para proteínas esenciales se denominan genes de mantenimiento o constitutivos, y se expresan continuamente. Los genes inducibles, que codifican para las proteínas especializadas solo se ponen en funcionamiento cuando y donde se precisa su expresión, de otro modo la célula derrocharía una energía bioquímica preciosa fabricando proteínas que en realidad no son necesarias. Peor aún, las proteínas no deseadas podrían interferir en la bioquímica de la célula. Este tipo de escenario no sería de gran ayuda para la supervivencia del organismo. Si el gen de la insulina se dejara activado todo el tiempo, por ejemplo, la hormona tendría un efecto devastador sobre la química sanguínea que podría ser fatal en muy poco tiempo. Todo el azúcar sanguíneo acabaría siendo almacenado en el hígado en vez de alimentar a otros órganos vitales, como el cerebro.

La expresión génica está regulada por interruptores «activados o desactivados». En cada gen existen muchas otras cosas aparte del segmento que se copia durante la transcripción. Recuérdese que esto ocurre en el sentido desde 3' a 5'. Resulta que existe ADN «corriente arriba», más allá del punto 3', justo antes del inicio de la secuencia copiada por el ARN, y que actúa como un interruptor. El primer ejemplo de uno de estos interruptores fue descubierto por François Jacob y Jacques Monod, que trabajaban en el Instituto Pasteur de París a finales de los años cincuenta y principios de los sesenta. Empezaron por analizar de qué manera las bacterias cambian su patrón de expresión génica en respuesta a los cambios ambientales. Todos los organismos necesitan energía para alimentar sus actividades celulares. Para la mayor parte de los organismos, esta energía es una fuente de carbono, como el azúcar llamado glucosa. Las bacterias pueden utilizar una variedad mucho más amplia de fuentes de carbono en comparación con el resto de los organismos. Algunas se alimentan incluso de sustancias químicas a nuestros ojos altamente tóxicas, como hidrocarburos y alquitrán de carbón (y, como ya veremos en el capítulo 11, esta pericia puede utilizarse provechosamente).

La bacteria *E. coli* puede utilizar lactosa, un azúcar contenido en la leche, como fuente de alimentación cuando está disponible. Las enzimas necesarias para degradar la lactosa y extraer la energía son diferentes de las requeridas para degradar otros tipos de azúcares como la glucosa. A una de estas enzimas se la denomina β-galactosidasa (abreviado en β-gal). En ausencia de lactosa, se pueden encontrar tan solo diez moléculas de β-gal en una única célula bacteriana. Pero si se colocan las bacterias en un ambiente que sí contiene lactosa, añadiendo un poco de leche en polvo, por ejemplo, el número de moléculas de β-gal salta hasta casi 3.000 por célula.

Jacob y Monod se esforzaron en dilucidar cómo la bacteria podía responder tan «inteligentemente» a una señal química (la presencia o ausencia de lactosa) en su ambiente. Estudiaron cepas mutantes de *E.coli* defectuosas en su capacidad de sintetizar β-gal. Se interesaron en particular por un mutante que producía grandes cantidades de enzima hubiera lactosa o no en el medio de cultivo bacteriano. De alguna manera el mutante se había librado de las restricciones sobre la expresión de este gen, y lo había convertido en un gen constitutivo. Jacob y Monod sostuvieron que el mutante no estaba produciendo algún tipo de sustancia que normalmente regulaba la expresión génica. De esta forma, los interruptores del gen siempre estaban activados, como un sistema de calefacción central que quema combustible a todas horas cuando el termostato está roto.

La siguiente etapa en una de las series más elegantes de experimentos realizados en la historia de la biología molecular, fue el intentar reparar el defecto genético en la célula mutante constitutiva. Jacob y Monod llevaron a cabo lo que se conoce como prueba de complementación. Cruzaron al mutante constitutivo de *E. coli* con otro mutante de la misma especie. Este presentaba una regulación normal, pero tenía un defecto en el mismo gen β-gal que impedía la producción de proteína. La «progenie» de esta unión produjo la enzima, pero solo en presencia de lactosa. Jacob y Monod concluyeron que el gen β-gal del mutante constitutivo había sido controlado, gracias a la sustancia reguladora que había producido el segundo mutante. La enzima no había podido ser producida por el segundo mutante ya que su gen para esta enzima era defectuoso.

Estos resultados llevaron a Jacob y a Monod a formular el modelo del operón de la expresión génica (fig. 2.3), así como a un bien merecido Premio Nobel para ambos en 1965. Con esto podemos ampliar nuestra visión del gen a un segmento de ADN

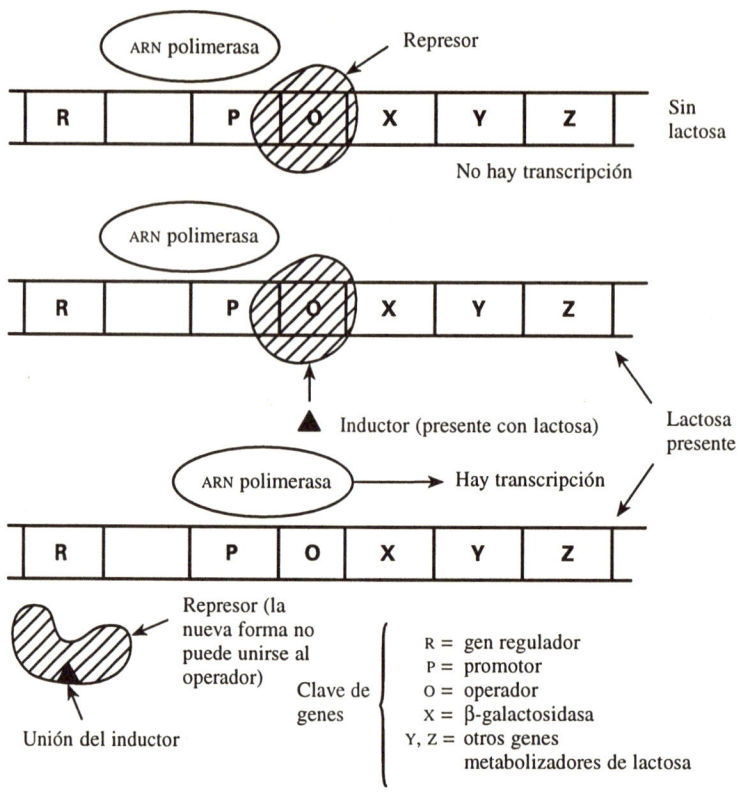

Figura 2.3. *El operón lac*. En el modelo de control genético de Jacob y Monod, la ARN polimerasa no puede transcribir el gen debido a que la proteína represora le impide el acceso. El inductor actúa como una señal química activando la expresión génica al retirar el represor, permitiendo así que la transcripción tenga lugar.

compuesto por una región codificadora, que especifica la secuencia de aminoácidos de una proteína, y un sistema de control.

Cuesta arriba desde el primer codón de la región codificadora se encuentra la «caja de señales» del gen. Se trata de una pequeña banda de ADN que consta de dos secciones: el promotor y el operador. La ARN polimerasa se asienta en la región promotora, lista para transcribir el gen que viene a continuación. El operador se encuentra entre el promotor y el primer codón. Jacob y Monod sugirieron que en el llamado operón *lac*, el cual contiene los genes necesarios para degradar la lactosa, una sustancia reguladora estaba unida al operador. Esto bloquea el acceso de la ARN polimerasa a la región codificadora, y no se puede crear el ARNm. Por tanto, el estado normal del operón *lac* es «desactivado».

Cuando la lactosa está presente en el ambiente que rodea a la bacteria, se convierte rápidamente en una sustancia estrechamente relacionada llamada alolactosa. Esta se une a la sustancia reguladora y la extrae del operador. Ya no existe ninguna barrera para la transcripción; la ARN polimerasa se pone en posición y empieza a transcribir la secuencia codificadora de ADN. En este estado, el operón está «activado».

Posteriores experimentos arrojaron el descubrimiento de la sustancia reguladora, que al final resultó ser una proteína. La forma de esta proteína llamada represora es ideal para unirse al ADN operador; pero cuando la molécula de alolactosa se une a él, la forma de la proteína represora se altera para recibirla. Este cambio estructural afecta a toda la molécula de proteína, y resulta en la pérdida de su agarre al operador, abriendo el paso a la ARN polimerasa. Juntos, el gen para la proteína represora, el promotor, y el operador constituyen un sofisticado sistema de control de la expresión génica.

Esto no impresionó a Monod. Comunista de toda la vida y participante de los movimientos estudiantiles de Mayo del 68 en París, vio en el operón *lac* una prueba de la falta de sentido intrínseca que conlleva la vida misma. Otros científicos podrían haber visto la mano del Creador en la belleza y aparente inteligencia de este sistema de control bacteriano. Para Monod, solo demostró el poder de los enlaces químicos sobre la inutilidad del principio antrópico, el cual en pocas palabras sugiere la posible existencia de un propósito escondido detrás de la evolución de la vida. Sus opiniones reduccionistas serán debatidas en el capítulo 12.

Hoy en día sabemos que la regulación de la transcripción es un método principal de orquestación de la actividad génica en todos los organismos, y tiene sentido cortar de raíz la expresión génica de esta manera, con el objetivo de que se utilice energía bioquímica para hacer transcripciones redundantes de ARN. El gen β-gal es uno de los que han de ser activados por un inductor, en este caso la alolactosa, porque su estado normal es estar «desactivado». Algunos genes están controlados de la manera inversa; su estado normal es estar «activado» y hay que desactivarlos. De nuevo es una proteína la encargada de activar el interruptor.

El aminoácido triptófano (Trp), ingrediente contenido en las bebidas lácteas nocturnas y supuestamente adormecedor, lo sintetizan las bacterias con la ayuda de varias enzimas. Sin embargo, no tiene mucho sentido que una bacteria siga fabricando triptófano una vez que ha obtenido la cantidad suficiente para sus necesidades bioquímicas. El triptófano controla su propia síntesis en un escenario que es el reflejo especular del operón *lac*. El operón *trp*, que contiene los genes de las enzimas que fabrica el aminoácido a partir de la materia prima de la célula, está controlado por una proteína «represora». Esta se une al operador solo cuando existen grandes cantidades de triptófano en los alrededores. El triptófano se pega a la proteína represora, moldeándola en una forma que encaja en el operador y bloquea la transcripción.

La expresión génica de otros organismos, desde la levadura o las moscas de la fruta hasta los humanos, también se controla en gran medida a nivel de la transcripción. La maquinaria de control es más compleja, sin embargo, y en la actualidad sigue estando sujeta a un intenso estudio en los laboratorios de todo el mundo. Muchos de los factores clave han sido identificados: motivos secuenciales en las regiones promotoras, proteínas reguladoras conocidas como factores de transcripción, las cuales ayudan a la ARN polimerasa a transcribir los genes, y las llamadas secuencias amplificadoras, secciones del ADN que pueden encontrarse a miles de pares de bases del promotor y que, sin embargo, ejercen un efecto de «control remoto» sobre el gen.

Los factores de transcripción actúan como llaves moleculares que activan la transcripción acoplándose en los surcos del ADN promotor. Por ejemplo, la combinación de dos hélices en ángulo recto una con la otra ha sido encontrada en muchas proteínas reguladoras de los genes involucrados en el desarrollo de los mamíferos. El motivo hélice-vuelta-hélice de estas proteínas actúa como un dedo y el pulgar oponible que pueden coger al promotor y activar el gen.

Otro patrón importante que se encuentra en los factores de transcripción es el «dedo de zinc». Se trata de un segmento sobresaliente de aminoácidos que encierra átomos de zinc. El zinc es un metal que se utiliza para recubrir el hierro y protegerlo de la oxidación, y también se alea con cobre para formar latón de aleación. También es un elemento esencial de la dieta (se puede encontrar en las ostras, el jengibre, las nueces y las semillas) porque se precisa para formar algunas enzimas y los dedos de zinc. Los primeros dedos de zinc fueron descubiertos en un factor de transcripción de una rana en 1985, por Aaron Klug y su equipo en el Laboratorio de Biología Molecular de Cambridge. En la actualidad se conocen más de 200 factores de transcripción que contienen dedos de zinc. Conjuntos de dedos de zinc se insertan en las ranuras entre las vueltas de la doble hélice de ADN en la región promotora. Son tan importantes que el uno por cien del ADN humano codifica para proteínas con dedos de zinc.

Algunos factores de transcripción no actúan solos. Funcionan como puentes entre el ADN y las hormonas. Estas potentes moléculas ejercen un amplio rango de efectos fisiológicos, desde el desarrollo de los órganos sexuales en la pubertad, en el caso de los humanos, hasta la maduración de las frutas o la caída de las hojas en otoño. Hormonas como el estrógeno, la hormona sexual femenina, se unen a factores de transcripción, y solo entonces los dedos de zinc se enrollarán alrededor de su ADN diana. Una ausencia de zinc en la dieta puede deteriorar el desarrollo sexual, debido a que los factores de transcripción no pueden funcionar sin zinc, y la hormona sexual no puede activar los genes apropiados sin los factores de transcripción.

Algunas veces este interruptor accionado por hormonas actúa de forma errónea. Si la hormona activa genes productores de proteínas que causan una división inapropiada de las células, el resultado puede ser la aparición de un cáncer, o que un tumor ya existente se haga más activo. Muchos cánceres de mama y de próstata son sensibles a las hormonas en este sentido, respondiendo al estrógeno o a la testosterona, respectivamente. Este descubrimiento ha dado lugar a un nuevo fármaco para el cáncer de mama, el tamoxifeno. Se trata de lo que se denomina un antiestrógeno: bloquea el lugar del factor de transcripción que normalmente está ocupado por el estrógeno. El tamoxifeno ha tenido éxito en el tratamiento de un número significativo de cánceres de mama, y se está ensayando como agente preventivo en las mujeres con un elevado riesgo de desarrollar esta enfermedad (ver también capítulo 7).

Un número sorprendente de sustancias químicas presentes en el medio ambiente puede imitar la acción del estrógeno. Por ejemplo, los cocodrilos y los peces expuestos a estas sustancias parecidas al estrógeno, desarrollan perfiles hormonales «feminizados», y los peces machos producen proteínas del óvulo típicas de las hembras. Esas sustancias químicas provienen de diferentes fuentes, como la degradación de los detergentes y pesticidas. Aunque más controvertidamente, han sido implicadas en la aparente caída del recuento de esperma en los varones humanos.

La buena noticia es que existen antiestrógenos naturales en el mundo de las plantas. Una clave del rompecabezas del porqué las mujeres del sureste asiático, Japón, y China tienen un índice muy bajo de cáncer de mama, parece ser su elevado consumo de productos a base de soja, como el tofu y la salsa de soja. La soja contiene isoflavonas, las cuales, como el tamoxifeno, diluyen los efectos de los estrógenos.

La expresión genética también puede ser controlada para protegernos de los efectos de la polución ambiental. Los metales pesados, como el cadmio, pueden desencadenar la transcripción del gen de la metalotioneína. Este codifica para una pequeña proteína que se une fuertemente a los metales pesados y les impide dañar a la célula. Así pues, el metal dispara la producción de lo que en esencia es un sistema desintoxicante.

El control de la expresión genética subraya los nexos íntimos entre genes y proteínas. Las proteínas controlan a los genes, los cuales a su vez controlan la producción de proteínas (de todas ellas, no solo de las que se unen al ADN). En las proteínas, es la forma de la molécula la que da lugar a su función. En el ADN, la secuencia es más importante. Las secuencias bases de los genes determinan las secuencias de aminoácidos de las proteínas, lo que constituye uno de los factores más importantes a la hora de determinar su forma. Cuanto más descubrimos acerca de los genes y las proteínas, más sutiles son las formas en las que trabajan juntos, cada una de ellas dirigida por características únicas de su estructura química.

3
Un primer plano del genoma

La suma total del ADN de un organismo se denomina genoma. Si bien el ADN se descubrió en el interior del núcleo, este no es el único lugar de las células en el que se encuentra. Algunas células incluso no tienen núcleo.

En lo que se refiere a la biología molecular, la distinción entre tener o no tener núcleo es bastante importante, y se utiliza para clasificar a los organismos a nivel celular. Una margarita y una jirafa apenas tienen puntos en común en lo que a su aspecto externo se refiere, pero para un biólogo molecular son similares ya que ambos están hechos de células con núcleo.

Estos organismos se llaman eucariotas. Su ADN se encuentra en el núcleo, pero también en estructuras celulares denominadas mitocondrias y cloroplastos. En estas localizaciones se desarrolla una importante actividad bioquímica. La producción de energía se lleva a cabo en las mitocondrias, mientras que la síntesis de la glucosa a partir de dióxido de carbono y agua, en presencia de luz (fotosíntesis), tiene lugar en los cloroplastos verdes de las células vegetales. El hecho de que las mitocondrias y los cloroplastos tengan su propio ADN sugiere que en una fase anterior a lo largo del proceso de evolución, pudieron ser microorganismos libres (el significado de esta teoría se debate en el capítulo 4).

Los organismos cuyas células no poseen un núcleo (o, al menos, no uno rodeado por una membrana como el núcleo eucariótico) se llaman procariotas. Su ADN está libre en la célula, normalmente en forma de bucle cerrado. Además de esto, algunas bacterias contienen pequeños círculos de ADN llamados plásmidos.

La paradoja del valor-C

El valor-C es una medida de la cantidad de ADN que contiene un organismo dado. Se mide en picogramos de ADN de una célula individual (un picogramo representa una billonésima parte de un gramo). Por tanto, para obtener la masa total de ADN de un organismo, habría que multiplicar el valor-C por el número total de células presentes. Nuestro modelo de procariota, la bacteria *E. coli*, posee un valor-C de 0,004 picogramos, por ejemplo, mientras que los perros, caballos, o ratones poseen unos valores-C de aproximadamente 4 picogramos.

Cuanto mayor sea el valor-C, más larga será la secuencia de ADN en el genoma del organismo. En *E. coli*, esos 0,004 picogramos nos da un genoma cuya molécula de ADN contiene cuatro millones de pares de bases (o pb). Debido a que el ADN es una doble hélice, a los biólogos moleculares les gusta hablar en pares de bases o, aún mejor, en pares de kilobases (pkb) (ya que incluso los genomas más simples contienen mucho más de 1.000 pb). Cuatro millones de pares de bases nos da una molécula de ADN que mide 1,36 milímetros de largo.

Ahora bien, tomemos por modelo una célula eucariota, la levadura, por ejemplo. Su genoma tiene 13.500 pkb. Si tuviéramos que retirar todo el ADN de su núcleo (en donde está enrollado en cromosomas, de los que hablaremos más adelante), y ensamblarlo de manera lineal, su longitud sería de 4,6 milímetros.

La levadura es una criatura más sofisticada, bioquímicamente hablando, que *E. coli*, por lo que no ha de sorprendernos que su genoma sea más grande. Si extendemos este razonamiento, se puede esperar que el genoma humano sea el más largo de todos. Los humanos poseemos cerca de tres millones de pkb de ADN en cada célula, aproximadamente un metro de longitud total, lo que representa una cantidad casi 1.000 veces mayor que *E. coli* (por ahora, estamos ignorando el hecho de que los humanos poseemos pares de cromosomas y estamos considerando el ADN como un juego único de cromosomas, que es el convenio en genética cuando se habla del valor-C). Pero la salamandra de los nenúfares, el pez Dípnoo (pulmonado) de Suramérica, o la típica planta de jardín *Tradescantia* poseen entre 20 y 70 veces más ADN que los humanos.

También existen ciertas variaciones asombrosas en el contenido de ADN entre especies muy emparentadas. Un sapo puede tener tanto ADN por célula como los humanos, pero una rana puede tener el doble. El tamaño del genoma en los anfibios varía entre 700.000 pkb y 100 millones de pkb.

Evidentemente no existe una relación sencilla entre la complejidad aparente de un organismo y la cantidad de ADN contenido en su genoma. Esta discrepancia se conoce con el nombre de paradoja del valor-C. Hasta ahora hemos visto que los genes están hechos de ADN, pero ¿todo el ADN contiene información genética? Un ejemplo de cálculo demuestra que no. La «molécula» de ADN de una célula humana contiene tres millones de pkb (imagínese el ADN de un juego completo de cromosomas ensamblado en una larga molécula). Si decimos que una proteína media contiene alrededor de 500 residuos de aminoácidos (los sillares fundamentales), entonces la secuencia codificadora de este gen tiene 1.500 pares de bases (recuérdese que cada codón tiene tres bases, lo que significa que 500 aminoácidos necesitarán 500 × 3 bases para codificarlos). Añadamos generosamente 500 pares de bases más para las secuencias reguladoras, y obtendremos cerca de 2 pkb por gen. Si dividimos por este número los tres millones de pkb de todo el genoma, la operación nos dará un resultado que oscila entre uno y dos millones de genes, en caso de que la totalidad de los genes codificasen para proteínas (es decir: si en el ADN no hay otra cosa más que genes).

¿Realmente necesitamos tantos genes para nuestra complejidad biológica? Si nos basamos en lo que hasta ahora sabemos sobre las necesidades enzimáticas de nuestras células, la respuesta tiene que ser «no». Las estimaciones actuales sugieren que entre 50.000 y 100.000 genes son probablemente suficientes para aportar a los humanos todas las proteínas necesarias para mantener su vida química. Esto representa alrededor de un dos por ciento del genoma.

Algo del resto puede explicarse. Por ejemplo, se sabe que muchos genes eucarióticos contienen mucho más de 2 pkb dadas sus complicadas estructuras. Algunos genes están presentes en copias múltiples, y existen otros trozos de ADN cuyo posible origen y función son conocidos o, al menos, son sospechados por los biólogos que trabajan en este campo. Estos aspectos se describirán con más detalle posteriormente en este mismo capítulo.

Todo esto nos deja con grandes trechos de ADN eucariótico sin función conocida (mientras que los genomas procarióticos son notablemente compactos). Este ADN suele llamarse ADN «basura». Algunos científicos, como el biólogo británico Richard Dawkins, han sugerido que la existencia de ADN «basura», así como las variaciones del valor-C entre y dentro de especies, podrían explicarse por el concepto de gen egoísta.

Las ideas de Dawkins se discuten con más profundidad en el capítulo 12, pero brevemente, lo que propone es que la replicación de ADN es la fuerza directriz de la evolución. El ADN se replica, ya sea útil o no para el organismo, y se expande hasta los límites tolerados por cada organismo particular. Por esto, el ADN egoísta (o basura) se replica paralelamente al ADN que codifica para las proteínas. El ADN que codifica proteínas, los genes, crea un organismo que el ADN egoísta solo utiliza como vehículo para su propia supervivencia.

Empaquetando el ADN en las células

Los organismos con grandes cantidades de ADN «basura» son como esos veraneantes que intentan meter su casa entera, excepto el fregadero, en las maletas, cuando se trata de introducir sus genomas en el interior de sus células. Incluso las bacterias, con sus ligeros genomas, han tenido que desarrollar evolutivamente unas eficaces estrategias de empaquetamiento para conseguir encajar su ADN dentro de sus «maletas» celulares.

Una célula bacteriana tiene un diámetro de aproximadamente un micrómetro (un micrómetro (μ m) es una millonésima parte de un metro o una milésima parte de un milímetro), y su molécula de ADN, que equivale a la totalidad de su genoma, es cerca de mil veces más larga. Si se ordenara como un único lazo, nunca cabría en el interior de la célula. En 1963, Jerome Vinograd descubrió que el ADN enrollado helicoidalmente podía existir en una forma «superenrollada» en el interior de la célula, donde los lados de la hélice están, a su vez, enrollados entre sí. Se puede comprobar el efecto compactante del superenrollamiento mediante un sencillo experimento utilizando una cuerda en forma de lazo, un clavo y un lápiz. Pase el lazo alrededor del clavo (se puede utilizar un picaporte en ausencia de clavo) y estírelo fuertemente en la horizontal. Ahora inserte un lápiz en el otro extremo del lazo. Manteniendo el lazo tirante, rote el lápiz para que ambos lados del lazo se enrollen entre sí una y otra vez. Si suelta ahora el lazo, se convertirá en una forma superenrollada. ¡Compárese con la longitud original del lazo!

En las eucariotas, el ADN está empaquetado en cromosomas (fig. 3.1), esas estructuras parecidas a unas hebras que se encuentran dentro del núcleo y que ya hemos visto

Un primer plano del genoma

Figura 3.1. *Desde el ADN a los cromosomas.* Dibujo artístico del empaquetamiento del ADN en los cromosomas. Los cromosomas aparecen en la parte superior del dibujo, y «se desenrollan» gradualmente hasta revelar la molécula de ADN. Las proteínas de andamiaje no se muestran en la figura.

en el capítulo 1. Los cromosomas están hechos de un material llamado cromatina, compuesta de ADN y proteínas conocidas como histonas. Piénsese en las proteínas histonas como en unas moléculas casi redondas, alrededor de las cuales se puede enrollar el ADN, como el hilo de algodón en la rueda de la rueca. La estructura de la cromatina es una verdadera proeza de empaquetamiento. Consiste en una serie de estructuras granulosas llamadas nucleosomas, unidas como en un collar. Si separamos un nucleosoma nos encontramos con dos vueltas de ADN superenrollado alrededor de un núcleo compuesto por ocho moléculas de histona. Esto incluye 200 pares de bases de ADN, que se reducen a una séptima parte de su tamaño original. El collar de nucleosomas se enrolla a su vez en una gruesa fibra, un proceso que reduce la longitud de la molécula de ADN en un factor global de 40 veces.

Esto ha de continuar con más enrollamientos y lazos porque los cromosomas tienen una longitud total de unos 0,3 milímetros (si se cogiera a los 46 cromosomas y se pusieran uno detrás de otro), mientras que la longitud del ADN que contienen es de más de dos metros (obsérvese que ahora tomamos en consideración a *todos* los cromosomas, mientras que antes solo nos referíamos al ADN como un juego único, que tenía una longitud de poco más de un metro), lo que empaqueta al ADN aproximadamente unas 10.000 veces. El microscopio electrónico ha revelado algunos de los detalles de esta elaborada arquitectura cromosómica. Si se separan las proteínas histónicas de los cromosomas, los nucleosomas se separan dejando grandes bucles de ADN alrededor de una especie de andamiaje hecho de unas proteínas que no son histónicas. Este andamiaje de proteínas suministra el soporte necesario para poder esculpir las fibras de cromatina en su forma compacta final con la que existen en el interior de los cromosomas.

El número y tamaño de los cromosomas varía entre las especies. En la mayor parte de las células los cromosomas existen por pares; a este tipo de células se las denomina células diploides. Sin embargo, las células germinales (como los espermatozoides y los óvulos) contienen solo un conjunto de cromosomas y se las denomina células haploides. Cuando dos células germinales se unen durante la fecundación de las plantas y los animales, se crea una célula diploide al emparejarse. Los valores-C se refieren, como ya hemos mencionado antes, a la cantidad de ADN de una célula haploide, debido a que contiene todos los genes del organismo. El significado de la reproducción sexual, donde se mezclan los genes de dos células haploides, como acabamos de describir, se debate en el capítulo 7.

El mejor momento para observar los cromosomas al microscopio es justo antes de la división celular. Cada cromosoma está hecho de dos estructuras en forma de hebra llamadas cromátidas, que se unen en una región central conocida como centrómero. Cuando la célula se divide, las cromátidas, que son copias exactas las unas de las otras, se despegan y cada una se introduce en cada nueva célula. En 1970, los científicos del famoso Instituto Karolinska de Suecia, hallaron un nuevo método para marcar los cromosomas humanos que reveló un diseño de bandas oscuras y claras. Esto llevó a la creación de un sistema para denominar las diferentes partes del cromosoma, lo que demostró ser útil para la construcción de mapas genómicos. El centrómero divide las cromátidas en dos secciones desiguales. La más corta se conoce como el brazo *p* y la más larga como el brazo *q*. Cada brazo se divide en una, dos, o tres regiones numeradas a partir del centrómero. Las bandas de estas regiones también están numeradas. Esto significa que podemos otorgar referencias topográficas a lugares significativos del genoma. Por ejemplo, la referencia topográfica del gen de la insulina humana es 11p15, lo que significa que se encuentra en el cromosoma 11, en el brazo más corto *p*, y en la quinta subdivisión de la región más cercana al centrómero.

Topografía del genoma

A medida que la tecnología del ADN ha ido avanzando, ha sido posible analizar los genomas provenientes de un amplio abanico de organismos en busca de aspectos interesantes. Poco a poco está emergiendo una geografía del genoma. Estos esfuerzos se han ido afinando mediante diferentes proyectos de cartografía del genoma que se han iniciado, desde finales de los años ochenta, en los laboratorios de todo el mundo.

El objetivo de estos proyectos es el de fabricar mapas de varios tipos y a diferentes escalas. El más detallado de ellos sería la secuencia real de bases de un genoma desde su inicio hasta su término, que sería como realizar el mapa de un país que diese la localización de cada casa. Aunque este sea el objetivo final de los creadores de mapas de genomas –que ya está casi terminado en la bacteria *E. coli*–, es probable que haya que esperar algunos años antes de que se consiga con algún organismo eucariótico.

Trazar el mapa de un genoma no significa empezar en la primera base de una molécula de ADN y avanzar pacientemente a través de millones o incluso mil millones de bases hasta llegar al final. En su lugar, el enfoque es más bien un brochazo a grandes rasgos, mediante el cual el genoma es seccionado por enzimas en segmentos de ADN de un tamaño manejable. Entonces cada pedazo es explorado por un conjunto de sondas de ADN. Estas son pequeños segmentos de ADN marcados, bien con un átomo fluorescente, bien con uno radiactivo, que señala la secuencia complementaria del genoma. La exploración se realiza añadiendo la sonda a la mezcla de ADN. La sonda busca su secuencia complementaria y se adhiere a ella, marcando la localización como una «bandera». Así, podríamos utilizar una sonda con la secuencia AAAAAAAA, marcada con fósforo radiactivo, para poner una «bandera» radiactiva cada vez que en el genoma aparezca la secuencia TTTTTTTT, ya que la sonda buscará y se unirá a esta secuencia complementaria mediante el emparejamiento de bases. A continuación, los pedazos explorados de ADN han de ser reensamblados de una manera ordenada, ¡una tarea muy difícil! Para ello, un poderoso enfoque radica en la observación de las regiones en las que se solapan dos fragmentos colindantes. Este es un ejemplo simplificado de cómo funciona. Supongamos que tenemos tres fragmentos de ADN: A, B, y C con diferentes patrones de «banderas» y queremos saber si el orden es ABC, BCA, O CAB. El truco es cortar otra vez el ADN, pero con un conjunto diferente de utensilios enzimáticos que nos darán las regiones de solapamiento entre los tres fragmentos. Supongamos que el orden correcto es CAB. Esto debería ser revelado por el hecho de que el solapamiento CA tenga un patrón de banderas característico de C y de A más que de A y de B. Este paciente ensamblaje de fragmentos nos dará un mapa del genoma en el que al menos algunas características estén definidas. Las regiones interesantes se pueden explorar a continuación en más profundidad.

Al inicio del lanzamiento de estos proyectos sobre el genoma, el entusiasmo fue enorme, aunque no unánime, ya que el trabajo experimental arriba descrito es terriblemente tedioso para los que lo tienen que llevar a cabo. Esto condujo a Sidney Brenner, cuyo papel en la resolución del código genético fue descrito en el capítulo 2, a observar que la tarea de cartografiar el ADN podría ser como una gran prisión para los científicos. Bromeaba sobre el hecho de que los delincuentes deberían recibir una «tira» de ADN para cartografiarlo, y que su longitud dependería de la gravedad del crimen cometido. Los delitos menores como tomar prestados frascos de enzimas de los colegas sin previa consulta merecerían un kilobase de ADN, mientras que el fraude científico sería penado con el análisis de un cromosoma entero.

Sin embargo, y de manera creciente, las máquinas y los robots están ayudando y llevando a cabo gran parte del trabajo repetitivo involucrado en la realización de mapas de genomas. Las enormes cantidades de información que están empezando a emerger se están canalizando hacia masivas bases de datos informáticas accesibles a los cartógrafos de genomas de todo el mundo (si bien algunas empresas están empezando a pedir restricciones para proteger sus inversiones y posibles aplicaciones, como por ejemplo test sobre genes responsables de enfermedades).

Todo este trabajo está dirigido a la producción de dos tipos diferentes de mapas de genomas. El primero muestra el orden de los genes en un cromosoma. Esta forma de mapa fue promovida por primera vez por el científico norteamericano Thomas Hunt Morgan, a principios del siglo XX. Morgan se propuso el reto de sintetizar las ideas de Darwin y Mendel, y empezó a observar los patrones hereditarios en las moscas de la fruta (*Drosophila*), en las que, puesto que su ciclo reproductivo es de dos semanas, daba resultados antes que las plantas de guisantes de Mendel.

Morgan se fijó en que algunos genes tienden a heredarse en grupos. Por ejemplo, tener los ojos blancos y ser macho eran dos aspectos que solían aparecer juntos. Pronto clasificó los genes de la mosca de la fruta en cuatro grupos distintos. Se sabe que la razón por la que estos grupos suelen heredarse juntos es que están físicamente unidos ya que se sitúan en el mismo cromosoma. Por tanto, cada grupo se denomina grupo de ligamiento. Esto es cierto para otras especies, el número de grupos de ligamiento es igual al número de pares de cromosomas (cuatro en las moscas de la fruta, 23 en los humanos, y así sucesivamente).

A medida que avanzaba en sus indagaciones, Morgan observó algo más. El ligamiento nunca era completo sino que variaba entre el 50% y el 100%, dependiendo de lo lejos que estuvieran dos genes en el cromosoma. Cuanto más alejados estuvieran, más se comportaban como si estuviesen en cromosomas diferentes, y cuanto más se encontraran, actuaban más al unísono.

Hacia 1915, Morgan había construido un mapa de ligamiento que ordenaba 85 genes de la mosca de la fruta en los cuatro cromosomas. Siete años más tarde, había 2.000 genes en este mapa. El hecho de que exista un ligamiento incompleto significa que los cromosomas no son unidades indivisibles. Lo que ocurre es que los cromosomas se entrecruzan cuando las células germinales (esperma y óvulo) se forman mediante un proceso especial de división celular denominado meiosis (fig. 3.2).

Un primer plano del genoma 63

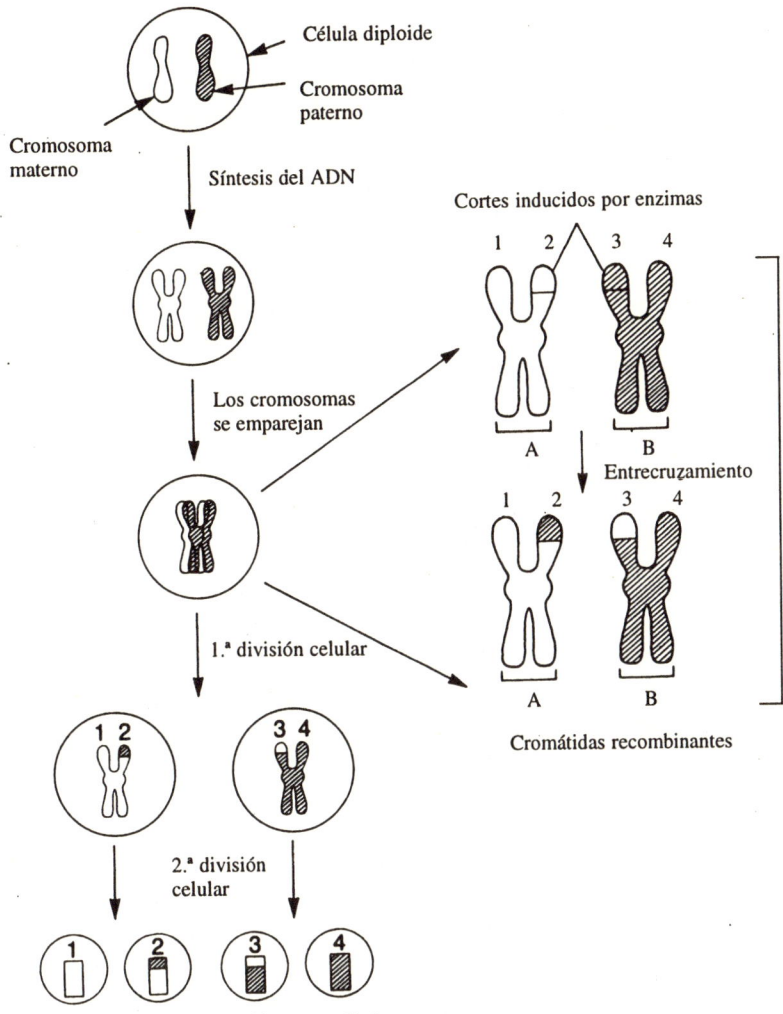

Figura 3.2. *Meiosis, entrecruzamiento, y recombinación*. Durante la meiosis ocurren dos divisiones celulares y el resultado son cuatro células nuevas. Durante la primera división celular, el material genético se intercambia entre los cromosomas. La segunda división celular no duplica los cromosomas, por lo que cada una de las cuatro células posee cromosomas desapareados, todos con un conjunto diferente de material genético.

La meiosis se inicia cuando los cromosomas emparejados entran en estrecho contacto y una enzima hace una mella o corte en cada una de las cuatro cromátidas en puntos correspondientes. Supongamos que marcamos los dos cromosomas como A y B, y que estos están constituidos por las cromátidas 1 y 2, y 3 y 4, respectivamente. La enzima podría mellar las cromátidas 2 y 3 en el mismo lugar. A esto le sigue un entrecruzamiento en el que las partes de cromatina marcada por las muescas en 2 y en 3 se intercambian. Ahora tenemos un segmento de la cromátida 2 en la cromátida 3 y viceversa. El resultado final es que el cromosoma A ha adquirido una parte del cromosoma B, y que el cromosoma B posee una parte del cromosoma A. Este proceso de intercambio, conocido como recombinación, tiene lugar al azar.

Los cromosomas resultantes, denominados recombinantes, son como un mosaico de los dos cromosomas sometidos al proceso de meiosis. La etapa siguiente es la división celular, y cada cromosoma del par se marcha a una nueva célula. Esta se divide otra vez, y las cromátidas de cada cromosoma se separan en este proceso. El resultado final son cuatro células, cada una con un solo cromosoma, compuestas de material genético intercambiado durante la recombinación.

La consecuencia de todo esto es que cuanto más distantes estén dos genes en el cromosoma, más probabilidades tendrán de separarse durante la meiosis, y menos de ser heredados juntos. Se dice que los genes que tienen un uno por ciento de probabilidades de ser separados durante el cruzamiento están separados por un centimorgan (cM), una distancia que resulta ser (muy aproximadamente) de un millón de pb.

Se pueden construir mapas de ligamiento a partir de los resultados de experimentos genéticos sencillos, como los de Morgan, o por el análisis directo de muestras de ADN provenientes de familias. Un mapa de ligamiento nos dirá, por ejemplo, que los genes para las enzimas A, B, y C están colocados en el orden B-C-A. No nos dirá, sin embargo, en qué cromosomas se encuentran, o si esto ya se sabe, qué parte del cromosoma están ocupando. Se necesita un mapa físico para localizar a los genes dentro del genoma. La relación entre mapa de ligamiento y mapa físico es como la existente entre un registro de votantes y un mapa callejero. El registro electoral nos indica el orden en el que se sitúan las casas de una calle determinada, pero el mapa callejero localiza realmente las direcciones de unos en relación a los otros así como en relación a lugares locales importantes como un parque o una biblioteca.

Los proyectos cartográficos de los genomas de los organismos duran mucho tiempo y son muy caros, pero los científicos que trabajan en esta área están convencidos de que el asunto del genoma tendrá un potente y positivo impacto sobre la medicina, la agricultura, y la biología básica. En la actualidad, se están cartografiando los genomas de las siguientes especies: *E. coli*, levadura, *Drosophila*, pez globo, *Arabidopsis thalania* (el berro), trigo, manzana, cerdo, *Caenorhabditis elegans* (un pequeño gusano), una serie de protozoos parasitarios y, por supuesto, el *Homo sapiens*.

Ya se han secuenciado en su totalidad los cromosomas III, VII, y XI de la levadura. El informe sobre el cromosoma XI apareció en la revista *Nature* en junio de 1994, e implicó a un equipo de 108 científicos que trabajaron en 35 laboratorios repartidos por toda Europa. Si el editor de la revista hubiera permitido que se publicasen las 66.448 bases de la secuencia, habría ocupado toda la revista, es decir las más de 100 páginas del editorial, la correspondencia, los anuncios, y los artículos de investigación de que consta la revista. En su lugar, los autores se limitaron a dar un mapa de cromosomas, señalando los 331 genes, de los cuales el 72% eran hasta entonces desconocidos, sabiendo que los resultados finales estaban a disponibilidad de cualquier lector de *Nature* a través de una poderosa base de datos.

El equipo que investigaba la levadura ya había utilizado extensamente esta base de datos, extrayendo la información que daría sentido a sus resultados y los pondría en su contexto. En primer lugar la usaron para identificar los marcos de lectura abiertos (ORF, ver página 40) de su secuencia, y descubrieron que el 72% del cromosoma codifica proteínas, lo que significa que es mucho más compacto que los de los organismos más complejos. Entonces estudiaron los 238 nuevos genes que habían descubierto y hallaron que 130 poseían secuencias parecidas a las de los genes de otras especies. Uno de estos resulta ser un gen defectuoso que aparece en la rara enfermedad cutánea de los humanos denominada *xeroderma pigmentosum*. La eventual función que podría tener el gen equivalente de la levadura es objeto todavía de especulación y de experimentación.

Análisis de este tipo están sacando a la luz todo tipo de genes en muchas especies diferentes. Por ejemplo, los genes *ubx* de la mosca de la fruta están involucrados en el desarrollo de su plan de diseño corporal y se parecen mucho a un grupo de genes que controlan el desarrollo de los sistemas nerviosos de humanos y ratones. Hay genes implicados en el cáncer humano que han resultado tener parientes muy cercanos en el gusano, donde su función puede estudiarse con facilidad. Lo que probablemente va a surgir en los próximos años es una nueva y unificada imagen de la naturaleza, conforme empezamos a descifrar lo que comparten los organismos a escala del genoma.

La cartografía del genoma de la manzana es otro proyecto europeo. El plan es el de construir un mapa de ligamiento para acelerar el cruzamiento de las características deseables de una fruta. La identificación de genes que estén estrechamente unidos a otros genes en cuanto a rasgos, como color de la fruta, acidez, o resistencia a las plagas, permitirá que estos sean utilizados como «marcadores». Los genes marcadores son muy útiles: si dos genes están estrechamente ligados y uno, el marcador, es fácil de identificar mientras que el otro codifica para alguna característica deseable, en la mayoría de las ocasiones, la presencia del marcador significará que el organismo también posee la característica deseable. Si se desarrollan test para estos marcadores, se podrán utilizar para escoger las plantas más deseables en un estadio precoz, sin la necesidad de esperar a que lleguen a su madurez para determinar si poseen las características adecuadas.

En el apartado de los mamíferos, los mapas del ratón, el cerdo, y el de los humanos están siendo sometidos a constantes refinamientos. El mapa del cerdo, como el de la manzana, dará lugar obviamente a subproductos en agricultura. Los mapas del ratón y del hombre nos darán la información fundamental acerca de la genética de los mamíferos, así como nuevos enfoques para el tratamiento de enfermedades (ver capítulos 7 y 8). El último mapa de ratón realizado es un mapa de ligamiento proveniente del Instituto de Tecnología de Massachusetts, donde ha sido instalado un centro dedicado a trazar mapas de genomas. Dicho mapa tiene una media de resolución de 0,35 cM. Esto significa que existen unos postes indicadores, pedazos de una secuencia conocida, pero no necesariamente genes, a intervalos aproximados de 750 pkb a lo largo del genoma. El mapa de ligamiento humano correspondiente surgió de la compañía *Généthon*, con base en París, quien saltó a primera plana en los periódicos a finales de 1993 con un mapa físico de todo el genoma humano. El mapa de ligamiento de *Généthon* presenta una resolución de 2,9 CM, no tan depurado como el mapa del ratón, pero aún así impresionante dado el tamaño del genoma humano.

Incluso antes de que los proyectos oficiales de cartografía del genoma se iniciaran, algunos de los aspectos característicos de la topografía genómica ya habían empezado a emerger. Inevitablemente la atención se ha concentrado en los genes dada su obvia función biológica. En las células eucariotas ciertos genes se repiten muchas veces. Por ejemplo, los tritones tienen hasta 800 copias del gen de la histona. Esta es una de las maneras de hacer frente a la demanda de elevadas cantidades de histona, la cual es necesaria para la rápida división celular que tiene lugar al principio del desarrollo de los anfibios. En contraste, las aves y los mamíferos, cuyas células no se dividen tan rápidamente en el estadio embriónico, poseen entre diez y veinte copias del gen de la histona.

Los genes del ARNt y del ARNr también poseen múltiples copias. Es tan grande la necesidad de ARNt para la célula que incluso *E. coli* posee siete copias del gen del ARNr. El ARNt y el ribosómico (cuya función se describió en el capítulo 2) se forman mediante la copia del gen a un ARN transcrito, que posteriormente es procesado por enzimas para producir el tipo adecuado de ARN. Muchas células eucariotas poseen cientos o incluso miles de copias de estos genes. Por ejemplo, el oocito del sapo *Xenopus* tiene 10.000 copias de un gen de ARNr.

Los genomas eucarióticos también contienen pseudogenes, secuencias codificadoras que no pueden expresarse porque no poseen promotores (esos interruptores que «activan» y «desactivan» de los que hemos hablado en el capítulo 2). Estos pueden haber surgido del ARNm que ha sido convertido otra vez en ADN por la acción de la transcriptasa inversa, y luego haber sido reinsertados en el genoma. También existe un ADN vírico en los genomas eucarióticos, cicatrices de infecciones víricas pasadas, que, una vez que han invadido el genoma huésped, ya no pueden ser retiradas.

Al igual que los genomas, los pseudogenes y el ADN viral, los genomas eucarióticos están bastante «ensuciados» por otras secuencias repetidas. Por ejemplo, un segmento de 300 pares de bases conocido como secuencia *Alu* (ver página 70) se repite al menos un millón de veces en el ADN humano y representa el 7% de la totalidad del genoma.

La secuencia *Alu* es solo una de las muchas secuencias repetidas. También son características las pequeñas repeticiones de ADN «satélite» que se encuentran en la región central del cromosoma, el centrómero. El ADN satélite representa el 10% del genoma y hasta el 30% de otros genomas eucarióticos. Parece jugar un papel crucial en la coordinación de los movimientos de los cromosomas durante la división celular. Mantiene las dos cromátidas juntas hasta que llega el momento de separarlas para su transporte hacia las nuevas células.

Aparte de la «basura», las secuencias repetidas, y los genes multiplicadores, otro factor que contribuye en el masivo tamaño de los genomas eucarióticos, son los genes en sí mismos, mayores que los genes procarióticos correspondientes, aunque los productos proteicos sean de un tamaño similar. En 1977, los investigadores de varios laboratorios realizaron, de manera simultánea, el sorprendente descubrimiento de que los genes están divididos en sectores. Hasta entonces, se había asumido que estaban formados por una región codificante continua como sus homólogos eucarióticos. Sin embargo, los experimentos realizados en genes de la β-globina (un segmento de la hemoglobina, proteína que transporta el oxígeno en la sangre) y otras proteínas sugirieron lo contrario. La secuencia codificante del gen de la β-globina, por ejemplo, estaba dividida en tres partes, enlazadas por dos regiones no codificantes de una longitud de 550 y 120 pares de bases, respectivamente.

Las regiones codificantes se llaman exones (porque son expresadas) y las regiones no codificantes, intrones. Si una secuencia de ADN de un gen con una sola hebra, que contiene intrones y exones, se enfrenta a su ARN complementario, que solo contiene exones, ocurrirá lo siguiente: los exones se emparejan por pares de bases, pero los intrones no pueden encontrar una secuencia complementaria en el ARN y, por tanto, se enrollan para formar un híbrido de ADN-ARN. Estos bucles pueden observarse con claridad al microscopio electrónico, lo que demuestra su existencia.

Ahora está claro que la mayoría de los genes de las células eucariotas más complejas, como en los humanos y otros mamíferos, están divididos. Sin embargo, no existe un patrón para la longitud o el número de intrones que poseen. El gen del ratón que codifica para la enzima dihidrofolato reductasa (DHFR), utilizada en la construcción de los nucleótidos, tiene más ADN con intrones que con exones. Este gen tiene 31.000 bases en su secuencia pero el ARNm, tras la retirada de los intrones, solo presenta 1.600 bases. El gen del colágeno del pollo, principal componente proteico de los huesos y tendones de gallos y gallinas, posee 50 exones, mientras que el gen del factor VIII de la coagulación de la sangre humana presenta 17 exones.

Los intrones se copian, junto con los exones, a un transcrito primario de ARNm (llamada pre-ARN) y posteriormente se retiran, dentro del núcleo, antes de la traducción. Si bien la mayor parte de los eventos moleculares que tienen lugar en las células se llevan a cabo con la ayuda de las enzimas proteicas, la retirada de los intrones es bastante diferente. Los editores moleculares dedicados a la escisión de los intrones son partículas de ARN y de proteína conocidas como *snurps* (siglas que corresponden al inglés *small nuclear ribonucleoprotein particles*: partículas de ribonucleoproteínas nucleares pequeñas)[1]. Un grupo de *snurps* se sitúa en una molécula de pre-ARN formando una agrupación llamada espliceosoma. Los *snurps* individuales buscan las uniones exón-intrón en el gen. Estas zonas están marcadas con una secuencia GU en su extremo «superior» y por una secuencia AG en su extremo «inferior». El equipo de *snurps* realiza entonces un ataque coordinado al ARN, que finaliza con la retirada del intrón y la unión de los dos exones adyacentes.

---

[1] El término científico es snRNPs, aunque se usa comúnmente su «pronunciación» ya señalada. (*N. del E.*)

El descubrimiento, en 1983, por Tom Cech y su equipo, de que el protozoo *Tetrahymena* tenía la capacidad de autoprocesar su pre-ARN sin la ayuda de *snurps,* marcó un hito. Se destacó el potencial del ARN de poseer por sí mismo una actividad catalítica, que antes se presumía era exclusiva de las enzimas proteicas. Esto, a su vez, ha originado teorías nuevas acerca del origen de la vida, discutidas en el capítulo 4, y ha abierto posibilidades comerciales en relación con las enzimas de ARN (o ribozimas).

Si la estructura del mismo gen es examinada en una serie de organismos eucarióticos diferentes, queda claro que cuanto más complejo es el organismo, mayor es el número de intrones. Si bien esto puede sugerir que los intrones aparecieron tarde en la evolución y que de alguna manera son el reflejo de la complejidad de un organismo, la evidencia parece sugerir todo lo contrario. Mediante la comparación de secuencias de genes codificadores de proteínas muy conservadas a lo largo de la evolución, se llega a la conclusión de que los intrones podrían haber formado parte del genoma durante cerca de mil millones de años. Son los organismos más sencillos, como las bacterias y la levadura, que se dividen con rapidez y tienen unos genomas ligeros, los que han desechado a los intrones a lo largo de la evolución. Los intrones aumentan en gran medida la longitud de los genes eucarióticos. Como media, probablemente multiplican por diez la cantidad de ADN necesaria para codificar las proteínas, en comparación con el genoma procariótico.

A primera vista, parecería como si los intrones fueran simplemente ADN «basura», que, de alguna manera, ha conseguido invadir los propios genes. En realidad, la observación de que los exones suelen codificar para diferentes regiones estructurales de una proteína sugiere que este no es el caso. Por ejemplo, el exón central del gen de la β-globina codifica para la parte de la proteína que se une al grupo hemo, la molécula que contiene hierro y que da el color rojo a la sangre y transporta las moléculas de oxígeno desde los pulmones hacia el resto del cuerpo.

Al actuar como espaciadores entre los exones, los intrones podrían haber representado la clave de la mezcla y combinación de los exones para crear nuevas proteínas con nuevas funciones. Hoy día se cree que este «barajado» de exones ha sido una de las principales fuerzas en el proceso de evolución. Por ejemplo, el exón que codifica una proteína denominada factor de crecimiento epidérmico (EGF), que ayuda a fabricar nuevas células de la piel, también se encuentra en las proteínas que provocan la coagulación de la sangre, así como en la proteína que se adhiere al colesterol circulante en el cuerpo, manteniéndolo alejado de las células. Quizá EGF sea un sillar básico, a veces conocido como «dominio» de las proteínas, que pueda ser utilizado en varios contextos. Sería como organizarse un guardarropa adquiriendo una chaqueta que pueda conjuntarse con dos faldas (o dos pantalones), así como con el jersey preferido. El EGF y otros dominios proteicos son los componentes de un guardarropa bien planificado y pueden fabricar toda una variedad de proteínas diferentes.

Por otro lado existe una amplia evidencia que apoya la teoría de que el corte y empalme alternativo de un transcrito de ARN puede generar dos o más variantes de la misma proteína en una célula. Por tanto, si el transcrito tenía unos exones llamados A,

B, C, y D, se podrían fabricar proteínas A B Y D O A B Y C (o, para llevar más allá la analogía del guardarropa, una chaqueta negra va bien con un vestido rojo y unos zapatos negros, o con el mismo vestido y unos zapatos rojos). Un ejemplo de corte y empalme alternativos podría ser la producción de anticuerpos. Se trata de proteínas que el sistema inmunológico utiliza para neutralizar agentes patógenos, como los virus, las bacterias y otros materiales extraños. Pueden existir en dos formas. La primera posee un «parche pegajoso» en sus moléculas que permite al anticuerpo anclarse a la membrana celular. Las sustancias extrañas, como por ejemplo las bacterias, suelen ser percibidas por nuestro organismo porque sus superficies están cubiertas por moléculas proteicas llamadas antígenos que no se encuentran en el huésped. Cuando una bacteria tropieza con una superficie celular cubierta de anticuerpos, estos se adhieren a ella y capturan a los antígenos. La captura de antígenos cambia la forma de la molécula del anticuerpo, y este cambio dispara un mecanismo que causa la división celular y la producción de más anticuerpos, pero esta vez de la segunda variante. Esta es una versión soluble del anticuerpo que circula por todo el cuerpo, y se enfrenta a todas las bacterias invasoras. No posee el parche pegajoso porque tiene que estar libre para viajar. Se produce mediante corte y empalme del ARNm del anticuerpo, de manera que el exón con el «parche pegajoso» quede excluido. Por tanto, si ABCD representa la primera versión, entonces BCD podría ser la segunda, si A representa el exón del dominio con el parche pegajoso (BCD son los dominios restantes).

Un corte y empalme que resulte aberrante puede acarrear problemas. En algunas formas de la enfermedad de la sangre llamada talasemia, una de las conexiones (entre los exones y los intrones) del gen de la β-globina, está alterada. El espliceosoma corta por error solo parte del intrón en el gen defectuoso de globina, dejando que el resto sea transcrito con el exón vecino. Pero esta parte del intrón contiene un codón de terminación, lo que produce una finalización prematura de la traducción. La molécula de hemoglobina creada es demasiado corta y no puede funcionar apropiadamente.

La talasemia es una enfermedad común de los países mediterráneos. Por ejemplo, hasta un 20 % de la población de ciertas zonas de Italia es portadora de un gen de la globina defectuoso. El único tratamiento consiste en una transfusión de sangre periódica. Esto conlleva sus propios riesgos, ya que la sangre se sobrecarga de hierro proveniente de la sangre recibida y esto produce un efecto tóxico sobre el corazón. Ello significa que los pacientes con talasemia han de tomar unos fármacos llamados quelantes de hierro, los cuales retiran el hierro del sistema. Quizá un día la talasemia pueda tratarse con terapia génica, como veremos en el capítulo 8, pero por el momento sigue siendo una penosa y grave enfermedad.

La fluidez del genoma

El ADN está muy lejos de ser un modelo fijo y solo sujeto a un error de copia ocasional (mutación) durante el proceso de replicación. Puede ser sometido a bastantes cambios radicales durante la vida del organismo. Sectores de la molécula pueden saltar de una posición a otra dentro del genoma, o más copias de un gen pueden haber sido producidas en respuesta a una señal química del entorno.

Los primeros destellos sobre la naturaleza fluida del ADN aparecieron mucho antes de que quedaran establecidas su estructura y sus funciones. Barbara McClintock, de la Universidad de Cornell y, más tarde, del famoso laboratorio Cold Spring Harbor, examinó a lo largo de muchos años la herencia de la semilla de maíz y el color de su hoja. Fijándose en la aparición ocasional de extrañas manchas y puntos coloreados, empezó a preguntarse acerca de los mecanismos que podrían controlar la expresión de los genes relativos al color.

Desarrolló la idea de que existían unos elementos genéticos móviles que podían saltar por todo el cromosoma, y que cuando saltaban dentro de un gen, interrumpían su expresión. Sin embargo, cuando presentó esta teoría en el Simposio del Cold Spring Harbor, se encontró con unas miradas inexpresivas o indiferentes. Sin lugar a dudas, los asistentes estaban preocupados por los fagos, la genética bacteriana y el ADN.

El trabajo de Monod sobre el control de los genes influyó mucho en la reavivación del interés por los genes saltarines de McClintock. En 1970, la existencia de estos elementos genéticos móviles, llamados trasposones, se había establecido en varios organismos. Al igual que Mendel, McClintock estaba adelantada a su tiempo, pero al final pudo gozar del reconocimiento de sus descubrimientos al ser galardonada con el Premio Nobel en 1983.

Los trasposones son secuencias de ADN que pueden replicarse a sí mismas; forman un círculo que ronda por el genoma, y en cualquier momento se meten en un gen. La secuencia humana *Alu*, de la que ya hemos hablado anteriormente, es en realidad un trasposón. Una vez que se ha insertado en el interior de un gen, un trasposón produce una serie de efectos. Puede bloquear la expresión del gen invadido o fomentar la expresión de un gen colindante. A veces los trasposones solo provocan una mutación, un desorden general de las secuencias codificantes en las que se han asentado.

En 1991, Francis Collins y su equipo de la Universidad de Michigan, hallaron que el trastorno productor de tumores llamado neurofibromatosis está causado por un trasposón *Alu* instalado en un gen que en condiciones normales regula el crecimiento celular y lo desactiva. El famoso personaje victoriano John Merrick, más conocido como el «hombre elefante», sufría neurofibromatosis; era tal su deformidad que un circo lo exhibía como monstruo hasta que fue rescatado por el médico Frederick Treves. Gracias al apoyo de Treves, Merrick pudo desarrollar su interés por las artes y gozó de la amistad de miembros de la alta sociedad, incluso de la Princesa de Gales, durante el resto de su corta vida (la historia del hombre elefante se relata en la película del mismo nombre).

Existen también trasposones que transportan nueva información genética hacia el interior de la célula. Uno que tiene graves consecuencias para la salud pública es el factor R, un trasposón que contiene una colección de genes de resistencia a los antibióticos que puede intercambiarse entre especies diferentes de bacterias. Los genes de la resistencia a los antibióticos codifican para unas enzimas que pueden degradar potentes fármacos, como la penicilina, la tetraciclina, y la estreptomicina. Una bacteria armada con el factor R resulta indemne frente a muchos de los antibióticos habitualmente utilizados en el tratamiento de las infecciones. Por este motivo, algunas enfermedades casi olvidadas, como la tuberculosis y la difteria, están volviendo a resurgir en los hospitales y en las áreas urbanas más precarias, pese a los programas de inmunización.

El hecho de que los genes puedan pasar de una bacteria a otra de esta manera es algo que ha quedado bien establecido en la actualidad. Cada vez se especula más con la posibilidad de que los trasposones puedan pasar entre otras especies también. Esto podría explicar porqué una especie de mosca de la fruta puede adquirir las características de otra especie sin que ningún cruzamiento haya tenido lugar. Podría ser porque un ácaro que infecta a una especie transfiere trasposones llamados elementos P a la otra, utilizando su boca como si fuera una jeringa en miniatura.

Durante mucho tiempo se ha sospechado de la posible existencia de transferencia de genes entre bacterias, plantas y animales. Gary Strobel, de la Universidad del Estado de Montana y su equipo han descubierto recientemente un hongo que crece sobre el tejo del Pacífico y que puede fabricar un fármaco anticancerígeno llamado Taxol. El Taxol fue descubierto por primera vez como el producto del árbol mismo, y hoy posee una de las propiedades más innovadoras de la escena relativa a la terapia del cáncer. Ha demostrado unos resultados muy prometedores en el tratamiento del cáncer de ovario avanzado, cáncer de mama, y cáncer de cabeza y cuello. Existe preocupación porque, una vez que el fármaco salga al mercado, la demanda sobrepasará con creces al suministro, ya que el tejo del Pacífico está desapareciendo.

Hoy día se puede obtener Taxol de forma fácil y barata mediante el cultivo de grandes cantidades de este hongo, pero nadie sabe cómo ha adquirido la capacidad de fabricar Taxol. Strobel sugiere que probablemente el hongo tomó el gen (o, seguramente, los genes) que sintetiza el Taxol a partir del tejo.

No solo los trasposones pueden saltar alrededor de y entre los genomas, los cromosomas también se ven a veces sometidos a unos cambios en su organización que aparecen de forma bastante espontánea. Típicamente, una parte de un cromosoma intercambiará su lugar con otra parte de otro cromosoma. Por ejemplo, el cromosoma Filadelfia, que puede encontrarse en la mayoría de los pacientes con una leucemia de progresión rápida y fatal (leucemia mielógena crónica), proviene de una reorganización cromosómica: el intercambio entre un segmento del cromosoma y un trozo mayor del cromosoma 22. La versión anormal resultante del cromosoma 22 se llama cromosoma Filadelfia. Su formación se desarrolla a la par que la activación de un gen cancerígeno (hablaremos de esto con más detalle en el capítulo 8).

Finalmente, si el entorno presiona a las células (como podría suceder ante la presencia de un fármaco o un metal pesado tóxico) de modo que estas requieran una mayor cantidad de proteínas, el genoma podría responder ampliando el número de copias de los genes que codifican para dichas proteínas. Por ejemplo, el número de genes de la metalotioneína en las células aumenta si están expuestos al metal, pesado y tóxico, cadmio (ver capítulo 2 para más información acerca de la metalotioneína). Esto resulta en una cantidad superior de metalotioneína para absorber el metal pesado antes de que dañe a las células. Si se trata a las células con el fármaco metotrexato, que bloquea la enzima dihidrofolato reductasa (DHFR), la mayoría de ellas morirá porque ya no pueden fabricar ácidos nucleicos. Por este motivo el metotrexato se utiliza como terapia anticancerosa, debido a que mata las células tumorales de la misma manera. Sin embargo, unas cuantas células responden al reto del metotrexato amplificando su gen de DHFR, produciendo así un importante incremento del suministro de las enzimas que están siendo atacadas. Si se seleccionan estas células, y son sujetas a más regímenes terapéuticos con el fármaco, se encuentra que algunas aumentan el número de copias del gen DHFR en 1.000 veces.

4
¿De dónde proviene el ADN?

El ADN, el ARN y las proteínas son moléculas que poseen una historia propia. El estudio de cómo han cambiado a lo largo del tiempo nos ha brindado nuevas perspectivas sobre la evolución, y sobre el lugar que ocupamos en la naturaleza. A nivel genético, la evolución puede resumirse como la producción de nuevos genes, su herencia y su selección por medio de interacciones con el entorno. La naturaleza fluida y dinámica del ADN ha hecho posible que la vida se desplegara desde las células de los microbios que poblaban la Tierra hace casi cuatro mil millones de años, hasta la rica diversificación de especies que existe hoy día.

Orígenes

Los creacionistas, aquellos que creen que Dios colocó a las especies totalmente formadas sobre la Tierra, evitan a su conveniencia uno de los problemas más relevantes de la ciencia, es decir, cómo se inició la vida. Charles Darwin desarrolló una teoría convincente de cómo las primeras formas de vida evolucionaron para convertirse en organismos más complejos. Pero no pudo explicar cómo apareció el primer organismo, denominado frecuentemente progenota.

Probablemente nunca sabremos la verdad sobre los orígenes de la vida, pero no andamos escasos de teorías. La química, la cosmología, y la geología han aportado unas nociones mucho más fructíferas e imaginativas acerca de cómo surgió la vida en este planeta que las teorías estereotipadas de los creacionistas.

Antes de explorar algunas de las ideas científicas sobre los orígenes de la vida, y del ADN, hay que instalar el decorado para hacernos una idea del aspecto que tenía nuestro planeta en su juventud. Este no es el lugar para adentrarnos en complicadas teorías cosmológicas, por lo que aceptaremos que el Universo se creó hace cerca de 15.000 millones de años durante un evento llamado *Big Bang* o Gran Explosión. Suena como si de una explosión se tratara y, sin embargo, es probable que fuera algo más bien parecido a una expansión de toda la materia y energía que ahora se encuentran en el Universo, a partir de un estado denso e increíblemente caliente (cerca de cien mil millones de grados centígrados). Conforme el Universo se expandía, se fue enfriando y se formó la materia: en primer lugar los elementos ligeros, como el hidrógeno y el helio, seguidos por los más pesados, como el hierro y el estaño. La Tierra misma se formó hace 4.500 o 5.000 millones de años a partir de una nube de partículas de polvo que rodeaban a nuestra estrella más cercana, el Sol. La composición de la Tierra, entonces y ahora, no tiene nada que ver con la de los seres vivos. Posee un núcleo de hierro y níquel líquidos rodeado por una capa rocosa llamada manto. Este a su vez está cubierto por nuestras superficies terrestres y por los suelos marinos, que reciben el nombre, en conjunto, de corteza terrestre. El oxígeno, el silicio y el aluminio, en varias combinaciones químicas llamadas minerales, conforman más de las tres cuartas partes de la corteza terrestre. Los dos últimos elementos apenas aparecen en los seres vivos, cuyas células están compuestas por componentes de carbono, oxígeno e hidrógeno, unas gotas de nitrógeno y fósforo, y trazas de otros elementos.

La composición de la Tierra misma ha cambiado muy poco, aunque su geografía sí ha sido alterada. Pero la atmósfera de la Tierra en tiempos de su juventud no se parecía en nada a la actual. Las ideas sobre esto han cambiado. Antes se asumía que la vida había emergido en una atmósfera compuesta de metano, amoniaco, hidrógeno y vapor de agua. En la actualidad, algunos científicos creen que en lugar de amoniaco probablemente había nitrógeno y, en lugar de metano, dióxido de carbono. Huelga decir que es imposible saberlo con certeza, pero una cosa es (casi) segura: no había oxígeno.

Las primeras trazas de vida son depósitos de actividad bacteriana llamados estromatolitos, hallados en Australia, y microfósiles, que datan ambos de hace aproximadamente 3.500 millones de años. También hay evidencias indirectas provenientes de unas rocas sedimentarias de 3.800 millones de años localizadas en Isua, en la región occidental de Groenlandia. Estos datos sugieren con firmeza que en aquel momento debía de existir agua en forma de océanos primarios. El agua en estado líquido es un prerrequisito imprescindible para la existencia de la vida.

Entonces, ¿cómo hicieron los componentes inorgánicos que poblaban hace cuatro mil millones de años la corteza terrestre, los océanos y la atmósfera, para combinarse y formar células vivas? El origen de la vida suele contemplarse en tres etapas bien diferenciadas. En primer lugar, tiene que haber una generación de sillares básicos orgánicos, como los nucleótidos y los aminoácidos. A continuación viene el ensamblaje de estos sillares básicos que va a dar lugar a polímeros funcionales, el ADN, el ARN, y las proteínas (en general, esta es la etapa que se considera más difícil de explicar). La autorreplicación (ácidos nucleicos) y la catálisis (enzimas) son los procesos químicos que originaron y mantuvieron la vida. Pero la vida no podría haberse originado sin los polímeros funcionales agrupados tras una barrera que los mantenía separados del entorno. De otro modo, se hubieran separado unos de otros y nada interesante habría ocurrido. La barrera, la membrana celular primitiva, habría formado las primeras células, compartimientos en los que la química de la vida podría evolucionar.

Los científicos estadounidenses Harold Urey y Stanley Miller abordaron la primera parte del problema a principios de los años cincuenta, aproximadamente al mismo tiempo que Crick y Watson daban los últimos retoques a su modelo de estructura del ADN. Los experimentos de Urey y Miller estaban basados en ideas anteriores sobre el origen de la vida propuestas por J. B. S. Haldane, quien trabajaba en Oxford, y por el químico ruso Alexander Oparin. Afirmaban que la vida había surgido de una «sopa caliente diluida» (palabras del propio Haldane). Urey y Miller intentaron recrear este medio, frecuentemente llamado sopa primordial, mediante simulaciones de laboratorio de la Tierra primitiva. Para conseguirlo, hicieron circular metano, amoniaco y agua a través de un sistema de frascos y tubos. De vez en cuando, bombardeaban esta mezcla con chispas eléctricas, con la intención de imitar la intensa radiación solar, factor clave durante los primeros tiempos de la Tierra.

Tras unos días, el líquido que Urey y Miller bombeaban a lo largo de todo el sistema contenía glicocola, uno de los aminoácidos fundamentales. Por tanto, los sillares básicos de la vida bien podrían haber surgido de la materia prima disponible en aquel momento. Otros experimentos con diferentes «recetas» produjeron bases, azúcares, y otros aminoácidos. Empezó a circular una broma entre los químicos orgánicos: «mezcle un poco de amoniaco y metano en un tubo, déjelo al sol durante una semana, y entonces grite en el interior del tubo: ¿hay alguien ahí?».

Sin embargo, las ondas de choque producidas por los impactos de meteoritos y cometas, así como la intensa luz ultravioleta del Sol (no había ninguna capa de ozono que pudiera absorberla ya que no circulaba oxígeno libre), difícilmente podrían haber originado el ensamblaje ordenado de estos sillares básicos en ácidos nucleicos y proteínas. Incluso en un rincón retirado y tranquilo de un laboratorio químico se necesitan reactivos sofisticados y una química bien controlada para crear estos biopolímeros a partir de sus componentes. Si uno se limita a mezclarlos en un tubo de ensayo, no se obtendrá nada, o las cosas irán demasiado lejos y solo resultará un alquitrán negro de feo aspecto.

Por tanto, se han sugerido una serie de curiosas hipótesis para poder explicar la evolución de los biopolímeros. Una de estas hipótesis que ha sido recientemente promovida por John Corliss de la NASA y otros científicos, radica en que la sopa primordial se formó en fuentes hidrotermales, y no en la superficie de la Tierra. Estos nichos, que se encuentran en los suelos marinos, ofrecían seguridad frente al alboroto de meteoritos y rayos ultravioletas que tenía lugar en la superficie. Si bien estas fuentes no tenían acceso a la energía solar, la energía necesaria para producir las reacciones químicas podría haber sido extraída de los minerales presentes en el suelo marino.

Es difícil decir cuán lejos hubiera progresado la vida bajo estas condiciones, pero la propuesta ha sido apoyada poderosamente por el descubrimiento de comunidades bacterianas en los nichos hidrotermales. Estos microbios pertenecen a un grupo denominado arqueobacterias, que el científico norteamericano Carl Woese afirmó tenían orígenes antiguos, y que son discutidos en detalle más adelante en este mismo capítulo. Ciertamente, muchas arqueobacterias han sido halladas en entornos «primitivos» similares a nuestra idea sobre los inicios de la Tierra (con un nivel bajo de oxígeno, por ejemplo).

Otros científicos han argumentado que, aparte de la protección frente al violento ambiente exterior de la Tierra primitiva, la construcción de los sillares constructores de polímeros requería ayuda por parte de algún tipo de catalizador. Graham Cairns-Smith, de la Universidad de Glasgow, sostiene que los minerales basados en la arcilla podrían no ser las sustancias inertes que comúnmente se supone. Ha desarrollado la idea de un estadio precoz en la evolución de la vida basado en la arcilla, lo que hubiera servido como puente entre la sopa primordial y la primera célula basada en el carbono. La arcilla contiene silicio, el cual pertenece al mismo grupo químico que el carbono sobre el cual se ha basado la vida. Los minerales son cristales que replican la regular disposición interna de sus átomos a medida que van creciendo. Los minerales a base de arcilla pueden «mutar», comenta Cairns-Smith, acumulando imperfecciones en sus cristales que a continuación se replican. Incluso los cristales más simples, como los de zinc o hierro adquirirán dichas imperfecciones. Podría haber un vacío en la disposición regular de los átomos de metal, o algún lugar en el que se haya podido introducir un átomo de más. En el caso de los minerales más complejos, como los silicatos de Cairns-Smith, estas «mutaciones» podrían eventualmente producir cierta forma de actividad catalítica. La visión de Cairns-Smith radica en que los sillares básicos orgánicos que representan el distintivo de la vida tal como lo conocemos se ensamblan sobre estas arcillas catalizadoras. En algún momento, las formas de vida basadas en el carbono se hicieron cargo de las formas de vida basadas en la arcilla, comenta Cairns-Smith, quien ha acuñado el término «absorción genética» para referirse a la transición entre la arcilla y el ADN.

Más recientemente, Cairns-Smith se ha reunido con otros colegas en Glasgow, como Michael Russell, para especular sobre el hecho de que la vida podría haber surgido a partir de unas burbujas de sulfuro de hierro (un mineral corriente, a veces conocido como «el oro de los locos»), en manantiales alcalinos del suelo marino. Este entorno podría haber aportado todas las materias primas químicas y la energía necesarias para generar aminoácidos y primitivas enzimas que contienen hierro. Gunter Wachterhauser, un abogado norteamericano especializado en patentes y antiguo químico, también propuso una teoría similar. En efecto, Christian de Duve, de la Universidad Rockefeller, ha sugerido que compuestos que contienen azufre, carbono y oxígeno (llamados tioésteres) que se formaron en aquellas fuentes hidrotermales, podrían haber desencadenado una forma grosera de bioquímica.

Otros científicos han evitado enfrentarse con el problema relativo a la eventual formación de las moléculas de vida sobre la Tierra, diciendo que vinieron ¡del espacio exterior! Las exploraciones espaciales más recientes han centrado su atención en las teorías de Fred Hoyle y Chandra Wickramasinghe, quienes desarrollaron el concepto de panspermia según el cual la vida habría sido «sembrada» por microbios provenientes del polvo de los cometas. Pocos científicos creen en esta teoría, pero el descubrimiento de la existencia de componentes orgánicos, como los aminoácidos, en el polvo interestelar, en los meteoritos y en el Cometa Halley, sugieren que la Tierra podría haber sido rociada al menos con sillares básicos biológicos, si es que no lo ha sido con organismos completamente formados, contenidos en el polvo desprendido durante el impacto meteórico.

Francis Crick, en su libro *La vida misma*, propone un punto de vista aún más extremo (aunque es difícil decir si se lo toma realmente en serio). Dice que si el Universo data de hace 15.000 millones de años, y la vida solo apareció aquí hace cuatro mil millones de años, la vida podría haber evolucionado en algún otro sitio (durante los 11.000 millones de años que quedan en medio). Estas formas de vida podrían ser muy avanzadas y poseer la tecnología para sembrar vida en planetas como el nuestro. Crick incluso piensa en la eventualidad de naves espaciales pobladas con microbios que fueron dirigidas hacia la Tierra en el momento en que la vida surgió por primera vez. Esto parece una locura pero no dista tanto de las ideas que los científicos interesados en la colonización de otros planetas están proponiendo en la actualidad, tema del que hablaremos más adelante.

Sea como fuere, fue un hecho la aparición de una molécula autorreplicante y enzimas que establecieron el escenario de la emergencia de la primera célula. No obstante, si pensamos en términos biológicos actuales, surge un problema inmediato. Las enzimas son imprescindibles para la replicación de los ácidos nucleicos, como ya hemos visto en el capítulo 1 y, sin embargo, ellas mismas están fabricadas por el ADN o el ARN. ¿Cuál apareció antes?

Los años ochenta marcaron un hito cuando Tom Cech y sus colegas demostraron que el ARN podía comportarse como una enzima además de como una molécula autorreplicante. En realidad, hoy parece que el ARN puede realizar todo tipo de química sofisticada en los tubos de ensayo sin ninguna ayuda por parte de enzimas proteicas. Por tanto el ARN probablemente fue un precursor del ADN, y aportó gran parte del trabajo bioquímico básico para el desarrollo de la primera célula. Una parte de esa bioquímica era generar ADN. Los científicos de la Universidad Rockefeller creen que la transcriptasa inversa, la enzima que copia el ADN a partir del ARN y que ya hemos visto en el capítulo 2, se remonta mucho en el tiempo, y que una versión primitiva podría haber sido la que creó la primera molécula de ADN (probablemente en el interior de alguna forma de célula, aunque lógicamente nadie lo puede afirmar).

Una vez que aparecieron el ácido nucleico y las proteínas, aunque en una forma primitiva, su probable tendencia fue la de organizarse a sí mismas en células. Hoy día hay un gran interés sobre la forma en la que a veces las grandes moléculas se autoorganizan en gotitas y capas. Este comportamiento fue observado hace muchos años por Alexander Oparin, quien demostró la formación de entidades parecidas a las células a partir de la proteína gelatina y de goma arábiga, un carbohidrato. Estas gotitas, que se conocen con el nombre de coacervados, dejan pasar las sustancias hacia el interior y el exterior a través de sus membranas. Si se introducen enzimas en su interior, estas catalizarán unas reacciones simples. En algún momento, estas primeras células podrían haber evolucionado hacia el primer organismo unicelular con un genoma de ADN. Este se conoce bajo el nombre de progenota y es el ancestro de todos nosotros. No ha dejado ningún rastro, pero con su aparición quedó establecido el escenario para el inicio de la historia de la evolución del ADN.

Evolución, la historia molecular

Existen dos maneras de contemplar la evolución. La historia tradicional se centra en los últimos quinientos millones de años, basándose en los fósiles y hallazgos arqueológicos como puntos principales. Las estrellas de esta historia son los dinosaurios, los simios y, por supuesto, los humanos. En la historia molecular, la mayor parte de la acción transcurre en los primeros 2.000 millones de años, siendo los microbios los protagonistas principales.

Los primeros microbios fueron probablemente las cianobacterias o las algas verdeazuladas. Estas procariotas tenían la capacidad de llevar a cabo la fotosíntesis, produciendo al mismo tiempo oxígeno. Parece muy probable que, desde un estadio muy temprano en la evolución, los microbios crearon una forma primitiva de sexo. No se trata del sexo que mucho más tarde evolucionó en animales y plantas, involucrando la unión de células sexuales especializadas. En su lugar, se trataba de un intercambio de material genético entre las diferentes especies de bacterias. De hecho, el sexo es un fenómeno generalizado: cuando un virus invade una célula animal, por ejemplo, eso es una forma de sexo, ya que se va a crear una nueva combinación de genes. Las bacterias eran, y son, increíblemente «promiscuas» en comparación con los organismos más complejos. Los estudios realizados en comunidades microbianas sugieren que tienen acceso a una especie de fondo genético común. En los primeros estadios de la Tierra, este intercambio de genes era un potente mecanismo protector frente a las intensas radiaciones solares. La luz ultravioleta proveniente del Sol es muy nociva para el ADN (por este motivo la reducción de la capa protectora de ozono ya está provocando un aumento de las tasas del cáncer de piel). El microbio primitivo podía reparar el daño que causaba en los genes la luz ultravioleta por medio de un sencillo mecanismo: tomando prestado un gen de sobra de un microbio cercano, o utilizando enzimas para fabricar una nueva copia del mismo. Este intercambio «al por mayor» de los genes de una célula a otra no se lleva a cabo en las células eucariotas, donde los genes están envueltos en cromosomas. El intercambio de genes les permitió a las bacterias un elevado grado de progreso en su evolución. En realidad, lo que estamos intentando ahora es imitar este progreso adaptándolo a la ingeniería genética que, como ya veremos en el próximo capítulo, consiste en la transferencia de genes entre especies. La diferencia entre promiscuidad bacteriana e ingeniería genética radica en que esta última está dirigida y controlada por la consciencia humana (siendo ella misma un producto de la evolución). El sexo bacteriano es ciego y aleatorio, pero de vez en cuando es adaptativo.

Hace cerca de 2.000 millones de años se desencadenó una catástrofe. Por primera vez, el oxígeno empezó a acumularse en la atmósfera. Había sido generado por la fotosíntesis llevada a cabo durante los más de 1.000 millones de años anteriores al acontecimiento, pero siempre había reaccionado con otros elementos para formar compuestos como los óxidos de hierro y de aluminio. De repente, no quedó nada con lo que el oxígeno podía reaccionar, y empezó a acumularse. Uno puede preguntarse por qué esto tenía importancia. Después de todo el oxígeno es esencial para la vida. Sin embargo, este punto de vista es más bien antropocéntrico. Los cerebros humanos no pueden sobrevivir más de unos cuantos minutos sin oxígeno, y dependemos de él para quemar nuestros alimentos y así suministrar energía bioquímica a nuestras células.

El problema con el oxígeno es que es el segundo elemento más reactivo, y atacará a la mayoría de las moléculas de una célula, incluyendo el importantísimo ADN y las proteínas. También es dañino para estructuras vitales, como la membrana celular. Esto hace del oxígeno un veneno letal para muchas de esas formas de vida microbiana que obtienen su energía sin necesidad de oxígeno, los llamados anaerobios (los que dependen del oxígeno para vivir, como los humanos, se llaman aerobios). Como veremos más adelante, el oxígeno también puede llegar a ser mortal para los humanos, debido al daño que produce a nuestras células.

Por tanto, la aparición del oxígeno en la atmósfera podría haber tenido el mismo impacto que una catástrofe general. Miles de millones de microbios murieron; pero el oxígeno también preparó la escena para dar un gran salto hacia delante en el proceso de evolución. Por primera vez aparecieron células con núcleo (eucariotas). Estas células empezaron a desarrollar una compleja estructura gracias a un procedimiento denominado endosimbiosis. Se trata de una forma de colaboración entre dos especies de microbios que podría haberse iniciado como una relación depredador-presa. Lynn Margulis, de la Universidad de Boston, fue una de las pioneras de la teoría de la endosimbiosis, la cual estuvo durante muchos años sujeta a una fuente de controversia debido a la manera en que parece ir en sentido contrario a la visión tradicional Darwiniana. Dicho sencillamente, Darwin opina que la competitividad estimula la evolución, y solo los mejor adaptados al entorno pueden sobrevivir, el resto muere.

En la endosimbiosis, dos organismos se juntan para formar uno solo y, en realidad, el nuevo microorganismo es algo más que los dos que lo han formado. Al menos tres de los componentes de las células modernas, los cloroplastos, las mitocondrias, y los cinetosomas, provienen de la endosimbiosis (fig. 4.1). La historia es la siguiente: las bacterias, como las llamadas bacterias púrpura, que habían aprendido no solo a tolerar el oxígeno sino a utilizarlo para generar energía, invadieron a las especies menos capacitadas para sobrevivir en una atmósfera cargada de oxígeno. A lo largo del tiempo, ambas células desarrollaron una relación mutuamente beneficiosa. Las primeras contribuyeron en la utilización del oxígeno, evolucionando en algún momento hacia una estructura llamada mitocondria, la cual es el principal lugar de generación de energía bioquímica a partir del alimento y del oxígeno en la célula eucariota. El segundo microbio (aparte de su baja tolerancia al oxígeno), podría haber sido un ser más resistente que el primero, dándole protección frente a un entorno hostil, como la elevada temperatura o las aguas ácidas.

Una escena similar podría haber conducido a la formación de los cloroplastos. Estas estructuras son la sede de la fotosíntesis en las células vegetales. Contienen unos pigmentos parecidos a los de las cianobacterias. Una asociación entre cianobacterias y otros microbios podría haber protegido a las primeras a la vez que aportaba a su protector la capacidad de realizar la fotosíntesis.

El descubrimiento de que las mitocondrias y los cloroplastos poseen su propio ADN y sus propias membranas en el interior de la célula en la que residen, dio un poderoso apoyo a la noción de que sus ancestros habían sido microbios que vivían en libertad. Los orígenes endosimbióticos de las estructuras internas de la célula que la capacitan para moverse son tema de mayor controversia, pero los minúsculos flagelos celulares

(a)

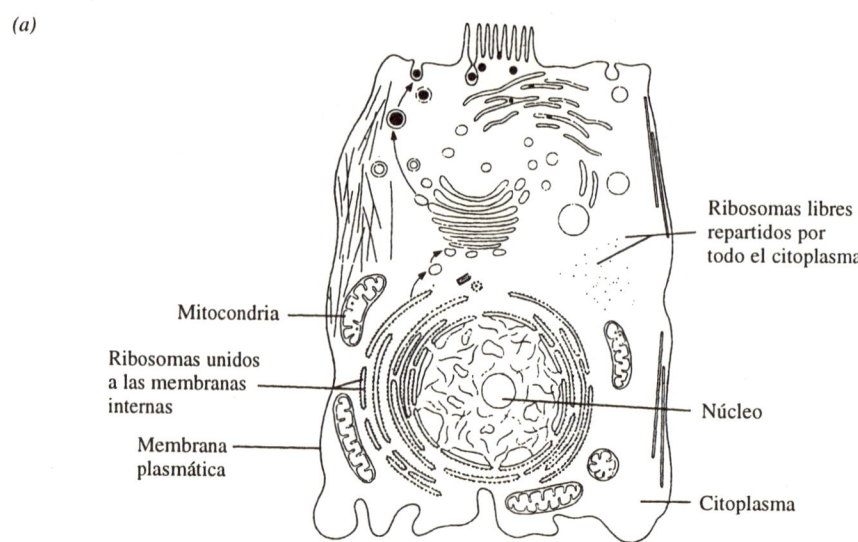

(b)

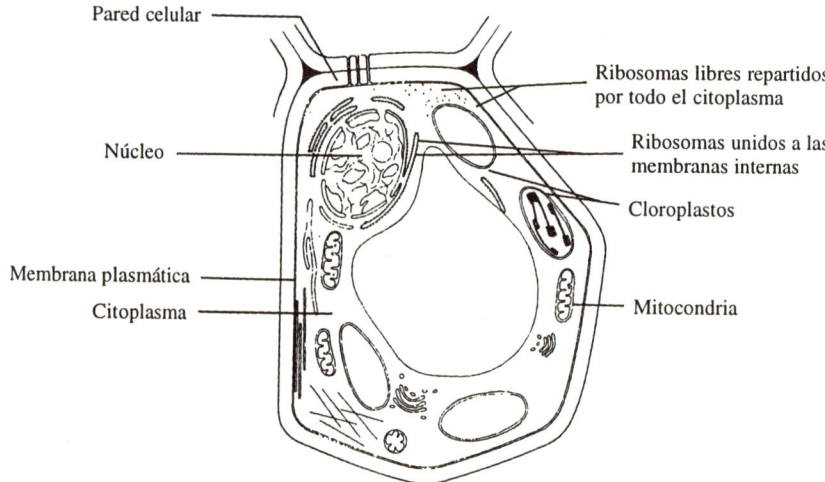

Figura 4.1. *Estructura celular y endosimbiosis.* *(a)* Célula animal y *(b)* célula vegetal. Las células eucarióticas son complejas. Una membrana encierra un fluido interior conocido como citoplasma. Muchas estructuras están repartidas por todo el citoplasma. De estas, los cinetosomas nucleares, los cloroplastos y las mitocondrias han evolucionado a partir de microorganismos mucho más primitivos: las espiroquetas, las algas verde-azuladas, y las bacterias púrpuras, respectivamente.

que propulsan el esperma, recubren internamente nuestros pulmones y filtran el aire, o impulsan las eucariotas unicelulares (o protistas) como los paramecios, poseen una estructura común. Todas las células eucariotas poseen un sistema de transporte compuesto por tubos de proteínas llamados microtúbulos. La disposición de los microtúbulos en el interior de los minúsculos flagelos celulares es notablemente similar, independientemente de cuál sea su origen. En sección transversal, se puede observar que todos los flagelos presentan una disposición parecida a un antiguo dial telefónico compuesto por nueve pares de microtúbulos, con un décimo par dispuesto en el centro. Es más, estos flagelos se originan a partir de una estructura llamada cinetosoma que posee nueve triplets de microtúbulos dispuestos en un círculo. Los cinetosomas se encuentran en las células animales y ayudan a separar los cromosomas durante la división celular, asegurándose de que cada nueva célula posea su propio conjunto de cromosomas. Sin embargo, los informes relativos a la eventual presencia de ADN en los cinetosomas no han sido verificados.

Margulis es de la opinión que los minúsculos flagelos y los cinetosomas provienen de una relación endosimbiótica entre espiroquetas y otros microbios. Las espiroquetas, a las que pertenece la bacteria *Treponema pallidum* causante de la sífilis, son unos microorganismos en forma de sacacorchos que se mueven por su entorno mucho más rápidamente que cualquier otro microbio. El hecho de poder aportar movilidad a sus socios endosimbióticos ha debido de ser una enorme ventaja: súbitamente apareció la posibilidad de moverse en búsqueda de nuevos suministros de alimento, así como nuevas posibilidades para el sexo.

Una vez que las eucariotas quedaron establecidas, otras formas de cambio en el ADN fueron influyendo más en la dirección de la evolución. Los errores durante la replicación del ADN, que conllevarían a una inserción errónea de las bases, o la inclusión de bases adicionales, o incluso la falta de estas, podían repararse frecuentemente, pero una entre 1.000 millones de estas mutaciones podía escapar a este sistema. A veces los genes, o los segmentos no codificantes del ADN, sencillamente se habrían perdido durante el proceso de división celular.

Cuando las células se hicieron demasiado grandes, se separaron para formar una especie de cooperativa multicelular, algo que empezó a ocurrir hace quinientos millones de años (en el punto donde nos encontramos con los tradicionalistas y su opinión sobre la evolución). En el reino animal, los vertebrados surgieron por este orden: peces, anfibios, reptiles, aves y, finalmente, mamíferos. Las plantas terrestres aparecieron en escena hace cerca de 350 millones de años.

Con el auge de los animales y las plantas, vino la oportunidad de mezclar genes mediante la reproducción sexual, en lugar de la norma «libres para todos» que rige entre las bacterias. La manera en la que se transmiten y se expresan los genes a través de la reproducción sexual se explica en los modelos que Mendel observó en sus experimentos sobre la herencia de las plantas de guisantes. Mendel halló que, en general, existían dos tipos de genes: los de acción dominante y los de acción recesiva. Los genes se heredan por pares, uno de cada progenitor. Cada una de las parejas se llama alelo. Si uno hereda alelos idénticos de un gen, uno es homozigótico para ese gen (como los genes de flores rojas de una judía escarlata). Si, por el contrario, se heredan alelos diferentes, uno es heterozigótico para ese gen en particular.

Como ya hemos visto, algunos genes están ligados y tienen más probabilidades de ser heredados juntos; pero aquellos que se encuentran en cromosomas distintos se heredarán independientemente. Por tanto, no se puede determinar si uno va a ser homozigótico o heterozigótico para cualquier gen (eso también depende del material genético parental). El efecto que cada gen ejerce sobre el fenotipo depende de si es un gen dominante o recesivo.

Para ilustrar este punto comentemos algunos de los hallazgos de Mendel. Cuando crió una planta de guisante homozigótica para las semillas lisas con una que era homozigótica para las semillas rugosas, toda la progenie presentaba semillas lisas. Todas eran heterozigóticas para la envuelta de la semilla, con un gen rugoso y otro liso (uno por cada progenitor), pero el gen de la envuelta lisa ganó ya que se trataba de un gen de acción dominante. Si cruzaba estas nuevas semillas hijas entre sí, cada una donaría uno de los dos tipos de gametos (o células sexuales) a la unión. Uno tendría un gen para las semillas rugosas y otro para las lisas. Por tanto, cada progenie tiene la posibilidad de heredar cualquiera de los dos gametos de los padres. Esto nos da una oportunidad entre cuatro de ser homozigótico para las semillas lisas (una posibilidad entre dos de cada padre) o para las rugosas; también hay globalmente una probabilidad entre dos de heredar un gen de cada tipo de los padres y ser heterocigótico. Un gen dominante siempre se expresa. Por tanto, la semilla lisa aparecerá tanto en el homozigótico como en el heterozigótico. Esto nos da una media del 75% de semillas lisas en toda la progenie. Sin embargo, el homozigoto de la semilla rugosa debe producir un fenotipo de semilla rugosa, porque el gen dominante de la envuelta lisa no está presente. Este fenotipo rugoso nos da el 25% restante de la progenie proveniente de esta unión.

Hasta este punto, el efecto del ambiente sobre los diferentes mecanismos del cambio genético solo ha sido sugerido. Darwin fue el primero en destacar este aspecto en su importante teoría sobre la evolución. Observó que existía una variación entre las especies. No conocía el origen de dichas variaciones, pero comprendió que en algunos casos estas producían miembros de una especie que estaba particularmente bien adaptada a su ambiente. Podemos imaginar, por ejemplo, una familia de ratones con diferentes colores de pelaje. Si viven en el bosque, aquellos cuyo color de pelaje armoniza mejor con su hábitat escaparán mejor frente a sus depredadores. Obviamente este no es el único factor que afecta a la supervivencia, pero por el momento asumiremos que sí lo es. Estos ratones sobrevivirán más tiempo y tendrán el mayor número de crías mientras puedan reproducirse. Por tanto, la siguiente generación tendrá más ratones con un pelaje cuyo color se adapte mejor al entorno boscoso. Evidentemente, ningún entorno permanece estático, al año siguiente los árboles podrían ser talados, o podría surgir una nueva planta tóxica para los ratones. Estos factores a su vez moldearán la nueva población de ratones, en términos de evolución Darwiniana.

Las fuerzas que han dado forma a la evolución nos han aportado la rica biodiversidad de la que disponemos hoy día. Nadie sabe cuántas especies habitan la Tierra. La estimación más baja es de unos 4,4 millones, y la más alta de 33,5 millones. Sí sabemos que cerca de 1,5 millones han sido identificadas, de las cuales más de un millón son invertebrados. Realmente, si hoy en día uno está vivo y en la Tierra, es más probable ser un insecto que cualquier otra cosa.

La extinción es para siempre y no es nada nuevo. Las presiones ambientales de todo tipo siempre han tenido como resultado la desaparición de las especies menos adaptadas. Sin embargo, la tasa de extinción parece acelerarse y la más pesimista de las previsiones estima que por el año 2050, cerca de la mitad de todas las especies vivas en la actualidad se extinguirá. Hoy, es probable que varias especies desaparezcan cada hora; estos acontecimientos no ocurren solos, ya que las especies son interdependientes. Esto se puede demostrar con una investigación muy sencilla. Busque un roble. Coloque una manta debajo de sus ramas, y golpéelas con una vara larga. Se desprenderá toda una comunidad de insectos de las ramas. Se estima que un roble acoge a 500 especies (no solo insectos y microbios, sino también aves y mamíferos). Tras el recuento y examen de los ocupantes del roble, devuélvalos a su hogar. Ahora imagine que el roble se extingue. Algunas de las especies que alberga podrán encontrar un nuevo hogar; otras no lo conseguirán, y al igual que el roble, desaparecerán.

La mitad de las especies terrestres residen en las selvas tropicales lluviosas que forman una banda alrededor del ecuador. Las medidas obtenidas por satélite confirman que solo la mitad de las selvas originales está todavía viva. La destrucción de los bosques ha sido originada por la agricultura, la construcción de carreteras y la tala de árboles. Con respecto a las zonas húmedas de la Tierra, otra de las riquezas en cuanto a su biodiversidad, solo un poco más de la mitad han podido librarse de los drenajes y el desarrollo. El abuso de la caza, la pesca, y la contaminación, también contribuyen en la cadena de extinción; así mismo, la cercanía al desarrollo urbanístico y la construcción de carreteras destruyen hábitats de gran valor.

A nivel del ADN, la extinción consiste en la pérdida de genes únicos. ¿Por qué nos deberíamos preocupar por especies desconocidas para la ciencia («ojos que no ven, corazón que no siente»)? Ahora que tenemos el poder de la evolución en nuestras manos gracias a la ingeniería genética, quizá podamos moldear la evolución futura para que se adapte mejor a nuestras necesidades. Esto podría ocurrir, pero la ingeniería genética *depende* del mayor conocimiento posible sobre el mayor número de genes posible. Hoy día no podemos ir por ahí inventando secuencias de genes para la ingeniería genética. Tenemos que hallarlos en la naturaleza. Las plantas y los microbios nos han proporcionado estos genes durante miles de años. Por ello, destruir nuestra riqueza genética es el peor tipo de inversión que podemos realizar.

En verdad resulta tentador pensar que podemos simplemente tomar los genes, almacenarlos en algún lugar, quizá incluso reduciéndolos a una secuencia en una base de datos en una computadora, y olvidarnos del organismo completo. Muchos científicos han demostrado que los ecosistemas con una biodiversidad extensa son más robustos que los que carecen de variedad en sus especies. En varios experimentos piloto realizados con ecosistemas con diferentes números de especies, aquellos con la mayor variedad de ellas siempre eran los que mejor respondían a los variados cambios de clima simulados a los que fueron expuestos.

Sin embargo, se están creando bancos de genes, así como iniciativas políticas y económicas dirigidas a estimular el crecimiento sostenible. Algunas de estas iniciativas son las reservas naturales y los zoológicos donde se cuida de las especies amenazadas. Otra opción podría ser el almacenamiento de genes en forma de plasma germinal, tejido que contiene el germen o las células sexuales de las especies, de manera que se pueda volver a crear el organismo cuando sea preciso. Los bancos de genes vegetales almacenan plasma germinal en forma de semillas o esquejes. El primer modelo de banco de genes fue desarrollado por el biólogo ruso N. I. Vavilov en los años veinte. Vavilov también instauró el concepto de biodiversidad. Etiopía, por ejemplo, es un centro «Vavilov» de biodiversidad en lo que al café se refiere.

En la actualidad existen bancos de genes en sesenta países. Entre ellos se incluye uno en el Instituto Internacional de Investigación para el Arroz, en Filipinas, que almacena 60.000 especies de arroz, la mitad de la totalidad mundial, así como el Centro Nacional de Plantas en Wellesbourne en Inglaterra.

Dirigir un banco de genes es mucho más complicado que el mero hecho de almacenar las semillas por paquetes en cajones cerrados. Las semillas tienen que estar refrigeradas, en condiciones de baja humedad y, de vez en cuando, han de ser plantadas y criadas. Inevitablemente, estas condiciones no siempre puede mantenerse y se puede perder el lote para siempre.

Y existe otro aspecto referente a los bancos de genes que de alguna manera parece menos rentable que la preservación de la biodiversidad mundial. Hay un frenético traslado de material genético desde los países en vías de desarrollo hacia los países industrializados. El Programa de Desarrollo de las Naciones Unidas (PDNU) reconoce una pérdida de los países en vías de desarrollo de al menos cinco mil millones de dólares, debida al «pillaje de genes» acometido por las compañías farmacéuticas y agrícolas internacionales. El PDNU estima que ya es hora de que los países de origen se beneficien de la comercialización de sus productos. Más del 90% de la biodiversidad mundial se encuentra en África, Asia, y Suramérica. Las costumbres agrícolas y el conocimiento local no fueron tomados en cuenta, según la PDNU. Los genes, que provienen de un ancestro común, no pueden tener límites nacionales o título de propiedad. Pertenecen a toda la humanidad, si bien, y ya lo veremos más adelante, es posible patentar los genes, sus productos, y sus procesos. El reto es poder hacer todo esto de manera que todos los involucrados se beneficien con ello, en lugar de que los laboratorios y fábricas del Norte «chupen» de manera unilateral los recursos del Sur.

Nuestro lugar en la Naturaleza

Todas las especies que viven en la Tierra hoy en día comparten un ancestro común. Tradicionalmente, las relaciones entre las especies se han calculado mediante la observación de su forma y estilo de vida exteriores. Esta clasificación se basa en un enfoque «de arriba a abajo» y se utilizan varios sistemas en la actualidad. Uno de ellos, el sistema de los cinco reinos, asigna los seres vivos a uno de los siguientes cinco grandes grupos: las moneras (procariotas), los protistas (fundamentalmente eucariotas unicelulares), los hongos, las plantas y los animales. Dentro de cada reino, las especies son subdivididas una y otra vez. Los humanos somos animales (algunas personas se sienten ofendidas por esto, pero ciertamente no nos merecemos un reino para nosotros solos, al menos no desde un punto de vista científico), y nos incluimos en el gran subgrupo de los vertebrados. Nuestros vecinos dentro de este mismo grupo son los peces, los anfibios, los reptiles y los pájaros. Debido a que alimentamos a nuestra progenie con leche, tenemos pelo, vivimos sobre la tierra, y fecundamos nuestros huevos internamente, nos juntamos con los conejos, los simios, y los ratones, en una «clase» llamada mamíferos. Todos los humanos pertenecemos a la misma especie, *Homo sapiens*.

Las mutaciones de distintos tipos que ya hemos descrito han conducido a la diversidad de especies que conocemos hoy en día. Algunas veces, estas mutaciones, junto con factores ambientales, como el aislamiento geográfico, han causado la creación de poblaciones tan diferentes unas de otras que podrían haber sido clasificadas como especies distintas. Cada una de ellas siguió evolucionando, pero de vez en cuando, nuevas especies volverían a crearse a partir de la línea evolutiva principal. Por ello, la evolución de la vida se convierte en un amplio abanico cuyas varillas estuvieran irregularmente ramificadas. Todas las especies vivas hoy día, que ocupan una de las puntas superiores de este abanico, pueden remontar sus orígenes para llegar a la progenota. Al hacerlo, se encontrarían con varios ancestros comunes en cada punto en el que la línea evolutiva se separa.

La observación de las moléculas de una célula, en lugar de concentrarse en el aspecto y modo de vida del microorganismo, nos destaca varias diferencias asombrosas en la manera en la que las especies se interrelacionan. Estos nuevos estudios moleculares han analizado las diferencias en los ácidos nucleicos y las proteínas entre las especies.

La comparación del ADN entre cualquier par de especies vivas en la actualidad nos dará una indicación del tiempo que ha transcurrido desde el momento en que ambas especies se separaron del ancestro común. Por ejemplo, los humanos y los chimpancés se desviaron de su línea común hace cerca de cinco millones de años. Las diferencias que se han acumulado entre nosotros y los chimpancés se reflejan en las diferencias en nuestro ADN. Las estimaciones actuales sugieren que todavía compartimos alrededor del 99% de nuestro ADN con los chimpancés. Dado que cinco millones de años no es mucho tiempo en la escala cronológica de la evolución, quizás esta estrecha similitud entre el genoma de los humanos y el de los chimpancés no sea tan sorprendente. Si uno se fija en las diferencias de ADN entre otras especies, cuanto más tiempo hace que han compartido un ancestro común, mayor diferencia habrá en sus genomas. En este contexto, el ADN se utiliza como un «reloj molecular». La precisión y la calidad de la información depende de qué gen ha sido elegido como cronómetro.

Los genes pueden clasificarse en tres grandes grupos evolutivos, dependiendo de las proteínas para las que codifiquen. Las proteínas recientes solo se encuentran en los animales y las plantas. El colágeno, uno de los principales componentes de la piel y los huesos, es una típica proteína reciente. Las llamadas proteínas «de edad media» aparecen en las células eucariotas, pero no así en las procariotas. Las proteínas de mantenimiento se encuentran en todas las especies vivas; son las responsables del funcionamiento básico de la célula. Como ejemplos podemos nombrar a la triosa fosfato isomerasa, utilizada para extraer energía de la glucosa, o la histona, esa proteína que el ADN utiliza como andamiaje junto con otras proteínas (ver páginas 58-61). Inevitablemente, los genes para estas proteínas acumulan mutaciones a lo largo del tiempo. Si el producto de la proteína no puede realizar su trabajo debido a una mutación que ha tenido lugar en una base crítica, entonces la selección natural actuará sin piedad y el organismo se encontrará en flagrante desventaja. Lo que al parecer ocurre es que las mutaciones que acontecen en una parte del gen, y que impiden su función, se compensan por mutaciones en otras regiones que mantienen el funcionamiento de la proteína de una manera más o menos idéntica. La enzima triosa fosfato isomerasa realiza la misma tarea en los humanos y en *E. coli*, pero su secuencia genética solo es similar en un 46%. Sería un reloj molecular ideal para explorar las relaciones evolutivas, si pudiera asumirse que las tasas de mutación fueron, y siempre han sido, las mismas en todos los microorganismos. Otros genes bien conservados que han sido utilizados como relojes moleculares son los citocromos, también implicados en la producción de energía, y la globina, que se usa para el transporte de sustancias de la sangre.

El caso de la histona es especial. Es la proteína mejor conservada de toda la evolución. Las histonas de las vacas y los guisantes, que se separaron una de otra hace cerca de 1.200 millones de años, son casi idénticas. Podemos definir un período de unidad evolutiva, como el tiempo que tarda una secuencia en cambiar en un 1%. Este período es de 600 millones de años para las histonas, en comparación con los 20 millones de años que tardaron los citocromos *c*, los 6 millones de años de la globina, y el millón de años para los fibrinopéptidos, una de las proteínas implicadas en la coagulación de la sangre.

La idea de un reloj molecular la utilizó el biólogo norteamericano Carl Woese en 1969 para construir un árbol global y revolucionario de la evolución. La secuencia de reloj que Woese utilizó era ARN en lugar de un gen. Se fijó en el ARN 16 s, un componente del ARN ribosómico, sobre el cual se ensamblan las proteínas, y su denominación proviene de la velocidad a la que se sedimenta en una centrífuga. Este ARN 16 s se encuentra en todos los seres vivos, desde las bacterias hasta los humanos. Woese afirmaba que las diferencias en el ARN 16 s entre las especies sugerían una nueva manera de mirar la clasificación de las formas de vida. La clasificación de Woese, basada en el análisis de más de 400 secuencias de ARN 16 s, se concentra por tanto en los genotipos, en vez de en los fenotipos. Su clasificación sigue el pensamiento actual que se interesa mucho más por las bacterias que por los animales o las plantas. Ya he sugerido en el capítulo 3 que, desde el punto de vista de la biología molecular, la distinción realmente significativa entre los organismos es la que se da entre las procariotas y las eucariotas. Woese va aún más lejos al subdividir las bacterias en dos grandes reinos: las eubacterias y las arqueobacterias. Por tanto, según este esquema, la progenota originó tres reinos: las eubacterias, las arqueobacterias y las eucariotas.

Las eubacterias incluyen especies más familiares, como *E. coli* y *Bacillus subtilis*, sin embargo este reino es extremadamente variado y consta de, al menos, diez grandes subgrupos. Abarcan desde las bacterias fotosintéticas hasta las que se alimentan de sulfuros. Algunas de estas bacterias compartieron sus capacidades bioquímicas especiales con las eucariotas por medio de relaciones endosimbióticas, como ya se ha explicado anteriormente. Otras siguieron su propia evolución independientemente de las eucariotas.

Últimamente, el centro de atención ha recaído, y con mucho, en las arqueobacterias. Anteriormente, se creía que este grupo consistía en microbios que viven en los extremos a los que llega la vida en unos extraños nichos, como los manantiales de aguas termales, las fuentes hidrotermales y lagos muy salados. Las arqueobacterias pueden dividirse en dos grandes grupos: las amantes del calor o termófilas, en un grupo, y las amantes de la sal o halófilas junto con las generadoras de metano o metanógenas, en el otro. Las metanógenas se encuentran en los intestinos del ganado, los montones de estiércol, las aguas estancadas y en los vertederos. El metano que producen es un potente gas con efecto invernadero que contribuye al calentamiento general. La cantidad de metano en la atmósfera está aumentando en un uno por ciento cada año, gracias a la actividad de los metanógenos, los cuales, a su vez, son un subproducto del crecimiento agrícola.

Las arqueobacterias suelen ser llamadas extremófilas debido a sus modos de vida algo extraños, y cada vez se están explotando más estos modos de vida con objetivos comerciales. Por ejemplo, una enzima del *Thermus aquaticus*, una bacteria de zonas calientes, se utiliza ampliamente hoy en día en la reacción en cadena de la polimerasa (ver capítulo 7) para ampliar el ADN, precisamente porque puede soportar la acción del calor. Las arqueobacterias que crecen en medios salinos, o en condiciones de alta presión y alcalinidad, o de acidez, también presentan un potencial comercial. Por ejemplo, los halófilos, que viven en aguas saladas que deshidratarían y matarían a la mayoría de los demás organismos, suelen contener unos pigmentos violetas que pueden inducir la fotosíntesis. Estos microbios representan la clave para la tecnología fotocelular que podría convertir la luz solar en energía eléctrica. El metano generado por los metanógenos puede ser canalizado y utilizado como combustible, como ya veremos en el capítulo 11.

Quizá pueda parecer sorprendente, pero al parecer las arqueobacterias están más estrechamente relacionadas con las eucariotas que con las eubacterias. También parece que estén distribuidas mucho más ampliamente que lo que en un principio se creyó. Por ejemplo, representan cerca del 30% de los microbios encontrados en las frías aguas superficiales de Alaska y del Antártico. También son inesperadamente abundantes en todas las profundidades marinas existentes. Según Gary Olsen, de la Universidad de Illinois, que describió los recientes descubrimientos realizados en el Antártico, nuestra negligencia con respecto a las arqueobacterias ha sido como darle un repaso a los organismos «superiores» ¡ignorando a todos los animales!

El agrupamiento de Woese de animales, plantas, y eucariotas más sencillas, como la levadura, dentro del mismo reino, separados de los otros dos grandes reinos bacterianos, es lo que ha provocado mayor controversia. Copérnico causó un alboroto cuando demostró que la Tierra y, por ende, la Humanidad, no se encontraba en el centro del sistema solar (si bien recientes encuestas basadas en el grado de comprensión del público norteamericano en general sobre la ciencia destacan que una minoría significativa precopernicana todavía cree que ¡el Sol gira alrededor de la Tierra!). Luego Darwin resaltó la estrecha relación entre los humanos y los grandes simios. Woese reduce aún más la importancia de los humanos en la naturaleza, colocándolos en el mismo grupo que las levaduras, mohos del cieno, el maíz, o las ranas.

En lo que al ARN 16 s se refiere y como marcador evolutivo, existen más diferencias entre las bacterias «Gram-positivas» y las bacterias «Gram-negativas» que entre los humanos y las levaduras. Las diferencias entre las bacterias Gram-positivas (como el *Bacillus subtilis*) y las bacterias Gram-negativas (como el *E. coli*) pueden identificarse bajo el microscopio por la manera en la que reaccionan frente a una tinción llamada técnica de Gram. Las positivas dan un color rosado, y las negativas un color púrpura. También difieren en cuanto a su sensibilidad frente a la penicilina, un antibiótico que ataca la pared celular. La penicilina mata a las bacterias Gram-positivas, pero no así a las Gram-negativas. Estas diferencias podrían parecer triviales en comparación con la enorme distancia existente entre los humanos y las levaduras. Quizás Woese utilizó el reloj equivocado para construir su árbol evolutivo; sin embargo, tras la controversia inicial, sus conclusiones han sido aceptadas por la mayoría de los biólogos, y nadie ha ideado una alternativa convincente.

Arqueología molecular

Los bioquímicos tratan con sumo cuidado a sus moléculas, proteínas, ácidos nucleicos, lípidos, y azúcares, almacenando las muestras a altas temperaturas bajo cero, y manteniéndolas en hielo cuando están trabajando con ellas. Si se deja derretir una muestra, y luego se vuelve a congelar, frecuentemente se echa a perder el experimento. El fallo del congelador suele acarrear un desastre. El ADN, en particular, es tan frágil que un proceso de mezcla demasiado vigoroso podría romper la muestra en fragmentos inutilizables.

Por ello es difícil creer que se pueda extraer nunca ADN de los restos de organismos que murieron hace miles o incluso millones de años, y analizarlo para obtener una lectura directa de los genes de los antepasados de los humanos y otras especies. Sin embargo, en 1984, Svante Paabo, pionero en el emergente campo de la arqueología molecular, que ahora se encuentra en la Universidad de Munich, demostró que se podía extraer ADN auténtico de las momias egipcias que datan de hace 2.500 años. En el mismo año, Russell Higuchi y Allan C. Wilson de la Universidad de California, se convirtieron en los primeros científicos en secuenciar el ADN de una especie extinguida, el quagga. Se trataba de un caballo, nativo de Suráfrica, que se extinguió a finales del siglo pasado. La comparación con los datos de un banco actual de secuencias de ADN permitió demostrar que los quaggas eran más cercanos a las cebras que a otros caballos.

A lo largo del tiempo, el ADN se degrada, al igual que otras biomoléculas, como las proteínas. Gran parte de esta degradación ocurre poco tiempo después de la muerte y forma parte del proceso normal de descomposición. Paabo destaca que un tejido que se seca, como la piel de los dedos de las manos y los pies, tiene muchas menos probabilidades de sufrir este tipo de degradación, ya que para ello necesitaría enzimas, las cuales a su vez necesitan agua para poder funcionar. Por esta razón, este tipo de tejido es idóneo para extraer un ADN de buena calidad, aunque como ocurre con todas las muestras antiguas, es muy sensible a la contaminación por bacterias y hongos. Hay que proceder con extremo cuidado para que este ADN microbiano no interfiera con el ADN auténtico de la muestra.

El principal aspecto del ADN antiguo es que está fragmentado en pequeños pedazos de aproximadamente unos 100 a 200 pares de bases de longitud; en comparación, el ADN vivo da fragmentos de cerca de 1.000 pares de bases que pueden ser analizados. Para tener cantidad suficiente y poder llevar a cabo su experimento, Paabo tuvo que clonar en bacterias sus fragmentos de ADN antiguo provenientes de las momias (esta técnica de ingeniería genética la debatiremos en el siguiente capítulo). Para las bacterias es difícil multiplicar estos fragmentos de ADN tan cortos. Incluso así, Paabo pudo demostrar que había repeticiones de la característica *Alu* humana en sus secuencias, lo que sugería que provenían de residuos humanos y no de una contaminación bacteriana por hongos. Siguió practicando sus nuevas técnicas analizando un perezoso de tierra extinguido hace 13.000 años y un mamut de hace 40.000, pero que se habían preservado en el permafrost siberiano.

La reacción en cadena de la polimerasa (PCR: *Polymerase Chain Reaction*) ha representado una gran ayuda para la arqueología molecular. Esta técnica para amplificar el ADN funciona mejor que la clonación bacteriana para este objetivo, ya que se pueden ampliar antiguas muestras de ADN, independientemente de su tamaño. Investigadores de Florida la han utilizado para recuperar ADN de un humano de hace 7.000 años preservado en una turbera local. Muestra una secuencia de genes que no se parece a los de otros nativos de América. En la actualidad se está llevando a cabo un muestreo de ADN que abarca a un amplio rango de americanos nativos. La arqueología molecular sugiere una interesante y nueva manera de reconstruir la historia de las poblaciones americanas.

Wilson y su equipo se encontraban entre los que sugirieron que el origen de los humanos modernos estaba en África. Dedicaron su observación al ADN mitocondrial (ADNmt). Este proviene únicamente de la madre, y está presente en el óvulo que va a ser fecundado por el esperma. Este ADN es mucho más vulnerable a las mutaciones que el ADN nuclear, ya que carece de enzimas reparadoras. La Eva africana, madre de los humanos modernos, apareció hace cerca de 200.000 años, según estos estudios. Pero estas ideas todavía son discutibles. Si el ADN homínido proveniente de restos no africanos pudiese secuenciarse directamente, entonces la validez de esta teoría podría aclararse.

La arqueología molecular se está remontando más y más en el tiempo. Se ha secuenciado ADN de una hoja de magnolia de hace 17 millones de años, y el récord lo ostenta el análisis de ADN extraído de los insectos atrapados en el ámbar, especímenes de termitas y abejas de hace 40 millones de años, y gorgojos de hace más de 120-135 millones de años (escarabajos comedores de coníferas).

Quizá el hallazgo más asombroso de la arqueología molecular haya sido el ADN de dinosaurio. Jack Horner, de la Universidad Estatal de Montana, descubrió un esqueleto de hace más de 65 millones de años de un *Tyranosaurus rex*, que, con sus 14 metros de alto, era el mayor carnívoro que jamás haya pisado la Tierra. Inmediatamente procedió a extraer ADN de las células sanguíneas que él y su equipo encontraron en una parte no fosilizada del fémur de la criatura. Su análisis inicial muestra que el ADN del dinosaurio se parece al ADN de las aves. Esto sugiere que las aves actuales podrían haber provenido de los dinosaurios. Por tanto, quizá los dinosaurios no se hayan extinguido del todo, o no completamente, al menos. Los expertos en dinosaurios se preguntan ahora la posibilidad de que existieran muchos más tipos distintos de dinosaurios sobre la Tierra de lo que en principio se creyó. Algunos podrían haberse parecido más a las aves que a los reptiles. Estudios adicionales, basados en ADN arcaico, están destinados a replantearnos una vez más los misterios de evolución.

¿Otro tiempo, otro lugar?

La observación de cómo se ha sintetizado la vida a partir de elementos existentes sobre la Tierra y su increíble diversidad y flexibilidad, está unida a la especulación sobre la eventualidad de que haya vida en cualquier parte del Universo. Después de todo, se dispone de los mismos elementos, aunque en diferentes proporciones. Como hemos visto, los seres vivos pueden vivir sin oxígeno y pueden utilizar un extenso rango de diferentes procesos químicos. Seguramente en la enorme amplitud del Universo podrían surgir las condiciones necesarias para la aparición de cualquier forma de vida, o acaso ¿hayan emergido ya?

Para evaluar la probabilidad de esta teoría tenemos que hacer una «lista de la compra» sobre las necesidades básicas de la vida. En primer lugar, es necesario algún tipo de sistema molecular autorreplicativo y que sepa almacenar la información. El ADN es el más potente de estos sistemas aunque, como ya hemos visto, el ARN y las proteínas pueden igualarle en algunas circunstancias. A continuación se requiere un sistema de control, como por ejemplo nuestras enzimas proteicas que trabajan con los genes con el fin de dar un sentido coordinado a toda la química que impulsa los procesos vitales. No sería indispensable disponer de ácidos nucleicos y proteínas para cumplir estas funciones, pero es muy probable que las moléculas que realicen este trabajo estén basadas en el carbono. Esto se debe a que el carbono puede formar cuatro enlaces químicos con otros átomos de carbono, lo que conduce a la producción de cadenas lineales y ramificadas y anillos de carbono y de otros átomos. Existen millones de compuestos cuya base es el carbono, y que generan la rica variedad necesaria para cumplir las funciones bioquímicas. Ningún otro elemento puede producir esta diversidad porque la mayoría solo se puede unir a uno, dos, o tres átomos. El silicio forma cuatro enlaces y posee cierta variedad en sus componentes, que se puede contemplar en su mayor parte en la química de las rocas. Pero, por mucho que lo han intentado, los químicos no han podido hacer que el silicio forme largas cadenas con otros átomos de silicio. Por supuesto, el silicio es el material con el que se construyen los ordenadores, y estos almacenan información; pero ello está basado en una propiedad totalmente diferente del silicio y que no tiene nada que ver con la química (así que podemos descartar las formas de vida basadas en el ordenador...).

Por tanto, es muy probable que las formas de vida alternativas también estén basadas en el carbono. ¿Dónde deberíamos buscarlas? La temperatura es otro de los factores vitales. Sobre la Tierra, el rango de temperaturas que puede soportar la vida abarca valores que van desde un límite inferior de pocos grados bajo 0 ºC hasta poco más de 100 ºC. Las proteínas anticongelantes de los peces que viven en las aguas del Antártico impiden que su sangre se hiele cuando las temperaturas descienden bajo cero, mientras que las bacterias, como *Thermus aquaticus,* poseen unas enzimas especializadas que les permiten vivir en agua hirviendo. El agua es el factor determinante. Parece ser un requisito absoluto de la vida porque le suministra un medio en el cual las reacciones bioquímicas pueden llevarse a cabo. Es uno de los componentes principales del citoplasma de la célula, y representa cerca de las tres cuartas partes de la composición de la mayoría de los organismos (más en las plantas, como la lechuga y las fresas: observe cómo las espinacas «se encogen» cuando la cocción ha retirado todo el agua que poseían). El agua funciona como un disolvente solo en estado líquido, por lo que las temperaturas muy por debajo de su punto de congelación o por encima de su punto de ebullición no son compatibles con la vida. Uno podría especular sobre otros disolventes, como el amoniaco líquido, pero sería un tipo de química más bien extraño el que pudiese mantener vida en cualquier medio que no fuera el agua.

Aparte del agua y de sus limitaciones relacionadas con la temperatura, el otro requisito absoluto para la vida es una fuente de energía. Para nosotros, esa fuente es el Sol, una estrella lo suficientemente cercana para proveernos de energía en una cantidad miles de veces superior a la realmente necesaria, pero no tan cerca como para calentar el planeta hasta unas temperaturas que serían insoportables. Deben de existir miles de otros planetas que ocupen una posición tan afortunada como la nuestra con respecto a su estrella local, y que se encuentren diseminados por todo el Universo. Este tipo de estrellas no son eternas, por supuesto. El Sol se encuentra aproximadamente en la mitad de su vida que se ha estimado en unos diez mil millones de años.

Algunos científicos y teólogos argumentan que, pese a todo lo prometedoras que pudieran ser las condiciones de vida en otras partes del Universo, la vida surgió solo una vez, sobre la Tierra, y que de algún modo el Universo ha evolucionado con el «propósito» de que esto fuera así. Otros científicos afirman con igual fuerza que es inconcebible que no haya otras formas de vida en abundancia en otros lugares. Una manera de solventar las diferencias de opinión sería aportando evidencias sobre esa llamada inteligencia extraterrestre.

No hace mucho tiempo que los humanos hemos alcanzado el espacio y apenas hemos conseguido conocer a nuestros planetas vecinos del Sistema Solar. Evidentemente, poseemos unos telescopios cada vez más potentes y un proyecto (SETI: *Search for Extraterrestrial Intelligence*, Investigación sobre Inteligencia Extraterrestre) dedicado a examinar el Universo en busca de signos de vida. No es sorprendente que este proyecto todavía no haya aportado nada. No porque no haya nada que encontrar, sino debido a la enormidad de la tarea.

Un inevitable efecto de toda esta especulación sobre la vida en otros lugares ha conducido al desarrollo de ideas sobre intentar la colonización de otros planetas. No se trata de ciencia ficción con personas en naves espaciales que se dirigen a las estrellas, sino de una reedición cuidadosamente planificada de la evolución. Uno de estos planes, publicado en la revista *Nature* hace algunos años, afirmaba que Marte era el mejor objetivo para una eventual colonización (terraformación o ecopoyesis como los científicos de la NASA preferirían denominarlo). La primera etapa sería aumentar la temperatura a cerca de cero grados desde sus helados −53 °C actuales. Esto podría lograrse introduciendo un potente gas con capacidad de efecto invernadero en su atmósfera. El mejor candidato sería uno de los clorofluorocarbonos (los CFC que tan ansiosos estamos de eliminar de la faz de la Tierra debido al daño que causan en la capa de ozono). El gas invernadero atraparía más calor proveniente del Sol. En cerca de unos 100.000 años, la temperatura sobre la superficie de Marte sería la idónea para recibir las primeras «plantaciones» de microbios allí enviadas para observar cómo se desenvuelven en su evolución futura. Lo que podría surgir de este singular experimento es desde luego pura especulación, a menos, por supuesto, que en esos 100.000 años de espera ¡hubieran surgido indicios sobre el descubrimiento de inteligencia extraterrestre!

Parte II
Genes ingenieros

5
Ingeniería genética

Conocer la estructura del ADN y cómo funciona ha creado muchas nuevas e interesantes posibilidades en el mundo de la biotecnología (el uso de procesos biológicos para la fabricación de productos útiles). Con toda probabilidad, la tecnología más importante que ha derivado del descubrimiento de Watson y Crick es la ingeniería genética.

Los instrumentos de la ingeniería genética permiten la transferencia de genes de una especie a otra. Debido a que muchas especies no pueden cruzarse mutuamente ni intercambiar material genético, la ingeniería genética ha abierto la perspectiva de creación de especies nuevas. Estas tienen el potencial de ampliar el enfoque de la biotecnología en maneras que tendrán un importante impacto sobre la medicina, la agricultura y el medio ambiente.

Por ejemplo, el primer uso comercial de la ingeniería genética fue el traslado del gen de la insulina humana a la bacteria *E. coli*. Aunque los humanos y las bacterias comparten un ancestro común, solo podrían cruzarse en los indómitos límites de la ciencia ficción. Con la ingeniería genética, una bacteria puede adquirir un gen humano y tratarlo como si fuera uno propio. En cierto sentido, no hay nada nuevo en esto; cada vez que uno se resfría adquiere genes víricos no deseables, pero el objetivo de la ingeniería genética es tener cierto control sobre el proceso de transferencia. La ingeniería genética siempre crea un organismo con un nuevo genoma, aunque la única diferencia suele radicar en un gen en comparación con su homólogo no modificado genéticamente. Así, una bacteria de *E. coli* con un gen de insulina humana no parece ni remotamente humana, ni siquiera parece distinta de las bacterias normales.

Algunas veces, la creación de un nuevo organismo es algo secundario y es el producto fabricado por el organismo lo que se convierte en objetivo del proceso. Este es el caso del ejemplo que ya hemos descrito. Lo que queremos es la insulina. Ningún biólogo molecular se atrevería a sugerir que exista alguna manera de mejorar la *E. coli*. Ha reinado como el microbio experimental ideal durante demasiado tiempo. Las ovejas transgénicas, que debatiremos en el capítulo 6, se han creado por motivos similares, como «biorreactores» que producen unas valiosas proteínas humanas en su leche.

Pero la ingeniería genética también puede centrarse en el propio organismo. La mayor parte de este trabajo se ha realizado en plantas para ayudarles a resistir a los ataques de los depredadores o las presiones ambientales (esto se describe en mayor profundidad en el capítulo 10). En este capítulo vamos a considerar la ingeniería genética como una tecnología productiva.

La ingeniería genética la desarrollaron a principios de los años setenta Paul Berg y

Herbert Boyer, de la Universidad de Stanford, y Stanley Cohen, de la Universidad de Berkeley, en California. Las patentes sobre tecnología han reportado a ambas universidades más de veinte millones de dólares en derechos desde que aparecieron en 1981. Este dinero proviene de las ventas a escala mundial de productos como la insulina humana o la vacuna frente a la hepatitis B, que se producen mediante ingeniería genética; en 1990, estas ventas sobrepasaron ampliamente los 1.500 millones de dólares.

En pocas palabras, la ingeniería genética es una operación de «corte, pegado y copiado». El gen transferido primero es retirado del ADN del microorganismo al que pertenece. Luego es «pegado» a una molécula de ADN intermediaria llamada vector, que lo traslada al microorganismo huésped. Aquí es copiado muchas veces, o clonado, a medida que el microorganismo huésped se replica. Lo ideal es que cada célula del huésped adopte al nuevo gen y lo exprese en forma del producto proteico requerido.

Este proceso puede ilustrarse con la fabricación de la enzima quimosina, utilizada para hacer queso vegetariano, el primer producto proveniente de la ingeniería genética que probablemente ustedes ya hayan consumido. La fabricación del queso depende de la acción cuajante de la enzima quimosina sobre la leche, pero la quimosina se extrae de los estómagos de las terneras, lo que hace que este queso sea inaceptable para muchos vegetarianos. Otras enzimas similares pueden encontrase en las plantas, pero por algún motivo no consiguen producir el mismo sabor y textura que la quimosina. La ingeniería genética se usa para transferir genes de quimosina de ternera a levaduras (fig. 5.1), y así obtener un queso con las calidades tradicionales, sabiendo que las enzimas provienen de una fuente microbiana en vez de ser de origen animal.

El primer trecho en la obtención de la quimosina por ingeniería genética es el de obtener el gen de la quimosina de la ternera. Existen tres maneras de hacer esto. Obviamente, el juego de instrumentos de los ingenieros genéticos está lleno de enzimas. Entre estas se encuentra un grupo llamado enzimas de «restricción». De hecho, el hallazgo fundamental que condujo al desarrollo eficaz de la ingeniería genética fue el descubrimiento

---

Figura 5.1. *Descripción de las etapas clave de la producción de quimosina por ingeniería genética.*

1. En primer lugar, se fabrica un segmento de ADN que codifica para la quimosina, bien por parte de las células, o por síntesis, en una «máquina de genes».

2. Se prepara un vector plásmido (trozo de ADN que actúa como «lanzadera») listo para que el gen de la quimosina se inserte en él. El apareamiento de bases entre el vector y el gen da lugar a un plásmido recombinante. Esta es la lanzadera que va a transportar el gen hacia el interior de su huésped bacteriano.

3. El huésped bacteriano y el plásmido recombinante se mezclan. Algunas, pero no todas las células, serán invadidas por el plásmido. Las únicas células de interés son las que contienen el plásmido recombinante, ya que solo estas han aceptado el gen de la quimosina. Estas células se seleccionan utilizando un «marcador» resistente a los antibióticos.

4. Las células huésped expresan el gen de la quimosina como si fuese suyo. El cultivo de células a gran escala producirá grandes cantidades de quimosina. Esta proteína recombinante es extraída de las células.

Ingeniería genética

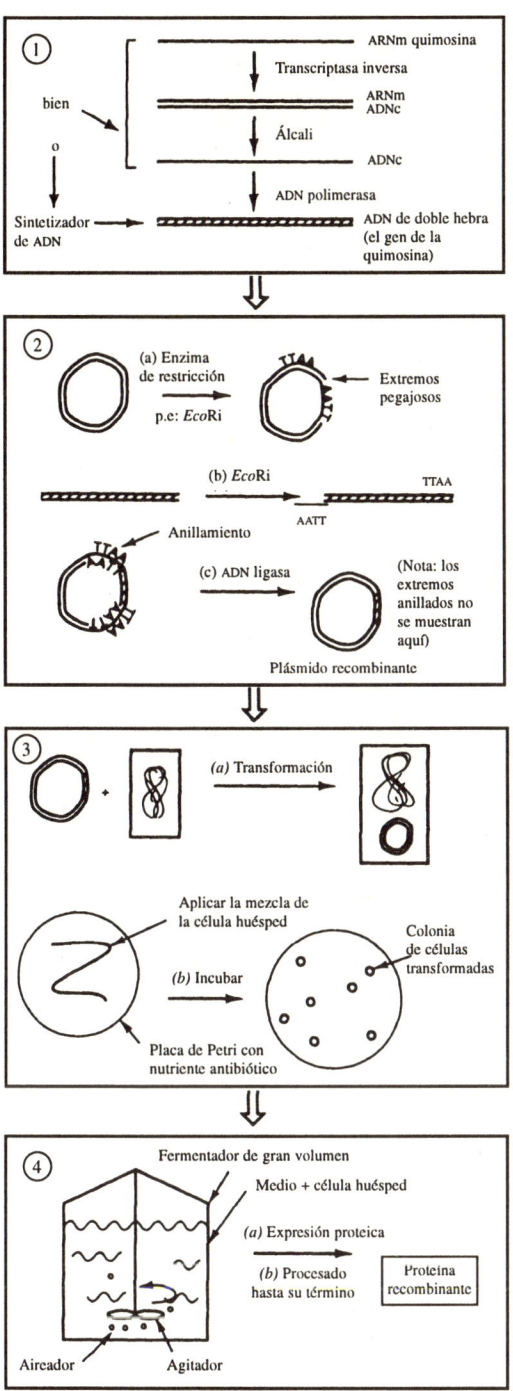

de estas útiles moléculas por Werner Arber, Hamilton Smith y Daniel Nathans, de la Facultad de Medicina de la Universidad Johns Hopkins. Las enzimas de restricción se encuentran en las bacterias, que las usan como armas para cortar el ADN de los virus invasores. Cada enzima de restricción seccionará ADN en una secuencia específica. Su nombre proviene de su origen bacteriano, por tanto, *Eco*Ri viene de *E. coli*. Si una molécula de ADN contiene la secuencia GAATTCC entre los millones de bases que crean su doble hélice, entonces *Eco*Ri está destinada a encontrarla (junto con la secuencia complementaria sobre la otra hebra) y la cortará entre G y A.

El tratamiento de las muestras de ADN de terneras (no hace falta sacrificar a las terneras para obtener dichas muestras) con una mezcla de enzimas de restricción es una manera de cortar la larga molécula de ADN en un conjunto de segmentos más pequeños. Uno de estos contiene el gen de la quimosina. Este se puede retirar de la mezcla utilizando una sonda de ADN con una secuencia complementaria de una parte de la secuencia del gen de la quimosina; 20 o 30 nucleótidos serán suficientes para poder localizar el gen. Estas técnicas presentan una gran similitud con aquellas utilizadas en la realización de mapas de genomas ya descritas en el capítulo 3.

Una alternativa en la utilización de enzimas de restricción para aislar al gen es crear el gen de la quimosina en una máquina de genes, obviando la necesidad de tener que acercarse siquiera a una ternera. Una máquina de genes suena como si se tratara de algo fabuloso, pero solo es un sintetizador químico compuesto por tubos, válvulas y bombas, que cose los nucleótidos entre sí y en el orden adecuado, bajo la dirección de un ordenador.

Finalmente, las células estomacales de las terneras contienen un montón de ARNm de quimosina. Este puede ser extraído desde una muestra de células y ser transformado en ADN utilizando un truco de los retrovirus. Basta utilizar la transcriptasa inversa para que lleve a cabo esta operación en una sola etapa.

La siguiente parte de la operación es la de pegar el gen de la quimosina a un vector. Puesto que el «hogar» final planeado para este gen es un microbio, el mejor vector posible será un plásmido. Se trata de un círculo de ADN que aparece de manera natural en algunos microbios y que no tendrá ningún problema para saltar de uno a otro llevando cualquier gen que en ese momento tenga consigo. Como ya vimos en el capítulo 4, este proceso se remonta hasta los primeros días de la evolución microbiana.

Para poder pegar el gen de la quimosina en un plásmido, hay que utilizar una vez más las enzimas de restricción. Algunas de estas cortan el ADN de manera oblicua en las dos hebras, dejando los llamados «extremos pegajosos», los cuales son pequeñas secuencias huella de ADN de una hebra. Los dos fragmentos formados por el corte de una enzima de restricción tendrán «extremos pegajosos» complementarios y en teoría podrían «encontrarse» y emparejarse.

Utilizando este principio podemos cortar el gen de la quimosina y su vector con la misma enzima de restricción facilitando que los extremos pegajosos de cada uno se encuentren. Al añadir otra enzima, la ADN ligasa, esta soldará los extremos pegajosos entre sí por sus esqueletos de fosfato. Esto forma ADN recombinante: el plásmido contiene ahora el gen de la quimosina de ternera, y esta combinación no ocurre en la naturaleza (aunque no haya nada nuevo o inusual en el ADN recombinante; se forma continuamente durante la meiosis, y en comunidades de microbios, como ya vimos en el capítulo 4).

A continuación, el plásmido recombinante se une a su huésped, que para el objeto de esta discusión vamos a asumir que se trata de *E. coli*. Idealmente, cada célula bacteriana sería invadida por al menos un plásmido, y todo lo que se necesitaría sería criar a los microbios como en un cultivo, como si estuviéramos produciendo penicilina o etanol. Desgraciadamente el traslado de genes por medio de una invasión de plásmidos nunca es eficaz al 100 %. En su lugar, la mezcla de plásmido y célula huésped contiene lo siguiente: células con plásmidos que no han incorporado el gen de la quimosina durante el proceso de «pegado», células que no han incorporado el plásmido, y células que han incorporado con éxito un plásmido recombinante. Solo las células del tercer grupo nos interesan. Por tanto, antes de hacerlo crecer, el cultivo celular debe ser tamizado para escoger aquellos organismos que poseen un plásmido recombinante.

En este momento, las propiedades de resistencia a los antibióticos de los plásmidos, ya comentadas en el capítulo 3, pueden jugar a nuestro favor. A menudo se utiliza como vector un plásmido que incorpora los genes de resistencia a la ampicilina o a la tetraciclina.

Cualquier bacteria que pueda crecer en un entorno de ampicilina ha de haber aceptado el vector, de otro modo, el antibiótico la mataría. Los cortes realizados por la enzima de restricción que abren el plásmido para que este reciba el gen de la quimosina están cuidadosamente planificados de forma que se pueda llevar a cabo una selección adicional en esta fase. Estos cortes no se realizan al azar sino dentro del gen de la resistencia a la tetraciclina (tet^R). Por ello, si el gen de la quimosina queda pegado dentro del gen tet^R, este último queda interrumpido. Este proceso se conoce como inactivación por inserción.

Una célula bacteriana que contiene un plásmido recombinante no presenta resistencia a la tetraciclina, aunque sí la tiene, como acabamos de ver, frente a la ampicilina. Por tanto, las poblaciones bacterianas pueden clasificarse según su resistencia a los antibióticos. Para ello, el cultivo bacteriano resultante de la mezcla de plásmidos con la bacteria huésped se extiende primero en una placa con nutrientes que contiene ampicilina. Esta mata a todas las bacterias que no contienen ningún plásmido, dejando solo aquellas con plásmidos normales y las que tienen plásmidos recombinantes.

Obviamente no podemos ver las bacterias individuales a simple vista, pero después de un crecimiento de 48 horas se pueden ver unas manchas visibles llamadas colonias, cada una contiene miles de millones de bacterias. El siguiente paso es probar estas colonias resistentes a la ampicilina colocando una muestra de cada una en una placa con nutrientes suplementada con tetraciclina. Ahora, solo las bacterias con un plásmido normal seguirán creciendo. La tetraciclina mata las bacterias con el plásmido recombinante, pero, por supuesto, solo se trataba de una muestra de la colonia que quedaba en la placa original. Una vez identificadas las bacterias que deben cultivarse, el resto del proceso se parece a una fermentación tradicional de sustancias como la penicilina (tratada en más detalle en el capítulo 9).

El uso de «marcadores» antibióticos como estos ha producido una de las mayores objeciones de la salud pública referente al uso de productos fabricados por ingeniería genética. Este argumento ha surgido en relación con la producción de tomates genéticamente modificados, que se conservan mucho más tiempo (la tecnología utilizada es algo distinta de la descrita anteriormente y se describe en el capítulo 9). Lo importante es que existe una etapa de selección para las células vegetales modificadas genéticamente que depende de la presencia de un gen de resistencia al antibiótico kanamicina. Se ha sostenido que el hecho de que comer tomates que contienen un gen de resistencia a la kanamicina podría hacer que los consumidores se hicieran vulnerables frente a una infección masiva.

Si bien en la actualidad no se usa mucho la kanamicina, la preocupación existe y hay que afrontarlo. Es muy poco probable que el gen de resistencia a la kanamicina no fuera rápidamente destruido por los ácidos contenidos en el estómago. El ADN, pese a su fragilidad, puede ser sorprendentemente resistente bajo ciertas condiciones, pero las enzimas y el ácido pueden acabar con él con bastante rapidez. Sin embargo, la opinión pública ha sido influenciada por el problema del gen de la resistencia a los antibióticos, y esto amenaza la viabilidad comercial de los alimentos fabricados por ingeniería genética. Afortunadamente, puede haber una solución satisfactoria: los científicos de Cambridge y California que trabajan con plantas de tomate fabricadas por ingeniería genética han encontrado que es posible retirar los genes marcadores utilizados para crear las plantas. El proceso implica una recolocación del gen marcador utilizando trasposones (ver página 70) del maíz. Una vez que el gen marcador ha sido trasladado, puede eliminarse de la planta por cruzamiento convencional. Por otra parte, se están creando otros marcadores aparte de los resistentes a los antibióticos.

Otro factor crucial para el éxito de la operación es la elección de la célula huésped que hará el trabajo de expresar el transgen (el gen transferido). Las células procarióticas, como *E. coli,* son fáciles de criar, baratas, y hacen un buen trabajo a la hora de producir proteínas simples como la insulina. Sin embargo, no pueden con proteínas más complejas como la hemoglobina. Esto se debe a que las células eucariotas elaboran sus proteínas añadiendo cadenas cortas de moléculas de azúcares después de la síntesis. Estas proteínas se denominan glucoproteínas (gluco significa azúcar). Las bacterias no poseen la maquinaria molecular que lleve a cabo este toque final, conocido como glicosilación. En las células eucarióticas existen unas estructuras denominadas retículo endoplásmico y complejo de Golgi donde se lleva a cabo la glicosilación; las células bacterianas no poseen estas estructuras.

Durante los últimos años se ha hecho evidente que la glicosilación de las proteínas eucarióticas no es simplemente decorativa, tiene una importante función biológica. Al parecer, por ejemplo, los azúcares podrían ser utilizados para enviar señales de una célula a otra. Una glicosilación equivocada podría enviar el tipo erróneo de mensaje, lo que produciría una enfermedad como la artritis. Por tanto, parece sensato que las proteínas eucarióticas se elaboren en las células eucariotas.

En lo referente a la quimosina fabricada por ingeniería genética, *E. coli* ha sido reemplazada por la levadura *Kluyveromyces lactis* como célula huésped. La quimosina así obtenida es 100% pura y absolutamente idéntica a la versión extraída de las terneras en todos los aspectos.

Existen muchas otras clases de células que se utilizan para expresar productos fabricados por ingeniería genética: células de insectos y de ovario de hámster, por ejemplo, han sido utilizadas con gran éxito. Las células humanas normales, sin embargo, son difíciles de cultivar y nunca serán usadas en una operación comercial; pero las células de cánceres humanos se usan con frecuencia en la investigación. Por ejemplo, un cultivo de células de una mujer que murió de cáncer cervical en 1951 ha sido desarrollado, dividido, y cultivado otra vez durante los últimos cuarenta años, y hoy en día se utiliza en los laboratorios de investigación de todo el mundo. Estas células llamadas HeLa, denominadas así por el nombre del donante humano original, no se utilizan en ingeniería genética porque producen unas proteínas anormalmente glicosiladas. Pero las células de un niño africano que sufrió cáncer de células linfáticas sí se utilizan para producir la proteína humana interferón, la cual se usa, irónicamente, para tratar algunas formas de cáncer así como infecciones víricas como el herpes y la hepatitis.

Hoy en día, los ingenieros en genética no tienen que limitarse a estudiar los genes que se expresan y que se encuentran en la naturaleza. Es posible realizar cambios cuidadosamente dirigidos en una secuencia de ADN para producir una proteína diferente. Esto se llama ingeniería de proteínas. Por ejemplo, se podría fabricar una enzima con una estructura más rígida que fuera más resistente a temperaturas elevadas. Esto se podría conseguir por medio de una sustitución estratégica de un par de aminoácidos por el aminoácido cisteína. Debido a que las moléculas de cisteína forman unos puentes que las unen unas con otras, esto podría fortalecer la enzima al darle un punto de apoyo adicional. Este proceso, denominado mutagénesis dirigida a sitios específicos, es más probable que tenga éxito si se realizan cambios racionales en vez de aleatorios. Para esto, la estructura tridimensional de la proteína ha de ser conocida, lo que explica que los ingenieros de proteínas tengan tanto interés en la técnica de la cristalografía por rayos X (ver página 29). Algunos de los ingenieros más ambiciosos están incluso diseñando proteínas de la nada, las llamadas proteínas *de novo*, con el fin de saber más sobre las reglas básicas de la arquitectura proteica.

6
Creando nuevas formas de vida

Cuando por medio de la ingeniería genética se transfiere ADN a un microbio, planta, o animal, el resultado es denominado organismo transgénico. Estas nuevas formas de vida se crean por una variedad de razones: para mejorar la naturaleza, para utilizarlos como «biorreactores» que fabriquen productos útiles, o para que sirvan de modelos para la comprensión de la biología básica.

Un organismo transgénico suele contener solo un gen de otro organismo entre enormes cantidades de su propio ADN. Por eso, no sería una sorpresa el que una oveja transgénica, por ejemplo, con un gen de una proteína humana, no adquiriera de repente rasgos humanos (o cualquier otra característica humana). Pero por tranquilizadores que nos parezcan los organismos transgénicos, son algo diferentes de las criaturas que han surgido espontáneamente durante el curso de la evolución.

Lo radical que pueda ser esta diferencia depende del punto de vista de cada cual. Uno podría argumentar que los humanos han «interferido» en la evolución desde los principios de la agricultura, con el desarrollo de cruces convencionales de plantas y animales; la ingeniería genética es solo una tecnología de cruce más sofisticada. Se podría atribuir a la «ingeniería genética» propia de la naturaleza, la difusión de la resistencia a los antibióticos, la transferencia de genes de Taxol (ver página 71) desde el tejo hasta el hongo, e incluso el descubrimiento de Griffith sobre el principio transformador, para nombrar únicamente tres ejemplos. También se podría estar de acuerdo con los que ven en la ingeniería genética un asunto altamente sospechoso debido a que permite dejar a un lado la barrera entre las especies.

Inevitablemente, como con cualquier tecnología nueva, la creación de animales transgénicos ha hecho surgir un número importante de temas, como el bienestar de los animales, así como problemas de seguridad referentes al medio ambiente y el ecosistema. En lo que al mundo de los negocios se refiere, existe también una área completamente nueva de patentes aún por explotar.

La tecnología transgénica está verdaderamente en movimiento; ya se han creado muchas plantas y animales. La mayoría todavía está en las etapas de laboratorio y ensayos sobre el terreno. Debido a que los animales y las plantas difieren en cuanto al diseño de sus células y en su modelo de expresión génica, en general, ha sido más fácil crear plantas transgénicas. Esto se describe en el capítulo 10. Aquí nos concentraremos en los animales transgénicos.

Cómo se fabrican animales transgénicos

La técnica más utilizada para la fabricación de animales transgénicos se llama microinyección. Este método consiste en obtener un óvulo fecundado del animal, antes de que se divida, e inyectarle literalmente ADN (que corresponde al transgen) con una minúscula inyección. Esta debe de ser una de las pocas tareas utilizadas en biología molecular que no ha sido automatizada. Los científicos deben observar el óvulo al microscopio, identificar los núcleos masculino y femenino, e inyectar solo un picolitro de una solución que contiene ADN en el interior del núcleo masculino, que es el mayor de los dos. Esta cantidad mínima es una millonésima parte del volumen más pequeño normalmente manejado en la tecnología del ADN, un microlitro, el cual es apenas perceptible a simple vista. Para tener una idea de la escala, imagínense cinco mil millones de estas inyecciones, solo para llenar una cucharilla de café.

El ADN inyectado encuentra su camino hacia los cromosomas del huésped y se integra en alguna posición al azar sobre el genoma (en esta operación su actuación es como la de un trasposón, que como ya hemos visto en el capítulo 3, pueden saltar entre los cromosomas). Aunque la muestra inyectada tenga un volumen muy pequeño, contiene cientos de moléculas de ADN, y cada una de ellas es una copia del transgén. Por ello es muy frecuente hallar hasta 200 transgenes integrados en el genoma huésped tras la microinyección.

El óvulo fecundado empieza a dividirse, y (en los mamíferos) se implanta en el útero del animal hembra, lugar donde se desarrolla de la manera habitual. Si el transgén se integra antes de la primera división celular, entonces cada célula del embrión debería contener al menos una copia. A veces la integración se retrasa hasta después de que haya tenido lugar esta primera división celular. Cuando esto ocurre, algunas células del embrión contendrán el transgén y otras no. El animal resultante se llama mosaico. El gato carey, con su pelaje multicolor, es un ejemplo de mosaico de aparición natural, algunas de sus células poseen un gen para el pelaje naranja, y otras, genes bien para el pelaje blanco bien para el negro. Es más difícil identificar mosaicos transgénicos ya que el transgén suele codificar para una característica menos obvia que el color del pelaje. Como ya veremos, la posibilidad de que se formen mosaicos tiene alguna relación con la ética de la comercialización de los animales transgénicos. Los animales transgénicos resultantes de este tipo de programas de investigación van a tratar a su transgén como si fuese uno propio. Por ello será heredado con normalidad por su descendencia siguiendo las clásicas leyes Mendelianas sobre genética.

En general, solo entre un 1% y un 2% de los óvulos inyectados llegan a desarrollarse en animales transgénicos, al menos en los mamíferos. En cada etapa del proceso existen dificultades. En primer lugar, muchos óvulos no sobreviven a la microinyección. Además, cerca de la mitad de los que se han implantado no se desarrollan. Este fracaso está más relacionado con el proceso de implantación que con el hecho de que el embrión sea transgénico. Los animales control con embriones normales también fracasan en dar lugar a una preñez casi en la mitad de los casos. El procedimiento se parece a la fecundación *in vitro* (FIV) humana, que se utiliza en las parejas con problemas de fertilidad; de hecho, es notable el índice tan bajo de éxito que tiene. Finalmente, solo una pequeña proporción de nacimientos resulta en animales transgénicos, ya que el transgén puede no haberse integrado en el genoma, o puede perderse a partir del embrión, durante la división celular.

Por tanto, cada animal nacido como resultado de este tipo de programa de investigación ha de ser cribado para detectar la presencia del transgén. Hasta esta etapa, no es posible saber si la transferencia de genes ha funcionado: al menos no en este punto. El cribado consiste en el análisis de una muestra de sangre del animal, que suele obtenerse al cortar un pedacito mínimo de la cola del animal. A los resultados positivos se les llama animales fundadores e, inevitablemente, son muy queridos por parte de los investigadores, quienes invierten enormes cantidades de tiempo y esfuerzo en su creación.

Uno de los primeros experimentos en los que se crearon animales transgénicos fue la transferencia del gen de la hormona humana del crecimiento a ratones. El ADN de este gen fue inyectado en 229 embriones. Estos fueron transferidos a diez ratonas albinas y el resultado fueron veinte nacimientos de animales vivos. De entre estos, seis ratones eran portadores de la hormona humana del crecimiento y la transmitieron con normalidad a su progenie. Estos animales que produjeron la hormona humana del crecimiento, eran hasta un 30% más grandes que los ratones normales, y se conocieron como «super-ratones».

La microinyección no es la única opción en la creación de animales transgénicos. Es posible introducir células que contienen transgenes en el interior de embriones en estadio precoz, de forma que los tejidos del animal resultante contendrán dos tipos diferentes de células: unas con el transgén y otras sin él. Los animales como estos se llaman «quimeras». La ventaja de crear quimeras es que las células que contienen el transgén pueden ser seleccionadas por su buena expresión génica antes de ser transferidas; esto es más rápido que esperar a ver cuál de los animales resultantes del programa de microinyección es portador del transgén.

Finalmente, las células pueden ser retiradas de un animal maduro para su modificación genética y luego volver a ser insertadas en su cuerpo, o bien los genes pueden ser transportados a alguna parte del cuerpo por un vector de tipo vírico. Estas dos últimas técnicas constituyen la base de la terapia génica humana que comentaremos con más extensión en el capítulo 8.

Los peces y el potencial de las «granjas farmacéuticas»

Utilizando peces se ha demostrado por primera vez la forma en que la creación de animales transgénicos puede mejorar los rasgos naturales. Es posible insertar cualquier gen en la mayoría de los peces comunes de criadero, y con un mayor índice de éxito que en los mamíferos. Esto se debe a que los óvulos de los peces se fecundan y se desarrollan fuera del organismo. Esto evita la dificultad de tener que extraer los óvulos fecundados, manipularlos, y luego transferirlos otra vez de vuelta al organismo, etapas necesarias en animales con fecundación interna.

La creciente población mundial presiona a todos los productores alimentarios para que suministren más alimentos, y hacer que los peces crezcan más deprisa es una de las maneras de responder a esta demanda. Otra opción es ampliar los rangos de las especies de plantas y animales utilizados como alimentos. Desde 1985, la biotecnología de los peces se ha centrado en unas tasas de crecimiento y de resistencia a las enfermedades cada vez mayores, así como en la extensión del rango ecológico de algunos peces. Por ejemplo, Thomas Chen y su equipo de la Universidad de Maryland han insertado el gen de la hormona del crecimiento de la trucha arco iris en el siluro y en embriones de carpas normales. Estos investigadores hallaron que al menos el 30% de estas inserciones tuvieron como resultado peces que crecieron un 60% más deprisa que sus hermanos no transgénicos.

Otro experimento arrojó una versión transgénica del salmón del Atlántico, que puede vivir en aguas más frías. Este pez ha recibido un gen correspondiente a la proteína «anticongelante» que proviene de la platija de invierno. Esta sustancia impide que la sangre de los peces se congele a temperaturas muy bajas, y es muy común entre los peces que viven en el Antártico.

Es probable que la perspectiva del ganado fabricado por ingeniería genética para uso alimentario tarde todavía muchos años en materializarse. Sin embargo, hoy en día existe somatotropina bovina (BST) creada por ingeniería genética, una hormona que aumenta la producción de leche de las vacas en más de un 20%. La BST se fabrica en cepas de *E. coli* que han aceptado un gen de la BST bovina. Si su uso se extiende, la BST podría contribuir en gran medida al aumento de la eficacia de la ganadería lechera.

En un futuro muy próximo, es probable que los animales de granja, vacas, ovejas, cabras, e incluso conejos, sean utilizados como «biorreactores», fábricas vivas que producen proteínas terapéuticas humanas en su leche. Esta nueva tecnología suele denominarse «granjas farmacéuticas». Los experimentos realizados con ratones en los años ochenta sugirieron que esta alternativa a la fermentación microbiana podría ser comercialmente viable, y las últimas cifras indican que se podría ahorrar hasta un 50% en la producción (en otras palabras, crear una proteína, como la insulina, por el método de las «granjas farmacéuticas» costaría la mitad en relación con la misma creación pero por el método microbiano).

Con toda probabilidad el primer producto que se fabricará en las granjas farmacéuticas será la proteína alfa-1-antitripsina (AAT), que puede producirse en grandes cantidades en la leche de las ovejas transgénicas. La AAT es un inhibidor enzimático: es decir, bloquea la acción de una enzima. Los inhibidores enzimáticos pueden ser venenos mortales o, por el contrario, pueden salvar vidas, dependiendo del contexto. Por ejemplo, el inhibidor enzimático llamado disopropil fosfofluoridato (DIPF) actúa como un gas nervioso debido a que bloquea una enzima vital para la transmisión de los impulsos nerviosos. Pero las acciones de otras enzimas han de ser controladas por inhibidores. Las enzimas coagulantes, por ejemplo, solo deberían actuar para controlar la pérdida de sangre tras una lesión. Una vez que se ha formado el coágulo, los inhibidores entran en acción para impedir que la coagulación sea demasiado cuantiosa ya que, en este caso, se pararía el suministro de sangre hacia los órganos vitales.

La AAT, como su propio nombre indica, inhibe la enzima llamada tripsina. Su principal papel en el organismo, sin embargo, es el de inhibir la elastasa, otra enzima relacionada con la tripsina. La elastasa y la tripsina son proteasas producidas por el páncreas, y se utilizan para digerir las proteínas contenidas en los alimentos. Los leucocitos llamados neutrófilos también producen elastasa como una arma química para defenderse frente a las bacterias invasoras. La acción incontrolada de la elastasa puede ser peligrosa ya que esta potente proteasa puede digerir las proteínas vitales de los tejidos corporales. La AAT impide que esto ocurra.

La deficiencia hereditaria de AAT es uno de los trastornos genéticos más comunes en los países occidentales, y afecta a miles de personas en los Estados Unidos de América y en Europa. La destrucción resultante del tejido pulmonar produce una enfermedad llamada enfisema en la que los enfermos tienen grandes dificultades para respirar la cantidad suficiente de aire debido a la reducción de la función pulmonar. Para las personas con un déficit de AAT hereditario, fumar es especialmente peligroso porque el humo de los cigarrillos ataca uno de los aminoácidos de la AAT vital para el bloqueo de la acción de la elastasa. Para una persona con una cantidad normal de AAT en su organismo esto no es muy grave. Para una persona con déficit de AAT es un desastre.

En la actualidad se está estudiando la terapia con AAT como tratamiento para el enfisema en los pacientes con deficiencia de AAT, y parece ser eficaz, especialmente si se administra a los pacientes antes de que aparezcan los síntomas. También podría ser posible utilizar AAT para otros trastornos pulmonares, como la inflamación y la fibrosis quística. Sin embargo, aunque la proteína puede obtenerse del plasma humano, las cantidades (dos gramos por litro) son demasiado escasas para la demanda esperada.

Las ovejas transgénicas han sido creadas mediante la microinyección de óvulos fecundados que contienen el gen humano de la AAT unido a un promotor para el gen de la β-lactoglobulina (BLG) de las ovejas. El promotor es importante: dirige la expresión del gen de la AAT hacia la glándula mamaria de la oveja para que la proteína sea producida en la leche, lugar en el que es más fácil de extraer. Si el gen se expresara en cualquier otra parte del cuerpo, habría que sacrificar al animal para recuperar la proteína.

Este enfoque funciona. Científicos de Edimburgo han conseguido obtener 35 gramos por litro de AAT en la leche de sus ovejas transgénicas, y casi nada en el resto del cuerpo de los animales. Es fácil purificar la AAT de la leche y las estimaciones sugieren que un rebaño de mil ovejas podría satisfacer la demanda mundial de esta proteína. Otras proteínas que se están fabricando de esta manera son la antitrombina III, el factor VIII y el factor IX, que pueden ser utilizadas en el tratamiento de los trastornos de coagulación sanguínea.

Por supuesto, estas proteínas pueden obtenerse por medio de la fermentación, pero en cantidades menores. Las granjas farmacéuticas podrán apuntarse un tanto cuando se necesiten cantidades mayores de estas proteínas. Los animales transgénicos también tienen la ventaja de ser bioquímicamente más parecidos a los humanos que los microorganismos utilizados tradicionalmente en los métodos de fermentación, como la levadura y las bacterias. Por ello darán esos toques finales a la proteína, conocidos como modificación post-traduccional (como añadir moléculas de azúcar para convertirla en una glicoproteína, ya visto en el capítulo 5), con el fin de que muestre toda su actividad biológica.

El animal transgénico representa tanto a la célula huésped como al medio de fermentación. Por esto, no es necesario construir una fábrica que albergue la fermentación. Es más, a diferencia de los medios de fermentación, el «biorreactor» puede reproducirse a sí mismo. Sin embargo, es más difícil de construir. Años de investigación y desarrollo se traducen en la producción de un solo animal transgénico, sin estar seguros de que el proyecto acabe con éxito. Una vez que se ha conseguido crear el animal transgénico, entonces la cría y el establecimiento del rebaño consumen más tiempo y recursos. Por ello, los pioneros de las granjas farmacéuticas han tenido problemas a la hora de obtener fondos para sus proyectos.

Debido a que hacen falta muchos años para obtener un rebaño de estas características, no es probable que el proceso compita favorablemente con la industria farmacéutica tradicional, la cual ensaya miles de nuevos fármacos cada año y cambia continuamente su abanico de productos. Las granjas farmacéuticas se adaptarían mejor a las llamadas sustituciones de proteínas, como la AAT y el factor VIII, las cuales pueden ser usadas como tratamiento para las personas con déficit de las mismas. Es posible que se puedan hallar nuevos usos clínicos para estas proteínas, o incluso que se puedan producir nuevos tipos de leche con valores nutricionales y terapéuticos añadidos.

Otra proteína humana que ha provocado un intenso esfuerzo de investigación, y que puede fabricarse en las granjas farmacéuticas o por fermentación, es la hemoglobina. La seguridad en el suministro de sangre humana ha estado sometida a severas inspecciones en los últimos años debido a las miles de personas que han resultado infectadas con virus, como el del VIH y la hepatitis, después de haber recibido una transfusión. Por tanto, se ha generado un gran interés en la posibilidad de fabricar hemoglobina humana para ser utilizada como un sustituto sanguíneo libre de células.

La hemoglobina es una proteína que contiene hierro, se encuentra en los glóbulos rojos de la sangre, y transporta oxígeno desde los pulmones hacia el resto del organismo. Posee un mayor período de caducidad que la sangre y no necesita ser refrigerada. Por supuesto también está libre del riesgo de infecciones víricas de origen sanguíneo.

La hemoglobina puede producirse utilizando levaduras y *E. coli*. También se puede obtener de cerdos transgénicos que han recibido un gen de la hemoglobina humana. Se fabrica en la sangre del cerdo junto con su propia hemoglobina. Los mejores experimentos realizados hasta la fecha han producido cerdos cuya sangre contiene 50% de hemoglobina humana y 50% de hemoglobina del cerdo, sin ningún efecto patológico aparente para el bienestar del animal. Obviamente, la proteína humana ha de ser separada de la hemoglobina del cerdo y del resto de las proteínas del animal. El cerdo puede ser sacrificado para obtener su sangre, o puede utilizarse como donante sanguíneo, en cuyo caso se van retirando volúmenes de sangre de vez en cuando, y se procesan.

Sin embargo, la hemoglobina humana libre de células, sea esta producida por cerdos transgénicos o por microbios, no parece actuar de la misma manera que la hemoglobina en la sangre. La molécula de hemoglobina consta de cuatro «subunidades» unidas entre sí. En ensayos con animales realizados con el producto recombinante, las subunidades se separaron y coagularon la red de filtración de los riñones, produciendo graves efectos secundarios. No obstante, este tipo de problemas pueden superarse mediante el uso de la ingeniería proteica.

Para impedir que la hemoglobina recombinante se disocie en subunidades, científicos que trabajan en el Laboratorio de Biología Molecular (LBM) de Cambridge crearon por medio de la ingeniería genética, un nuevo gen de la hemoglobina, de forma que un aminoácido más se añadiera entre las subunidades. Este actúa como un puente que sujeta las subunidades entre sí.

Animado por su éxito, el equipo del LBM decidió introducir más mejoras en la molécula de la hemoglobina humana, aumentando su afinidad por el oxígeno. La hemoglobina consiste en una proteína llamada globina, unida a una molécula menor llamada hemo. El grupo hemo contiene un átomo de hierro rodeado por un anillo compuesto por átomos de carbono, nitrógeno e hidrógeno. El hierro es el elemento que se une al oxígeno cuando la carrocería de un coche (hecha de acero, una aleación de hierro y carbono), por ejemplo, es expuesta al aire y la humedad.

El hierro contenido en la hemoglobina también presenta una gran afinidad por el oxígeno. Cuando uno inspira, el oxígeno del aire desciende hasta los pulmones por conductos de diámetro cada vez menor hasta que alcanza unos pequeños sacos aéreos llamados alvéolos. Desde los alvéolos, el oxígeno difunde a una red de pequeños vasos sanguíneos llamados capilares. El oxígeno se une entonces al hierro de la hemoglobina contenida en los glóbulos rojos. Para dejar que entre el oxígeno, la molécula de hemoglobina cambia de forma ligeramente en una especie de movimiento «respiratorio» de la propia molécula. Al mismo tiempo, el color de la hemoglobina también cambia, a un escarlata brillante. Los vasos sanguíneos que transportan el oxígeno a los tejidos se llaman arterias, mientras que las venas son los vasos que transportan el producto de desecho, el dióxido de carbono, desde los tejidos de vuelta a los pulmones. Como sabe la gente que ha recibido cursos de primeros auxilios, las hemorragias venosas pueden distinguirse de las mucho más peligrosas hemorragias arteriales por el color de la sangre.

Cuando el oxígeno alcanza los tejidos es liberado de la hemoglobina tras haber sufrido un nuevo cambio la forma de la molécula. Pero solo el 30% del oxígeno transportado por la hemoglobina humana es realmente liberado a los tejidos, el resto es devuelto, intacto, hacia los pulmones, donde es espirado. Este no es el caso de todas las especies. Los cocodrilos, por ejemplo, pueden permanecer bajo el agua durante una hora sin respirar porque su hemoglobina es muy eficaz oxigenando sus tejidos. Se aprovechan de esta diferencia entre especies para arrastrar a su presa bajo el agua, y esperar a que se ahogue.

Una comparación entre la hemoglobina del cocodrilo y la hemoglobina humana sugirió que una ligera variación en la composición química de ambas proteínas era la responsable de la enorme diferencia en cuanto a la afinidad por el oxígeno. La variación era solo de unos pocos aminoácidos entre las dos proteínas. Por tanto, el equipo del LBM decidió volver a diseñar el gen de la hemoglobina humana incluyendo codones para la hemoglobina del cocodrilo en los lugares cruciales de la secuencia. La proteína resultante es humana, en su mayoría, pero con un poco de cocodrilo ahí donde se necesita.

Esta proteína se está ensayando en pacientes humanos. Es producida por la bacteria en fermentadores y bien podría ser la primera hemoglobina recombinante utilizada como sustituto de la sangre en el mercado. Una ventaja para su comercialización podría ser que se necesitarán menores dosis, ya que el producto tiene más capacidad para liberar oxígeno en los tejidos. El producto podría competir favorablemente con la hemoglobina creada en cerdos. Advirtiendo esto, la compañía estadounidense implicada en esta última ha abandonado la hemoglobina y se está dedicando a desarrollar un uso radicalmente distinto de sus animales transgénicos: convertirlos en donantes de órganos para la cirugía de trasplantes en humanos.

Trasplantes y xenoinjertos

El primer trasplante de corazón humano se llevó a cabo en 1967 durante una intervención de seis horas en el Hospital Groote Schuur de Ciudad del Cabo. El receptor, un tendero de 56 años, murió 18 días más tarde. Aunque esta operación representó un hito en la cirugía, siguió siendo, junto con otros trasplantes de diferentes órganos, como riñones e hígado, una operación de alto riesgo durante muchos años. La principal razón era que el sistema inmunológico rechazaba cualquier material identificado como extraño, como es un órgano donante.

La introducción del fármaco ciclosporina en 1980, sin embargo, mejoró drásticamente las perspectivas para los pacientes trasplantados. La ciclosporina suprime la respuesta del sistema inmunitario al nuevo órgano, dando al último una oportunidad para establecerse en el cuerpo. Hoy en día, la cirugía de trasplante de los órganos principales, incluyendo corazón, riñones, pulmones e hígado, se ha convertido en una técnica casi rutinaria que ha dado la vida a miles de personas.

El uso de fármacos inmunosupresores, como la ciclosporina, sin embargo, conlleva sus propias desventajas. Los pacientes trasplantados, en comparación con las personas normales, tienen más probabilidades de padecer varios tipos de cáncer, como la leucemia, un hecho que apoya la teoría que defiende que el sistema inmune patrulla por el organismo, eliminando células alteradas que podrían desarrollarse y crear un tumor. En lugar de dejar al sistema inmunitario peligrosamente suprimido haciendo al paciente vulnerable a las infecciones que amenazan su salud, muchos cirujanos tienden a disminuir la dosis de la ciclosporina todo lo posible. Esto significa que siempre existe un riesgo de que el órgano sea rechazado; por ello se está dedicando mucho tiempo de investigación al desarrollo de nuevos fármacos y tratamientos que ayuden a superar este problema.

Cuanto más éxito tienen los programas de trasplante, mayor es la demanda de órganos. En muchos países existe una escasez crónica de donantes, y mucha gente ha muerto en la lista de espera para ser trasplantados. Hay varias formas de paliar esta escasez de órganos donantes. Un cambio en la actitud desde el «si no he dicho sí» hasta el «si no he dicho no» por parte de los donantes podría mejorar el suministro de órganos en algunos países, como el Reino Unido. Esto significaría que se asumiría la voluntad de donar órganos, a menos que el donante potencial hubiera declarado lo contrario. Otra opción sería obtener los órganos de un rango de donantes más amplio. En la actualidad, solo la mitad de los órganos aptos pueden ser realmente obtenidos y ofrecidos para la donación. Los órganos suelen obtenerse (con permiso, por supuesto) de personas que han ingresado en los servicios de accidentados y urgencias de los hospitales. Si dejan de respirar, se les suministra ventilación asistida y se transfieren a una unidad de cuidados intensivos (UCI). Una vez certificada su defunción en la UCI, se convierten en candidatos para la donación de órganos. El grupo de este tipo de candidatos podría incrementarse por la llamada ventilación electiva, en la que los pacientes que se están muriendo por enfermedades como hemorragia cerebral y se encuentran en servicios generales o geriátricos, podrían ser trasladados a una UCI. Aquí se les pondría en ventilación asistida, no solo para su propio beneficio, sino para impedir que los órganos se deterioren y así utilizarlos para un trasplante si el paciente finalmente muere. En los pocos hospitales en los que se ha probado la ventilación electiva, el suministro de órganos para trasplantes se ha duplicado. Sin embargo, la ventilación electiva suscita graves problemas éticos y prácticos.

Otra posibilidad es aumentar el uso de los donantes vivos. Esto está ampliamente extendido en Japón, donde la retirada de los órganos de cadáveres para su posterior trasplante es culturalmente inaceptable. Sin embargo, esta trasferencia de órganos de un donante vivo a un receptor vivo conlleva un riesgo para el donante, y solo es aplicable al riñón, algunas partes del hígado y del pulmón, y también, sorprendentemente, al corazón. En esta última operación, llamada técnica «dominó», el donante es alguien con una enfermedad pulmonar cuyo corazón está sano. Durante la operación reciben un nuevo corazón y pulmones, por lo que sigue necesitando un donante muerto. En algunos países, el uso de donantes vivos es alentado por el pago de los órganos donados, y en China, donde la pena de muerte está vigente, existe un floreciente mercado de órganos provenientes de los reos ejecutados.

En vista de que los humanos son una fuente tan incierta de donantes de órganos para su propia especie, quizá sea el momento de buscar órganos en otro sitio, quizá órganos artificiales o de otros animales. El uso de «piezas de repuesto» artificiales tiene una larga historia, desde las piernas de madera hasta las sustituciones de caderas que estimulan el hueso genuino. El corazón es una bomba, el riñón es un filtro, por tanto, utilizando principios de ingeniería y lo último en tecnología de materiales, es posible pensar que algún día se podrá sustituir los principales órganos por artefactos artificiales. Sin embargo, basta con mirar la cantidad de equipos necesarios para construir un riñón artificial, sus elevados costes, y sus inconvenientes, para comprender que todavía falta bastante antes de que este ideal pueda llevarse a cabo.

Ya en 1960, los cirujanos especializados en trasplantes empezaron a contemplar la posibilidad de utilizar animales como donantes de órganos para humanos. Este tipo de trasplante se llama xenoinjerto, mientras que el trasplante de humano a humano se denomina aloinjerto (*xeno* significa extraño, y *alo,* uno mismo). Los primeros xenoinjertos implicaron la donación de riñones de chimpancés y babuinos a humanos. No tuvieron mucho éxito, aunque un riñón trasplantado de un chimpancé a un humano duró nueve meses. También es difícil ganar aceptación por parte de la opinión pública en relación a este tipo de experimentos con primates, debido en parte a que muchos de ellos son especies amenazadas, y también debido a que están biológicamente muy cerca de los humanos. Desde que el Acta para los Animales (1986), descrita posteriormente en este capítulo, entró en vigor, cualquier investigación llevada a cabo en el Reino Unido que implique el uso de primates está sujeta a unas restricciones muy especiales. En los últimos años, los xenoinjertos se han reanudado, mediante experimentos en los que se han transferido hígados de babuino a humanos, otra vez con poco éxito. En los xenoinjertos donde las especies del donante y del receptor están estrechamente relacionadas entre sí como en este caso, la sangre fluye a través del nuevo órgano durante unos días antes de que el cuerpo lo rechace.

Sin embargo, los xenoinjertos todavía pueden tener un importante papel en los trasplantes. El cirujano especializado en trasplantes John Wallwork y el científico de Cambridge David White han creado una camada de cerdos transgénicos cuyos corazones pueden ser utilizados para trasplantes en humanos. Se eligieron los cerdos porque tienen un peso parecido al de los humanos y sus corazones se asemejan en muchos aspectos. Además, es probable que los cerdos donantes sean animales más aceptados por parte de la opinión pública que los donantes primates.

Si la sangre humana circula a través del corazón de un cerdo, el órgano se destruye a los pocos minutos por un mecanismo llamado rechazo hiperagudo, el cual es demasiado rápido y violento para ser neutralizado por la acción de fármacos inmunosupresores. Esto es lo que cabría esperar, ya que los humanos y los cerdos se parecen mucho menos que los humanos y los primates.

Wallwork y White examinaron el mecanismo del rechazo hiperagudo y lo utilizaron como base para diseñar sus cerdos transgénicos. Lo que ocurre es que los anticuerpos provenientes del sistema inmune humano activan un conjunto de proteínas que forman un sistema llamado de complemento. Estas proteínas trabajan juntas en un ataque feroz contra el órgano extraño. Abren verdaderos agujeros en él, movilizan la acción de los agentes coagulantes para cortar el suministro de sangre, y lo reducen a una masa de tejido ennegrecido.

La importancia del complemento en el rechazo hiperagudo fue sugerida por los experimentos en los que se comparaban los tiempos de supervivencia en trasplantes de animales, con y sin sistemas de complemento normales. Los corazones de pollo trasplantados a roedores con sistemas normales de complemento, como ratas, ratones, y conejillos de indias, son rechazados en cuestión de minutos. Sin embargo, si los corazones son trasplantados a conejillos de indias mutantes nacidos sin sistema de complemento, el animal sobrevive durante tres días.

El sistema de complemento humano no atacará a un órgano proveniente de un donante humano. Esto se debe a que las células del donante poseen varias etiquetas proteicas en su superficie que actúan como banderas blancas, manteniendo «la paz». La idea de Wallwork y White fue tomar una de las proteínas de «bandera blanca», conocida como factor acelerador de la descomposición (FAC), y crear cerdos que expresaran el FAC en la superficie de sus células. De este modo, explicaron, un corazón de cerdo puede introducirse «de contrabando» en un cuerpo humano gracias a la presencia del FAC, que le ayuda a engañar al organismo haciéndose pasar por un corazón humano. Por ello, Wallwork y White inyectaron en óvulos fecundados de cerdo el gen del FAC humano y el resultado final fue Astrid, el primer cerdo transgénico nacido con un corazón «humano». Nacido en diciembre de 1992, Astrid es, hoy en día, el cabeza de familia de más de doscientos cerdos transgénicos. Wallwork y White están ahora estudiando qué ocurre cuando se bombea sangre humana por corazones obtenidos de estos cerdos transgénicos. Los resultados son prometedores y el equipo espera que los primeros ensayos de estos corazones en humanos se inicien próximamente.

Modelos en el ratón

La creación de animales transgénicos con genes defectuosos es el último desarrollo de una larga tradición de la experimentación con animales para mejorar la salud humana (y animal). Estos llamados «modelos animales» se utilizan para desvelar los misterios de las áreas complejas de la biología, como el cerebro, el sistema inmune, y el desarrollo de embriones. También serán de utilidad para probar nuevos tratamientos de enfermedades con una base genética. Por ejemplo, la creación de este tipo de modelos de animal transgénico se contempla como un prerrequisito de los ensayos con terapias génicas destinadas a enfermedades tales como la anemia falciforme, la hemofilia, o la enfermedad de Alzheimer.

Puede parecer extraño crear conejos con enfermedad de Alzheimer, o gatos con hemofilia, ya que estas enfermedades no suelen aparecer en estos animales. Sin embargo, los diferentes proyectos de mapas génicos están confirmando las notables similitudes de las especies a nivel del ADN, y esta es la razón por la que se recurre a modelos animales. Nuestro vecino más cercano es el chimpancé, cuyo ADN se diferencia del nuestro en solo un 1%. Lógicamente pues, deberíamos utilizar chimpancés y otros primates como modelos animales. De hecho, precisamente esta estrecha similitud genética entre los primates y los humanos es la que hace que los experimentos con primates sean inaceptables para mucha gente. Además, muchas de estas especies están en peligro de extinción, su mantenimiento resulta oneroso, y es más difícil trabajar con ellas. Por tanto, se usan solo unos pocos primates en experimentos científicos cada año.

En realidad, la mayoría de los experimentos con animales se realizan con ratones. Se ha estimado que el genoma del ratón y el humano comparten un 90% de su ADN (y, como ya hemos visto en el capítulo 3, los creadores de mapas de genomas tienen un interés parecido por ambas especies). Por ello, mirados desde este ángulo, los experimentos realizados en ratones transgénicos tienen una relevancia directa para la salud humana.

La creación de modelos de ratones transgénicos difiere de la creación de animales transgénicos destinados a la producción de proteínas humanas. La tecnología, conocida como sustitución de genes dirigida, ha sido desarrollada por Mario Capecchi y su equipo, en la Universidad de Utah, durante los últimos quince años. Inicialmente, se pensó que esta técnica tenía pocos fundamentos y por ese motivo, Capecchi encontró dificultades a la hora de encontrar fondos, lo que le obligó a apostar por su éxito desviando financiación de otros proyectos para destinarla a este. En la actualidad existen más de 250 cepas de ratones con diferentes defectos genéticos; todas han sido creadas gracias a la técnica de sustitución dirigida de genes, y están revelando nuevas e interesantes perspectivas para el sistema inmune, el desarrollo embriónico y el cáncer.

La sustitución dirigida de genes es una mezcla entre la ingeniería genética desarrollada en tubos de ensayo y el cruzamiento tradicional. Se tarda aproximadamente un año en obtener un gen defectuoso en el tubo de ensayo e insertarlo en un ratón que pueda ser usado en los experimentos. La técnica se basa en el uso de dos cepas diferentes de ratón para así poder rastrear el destino del gen defectuoso (fig. 6.1). Una cepa presenta el pelaje marrón, y la otra, negro. El ratón marrón tiene un gen llamado gen aguti, que siempre produce un pelaje marrón cuando está presente en el genoma. Los ratones negros no poseen este gen.

En la primera etapa de la sustitución dirigida de genes, el gen mutado deseado es insertado en células provenientes de un embrión de ratón marrón, denominadas células madre embrionarias. Se cree que las células madre son pluripotentes: es decir, que pueden desarrollarse en cualquier tipo de célula a medida que el embrión madura. La inserción del gen se hace utilizando las técnicas de ingeniería genética que ya hemos visto en el capítulo 5. Cuando el vector con el gen mutado se inserta en el interior de las células madre, pueden ocurrir tres cosas. Puede que no llegue a integrarse en los cromosomas, o podría integrarse al azar. Alternativamente, y este es el resultado más deseado aunque menos probable, podría sufrir un proceso llamado recombinación homóloga, que fue descubierto por el propio Capecchi a finales de los años setenta. En la recombinación homóloga, el nuevo gen se desplaza arriba y abajo por el cromosoma hasta que encuentra su homólogo normal. Entonces se alinea a su lado, y los dos genes intercambian sus posiciones. El gen normal es expulsado del cromosoma y el gen defectuoso ocupa su lugar. Este asombroso suceso, que abre la puerta a un control mucho más preciso sobre la manipulación genética, ocurre solo en una entre un millón de células tratadas. Por esta razón se comprende que los comités encargados de otorgar subvenciones al proyecto fueran tan escépticos.

Los genes de resistencia a los antibióticos se utilizan para seleccionar las valiosas células que contienen el gen defectuoso en el lugar correcto del cromosoma, diferenciándolas del resto de las células mediante unas técnicas similares a las que se utilizan en otros experimentos de ingeniería genética. A continuación, se trae a escena al ratón negro, para donar un embrión en el interior del cual se inyectan células madre. El

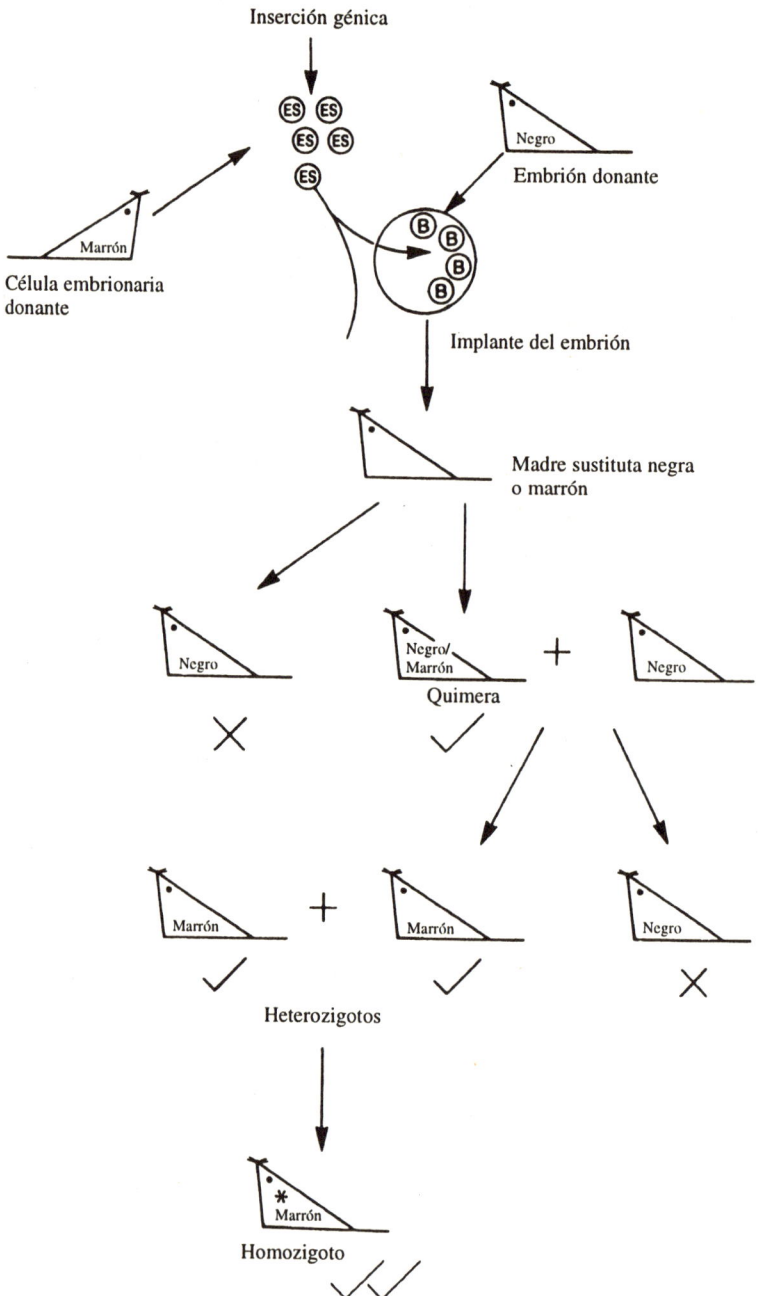

embrión tratado es posteriormente implantado en el útero de un tercer ratón, cuyo color no tiene importancia, y se espera a que se desarrolle. Este proceso puede originar dos tipos de ratones. Si las células madre transferidas no sobreviven al experimento, la cría de ratón presentará un pelaje negro. Sin embargo, si las células madre están vivas y han prosperado, entonces el ratón será una quimera con pelaje marrón y negro, lo que reflejará que ambos tipos de células se encuentran en sus tejidos: las células madre (del primer ratón) y las células del embrión (del segundo ratón).

En este punto ya pueden empezar los experimentos de cría. De una quimera se debe producir un ratón con genes defectuosos en todas sus células. Las células germinales de esta quimera podrían provenir del ratón marrón (el que poseía los genes defectuosos) o del ratón negro (con genes normales). Las quimeras se aparean con ratones blancos. De este cruce nacerán crías bien marrones bien negras, dependiendo de qué tipo de célula germinal haya contribuido en la unión. Esta progenie ya no son quimeras, ya que han sido criadas de la manera habitual. Los ratones marrones son los que han heredado el gen defectuoso, pero este solo se encontrará en uno de sus cromosomas emparejados (el otro será normal porque deriva del otro progenitor, que es el ratón normal).

Si estos ratones se utilizaran en experimentos no desplegarían completamente las características físicas del gen defectuoso. La presencia del gen normal protegerá a estos animales frente a este acontecimiento. Este tipo de ratones, sin embargo, es portador de un gen defectuoso. Si se crían entre sí existe la posibilidad (en realidad, una oportunidad entre cuatro, según las leyes Mendelianas) de producir un ratón que posea dos copias del gen defectuoso, una de cada cromosoma de la pareja relevante.

Capecchi ha utilizado la sustitución dirigida de genes para estudiar el papel de los miembros individuales de una familia de genes llamados *Hox*. Los experimentos realizados con las moscas de la fruta demostraron que *Hox* es importante para el despliegue ordenado del plan de desarrollo del organismo, por ejemplo para dirigir los miembros y los órganos del cuerpo hacia su lugar correspondiente, asegurándose de que presentan la forma adecuada. Las moscas de la fruta presentan ocho genes *Hox*, mientras que los

---

Figura 6.1. *Sustitución dirigida de genes.* Este proceso produce un ratón con un defecto genético específico. En primer lugar, las células con este defecto genético (células ES de un ratón marrón) se inyectan en un embrión de ratón negro. Este embrión se desarrolla en el útero de una madre sustituta. Si las células ES sobreviven, la cría de ratón posee células del ratón negro y del marrón, y presentará un pelaje mixto negro y marrón. Esta quimera se cruza con un ratón negro. La progenie con el defecto génico se delata a sí misma por tener el pelaje marrón, debido al origen de las células con ese defecto genético. Es necesario realizar más cruces para crear un ratón que posea dos genes con el mismo defecto. Estos ratones pueden utilizarse como modelos para estudiar este defecto. Los ratones con solo un gen defectuoso pueden estar protegidos de sus efectos por el otro gen normal, y su uso es limitado.

Leyenda de la figura

ES = células madre embrionarias de un ratón marrón y portadoras del gen insertado.
B = células de un ratón negro.

ratones y los humanos tienen 38. Capecchi descubrió que la inserción de una forma defectuosa de uno de estos genes, el gen *HoxA-3*, en ratones causa múltiples malformaciones del corazón y sus vasos, la tiroides, la cabeza, y la garganta. Pero todos estos órganos provienen de un grupo particular de células del embrión. Por tanto, parece que el desarrollo de esta sección del embrión estaría bajo la dirección de *HoxA-3*.

Los defectos en genes implicados en el desarrollo pueden producir el nacimiento de niños con malformaciones. Son responsables de un número significativo de ingresos hospitalarios durante la infancia, y pueden conducir a todo un abanico de problemas, desde una esperanza de vida menor, hasta una discriminación y falta de oportunidades. Una mejor comprensión de la base genética de las malformaciones podría inducir nuevas maneras de reducir su incidencia.

Los pros y los contras de los derechos de los animales

Llegado este punto de la lectura ustedes podrían sentirse algo incómodos, e incluso escandalizados, por las implicaciones que tiene la tecnología del ADN para el bienestar de los animales. El uso extendido de animales transgénicos es probable que aún tarde unos años en establecerse, y los modelos animales siempre serán un instrumento de investigación. Sin embargo, hay pocas dudas acerca de que estos métodos van a convertirse en algo inaceptable para algunos grupos especiales o para los ciudadanos corrientes.

Existe una larga tradición según la cual se han venido usando animales para la investigación médica y esta práctica siempre ha sido controvertida. En 1986, se votó el Acta de los Animales en el Reino Unido con el objetivo de regular los experimentos con animales. Este Acta, además de exigir que los científicos tengan permiso para realizar este tipo de trabajo y que aporten medios de apoyo veterinario, permite una recogida de datos estadísticos anuales sobre el número y los tipos de experimentos con animales que se han llevado a cabo. Estos datos muestran que, quizá en contra de la creencia popular, el número de experimentos está descendiendo (en gran parte debido al desarrollo de las alternativas que no requieren animales), la mayoría de ellos se lleva a cabo en roedores, y solo un mínimo porcentaje se destina a ensayos sobre artículos de tocador y cosméticos. Una tendencia similar a la baja es evidente en los Países Bajos, único país adicional que ha realizado estadísticas detalladas al respecto.

El Acta establece que los beneficios probables para los humanos (o en el caso de investigación veterinaria, para los animales) provenientes de los experimentos tienen que ser mayores que el sufrimiento causado a los animales involucrados. En 1990, las estadísticas sobre los experimentos que implicaban la cría de animales transgénicos fueron recogidas bajo los requisitos del Acta por vez primera, y cerca del 6% de los experimentos eran de este tipo.

Desde entonces, no ha habido muchos debates públicos sobre cómo aplicar los requisitos sobre beneficios y costes del Acta a los animales transgénicos. Muchos grupos defensores de los derechos de los animales rechazan cualquier tipo de trabajo con animales transgénicos. Cada vez más, incluso los propios científicos recelan admitir en público que trabajan con animales[2] (no discutiremos aquí sus sentimientos al respecto) por miedo a represalias violentas por parte de los activistas sobre los derechos de los animales. Por tanto, las oportunidades de un debate auténtico son limitadas.

En cuanto a la utilización de los animales de las «granjas farmacéuticas», no parece haber efectos adversos significativos sobre su salud y bienestar. Esto se debe probablemente a que las proteínas son producidas en la leche, creando pocas demandas sobre el resto de la fisiología y bioquímica del animal. Sin embargo, en los primeros experimentos realizados en animales transgénicos donde la hormona del crecimiento fue insertada en el interior del genoma para crear animales de mayor tamaño, algunos de ellos desarrollaron una artritis grave como consecuencia del tratamiento.

El desarrollo de animales como recursos de órganos humanos va a ser más difícil de justificar ante la opinión pública y los grupos defensores de los derechos de los animales, si bien su realización está contemplada y permitida por el Acta. Hasta hoy, Astrid (el cerdo con corazón humano) y su familia parecen encontrarse en buena salud, pero serán sacrificados por sus órganos. Obviamente, siempre se sacrifica a los cerdos por su carne, por lo que se podría argumentar que no hay ninguna novedad en ello. Las objeciones a este trabajo podrían aparecer más bien por el sentimiento de que hay algo poco digno para el receptor si recibe un corazón de cerdo, o que los científicos están interfiriendo en la naturaleza hasta tal punto que al final les saldrá el tiro por la culata. Sin embargo, es difícil encontrar inventos científicos, en particular en la esfera médica, que no interfieran con la naturaleza en ninguna medida. Esto, en sí mismo, no garantiza el fracaso.

En lo que a modelos animales se refiere, este trabajo implica inevitablemente un sufrimiento para el animal. Lo que hay que hacer es analizar cuidadosamente si los beneficios justifican realmente el trabajo. Todavía es demasiado temprano para determinar de qué lado se inclina la balanza.

Protección de patentes

Las patentes son una forma de protección por la inversión del tiempo, esfuerzos, y dinero que se han dedicado a un invento. Aunque muchos descubrimientos científicos, como el código genético y la estructura del ADN pueden ser vistos como parte de la cultura humana, una vez que se ha otorgado el merecido crédito a su descubridor, la financiación de la investigación se reduciría rápidamente si no se permitiera una propiedad específica para algunos de los productos que se derivan de estos descubrimientos.

Una patente ofrece al inventor el monopolio de su invención durante un período limitado de tiempo. En la industria farmacéutica, por ejemplo, la patente de un fármaco

---

[2] Esto es especialmente cierto en los países anglosajones. El Reino Unido fue pionero en sacar a colación el tema, ya en el siglo pasado, en su Cámara de los Comunes. *(N. del E.)*

tiene una validez de veinte años en Europa. Sin embargo, no todos los inventos pueden patentarse. Para ello, el invento ha de ser novedoso, no obvio, y útil. El inventor tiene que suministrar suficientes detalles en la descripción de la patente para que el invento pueda ser reproducido por otros, pero si alguien más intenta hacer uso de él, tendrá que pagar derechos al descubridor.

La biotecnología ha producido muchos inventos que teóricamente pueden patentarse, desde los procedimientos técnicos hasta los genes, las plantas, y los animales mismos. Puede parecer raro que uno pueda patentar seres vivos, y para mucha gente, el permitir esto va en contra de la dignidad de la naturaleza. No obstante, se trata de organismos que no existen naturalmente, por lo que en términos de patentes, se consideran «inventos».

Las leyes sobre patentes son distintas en todo el mundo. En cuanto a la biotecnología se refiere, las áreas importantes son los Estados Unidos de América, Japón y Europa. Estas diferencias representan constantes motivos de perturbación para la industria biotecnológica, ya que pueden afectar el margen competitivo que una compañía determinada pueda tener en ciertos mercados. Tanto los Estados Unidos como Japón permiten patentar los animales transgénicos. En Europa, dadas las diferencias de opinión entre los países, la situación es menos clara y muestra pocos signos de resolverse.

Los recientes debates dirigidos a formular una nueva Directiva europea en esta área sugieren que algunos inventos podrían no ser patentables debido a que irían en contra del «orden público». En cuanto a los animales transgénicos, esto se refiere a los inventos con implicación de sufrimiento animal que no presenten claros beneficios terapéuticos para los animales o los humanos (lo que refleja los requisitos del Acta para los Animales del Reino Unido). Los grupos defensores de los derechos de los animales se están organizando para una campaña en contra de las patentes sobre animales transgénicos, citando precisamente la cláusula de orden público.

El caso del primer animal genéticamente modificado que va a ser patentado destaca estos aspectos. El «oncoratón» es un ratón fabricado por ingeniería genética por un equipo de la Universidad de Harvard. Posee un oncogén (gen del cáncer) que le hace más propenso a desarrollar tumores en comparación con ratones normales. La Oficina de Patentes de los Estados Unidos otorgó una patente a Harvard por el oncoratón en 1988, y los propietarios de la patente a su vez ofrecieron la licencia a una compañía para que esta pudiera comercializarlo.

Los ratones se utilizan para ensayar nuevos fármacos y otras sustancias químicas y observar si provocan cáncer. Debido a que es más probable que desarrollen tumores, también son más sensibles a dichas sustancias químicas que otros animales experimentales. La patente es bastante amplia, y no solo abarca a los ratones que poseen el oncogén, sino a otros animales que también lo transportan (de hecho, el único animal que no puede ser patentado bajo ninguna circunstancia es el hombre). Para proteger su inversión a la vez que se comercializaba en Europa, los inversores también querían una patente europea. De otro modo, las compañías rivales crearían sus propios oncoratones y los venderían sin tener que pagar derechos.

Inicialmente, la oficina de patentes europea denegó la patente, citando la cláusula de orden público, ya que no estaba convencida de que el sufrimiento animal se compensara por cualquier utilidad para los humanos en los ensayos carcinogénicos. Sin embargo, la decisión fue apelada y finalmente se otorgó la patente.

Este no es el final de la historia. Los grupos defensores de los derechos de los animales, actuando como una gran coalición europea, están intentando que se retire la patente, basándose una vez más en el orden público. Argumentan que existen otros métodos para los ensayos carcinogénicos que no implican a los animales, y que las ventas y el uso del oncoratón hasta la fecha no justifican el sufrimiento causado a los ratones.

La opinión pública tiene con toda probabilidad un gran papel que jugar a la hora de decidir si este tipo de patentes se otorgarán o no en el futuro. Si las compañías inversoras basadas en animales transgénicos, por ejemplo las que fabrican proteínas terapéuticas, no ponen a la opinión pública de su lado, el dinero destinado a la investigación y el desarrollo se esfumará. Sin una patente, no habrá financiación proveniente de los derechos. Por ello, las compañías de biotecnología con grandes intereses puestos en el campo de los animales transgénicos observan de cerca el escenario de las patentes ya que su futuro depende de ellas.

Alimentos transgénicos

En la actualidad, los animales transgénicos se encuentran entre los activos más valiosos de la industria biotecnológica. Son demasiado importantes para ser introducidos en el suministro de alimentos. Pero solo es cuestión de tiempo que el ganado vacuno, las aves de corral o el pescado transgénico, empiecen a encaminarse hacia los supermercados.

Recientemente, una compañía involucrada en las granjas farmacéuticas decidió analizar la tendencia de la opinión pública y solicitó al Ministerio de Agricultura británico el permiso para que sus ovejas transgénicas «no aptas» fueran destinadas a la industria alimentaria. El Ministerio consultó con varios grupos de interés y halló que, si bien pocas personas estaban en contra de la ingeniería genética en sí misma, muchas estaban preocupadas por las perspectivas de encontrar genes humanos en sus alimentos, o genes de animales que no podían consumir por motivos religiosos. Una posibilidad relacionada con esto es la introducción de genes animales en alimentos vegetales, lo que quizá parecería inaceptable a los vegetarianos.

Aparte de ofender a la población por motivos éticos, la introducción de genes foráneos en animales destinados al consumo humano podría causar problemas de salud. Los genes extraños, si se expresan, producen proteínas foráneas que podrían provocar alergias. Las alergias a las proteínas de los cacahuetes, por ejemplo, provocan una violenta reacción que puede llegar a ser fatal en algunas personas. Es interesante advertir que la carne de los animales utilizados en las «granjas farmacéuticas» contendría copias del ADN humano, pero no proteínas humanas, ya que el gen se expresa solo en la glándula mamaria (por lo que la proteína correspondiente solo aparecerá en la leche). Los temores acerca de que los propios genes extraños puedan ser nocivos, no tienen fundamento debido a que el intestino humano descompone el ADN.

El etiquetado de alimentos indicando su origen transgénico podría ser la única opción que ofrezca al consumidor una elección real. Algunos fabricantes objetan a esto que el valor nutricional de un alimento producido por alguna forma de tecnología genética no se diferencia de la versión producida convencionalmente. Algunas tiendas han lanzado un boicot general sobre cualquier alimento producido por ingeniería genética. El primer producto ampliamente disponible proveniente de la tecnología genética es el queso cheddar vegetariano, en el que se ha utilizado un recombinante de la quimosina. En el Reino Unido, *Co-op* es el único minorista que comercializa este producto y ofrece un folleto explicativo sobre ingeniería genética. Hasta la fecha la respuesta de los consumidores a esta iniciativa ha sido positiva.

7
Genes: el punto de vista humano

La biología molecular y la revolución del ADN ya están teniendo un enorme impacto sobre la medicina. Cada vez se está profundizando más en el papel de los genes en las enfermedades, así como en las nuevas y potentes tecnologías del ADN para la exploración del genoma individual. Al mismo tiempo, el enfoque molecular suministra ideas importantes acerca de los problemas más serios de la biología: el desarrollo, el envejecimiento y el cáncer. Incluso disponemos de instrumentos para cambiar nuestros genes o controlar su actividad, utilizando la terapia genética.

En este capítulo se consideran la genética humana básica y los diferentes métodos utilizados para analizar el ADN. Los nuevos hallazgos de la investigación médica que han emergido a partir de la biología molecular, junto con las perspectivas de las terapias basadas en el ADN, se revisarán en el capítulo 8.

Genética humana: una guía básica

La molécula de ADN situada en el corazón de cada célula del cuerpo humano es como una firma única para cada individuo. Solo existe una excepción a esta regla. Los gemelos idénticos, o monocigóticos, poseen genomas iguales. La razón es que se desarrollan a partir de un único óvulo fecundado que se divide en dos embriones en algún momento de las dos primeras semanas del embarazo. Como ya veremos más adelante, la investigación llevada a cabo en gemelos es importante para intentar averiguar la contribución de los genes y del ambiente, en relación con las características físicas y mentales de una persona.

En la secuencia de tres mil millones de pares de bases de que consta la molécula del ADN, existe obviamente un amplio rango de variación en el orden de las cuatro bases. Al mismo tiempo, todas las moléculas de ADN humano presentan una gran similitud, lo que nos ha llevado a funcionar como miembros de la misma especie.

La mayor parte de esta variación se encuentra en el ADN «basura» que no codifica para proteínas (ver página 58). Este tipo de ADN es útil para propósitos de identificación, pero hasta donde nosotros sabemos, no presenta un impacto sobre nuestro fenotipo: es decir, sobre nuestra identidad física. En contraste, las variaciones del genotipo, es decir, el grupo de genes que uno hereda, puede producir diferencias muy obvias en características como los rasgos faciales, el color de los ojos o la altura. Para una minoría significativa, diferencias tan pequeñas como una sola base pueden desembocar en enfermedades devastadoras, como la anemia falciforme. Cada vez es más frecuente que diferencias más sutiles, que probablemente involucren a muchos genes, puedan traducirse en sensibilidad a las enfermedades coronarias, el cáncer u otras patologías comunes.

La reproducción sexual es la clave de la individualidad genética de los humanos y otros organismos. Cuando las células germinales masculina y femenina (esperma y óvulo) se unen durante la fecundación, cada una hace una contribución de ADN al nuevo individuo en forma de un conjunto de 23 cromosomas. Cada cromosoma de la célula germinal ha sido sometido a entrecruzamiento y recombinación durante el proceso de meiosis, como ya vimos en el capítulo 3. Por tanto, cada uno contiene una selección aleatoria de genes provenientes de los progenitores. La fecundación conduce al emparejamiento de los cromosomas, lo que resulta en una célula diploide. Podemos dividir las células del cuerpo en dos tipos: las células germinales, que son haploides, y las células somáticas (el resto), que son diploides. Si se mira a las células somáticas bajo el microscopio se verá que, para los cromosomas de 1 a 22, los cromosomas que componen cada pareja se parecen. Cada uno proviene de cada progenitor. Los genes que ocupan la misma posición en cada cromosoma de la pareja se llaman alelos. Estos pueden ser iguales o no. Por tanto, alguien podría poseer alelos idénticos para el gen de la globina, habiendo heredado la misma secuencia genética de cada progenitor, o podría presentar alelos diferentes para el gen (ambos codifican para la globina pero para diferentes versiones de la molécula; ambos podrían funcionar igual de bien, o uno de ellos podría ser defectuoso). La pareja restante es la de los cromosomas sexuales X y X en las mujeres, y X e Y en los hombres. El cromosoma X es mayor que el Y, y este último transporta pocos genes.

Si las células germinales fuesen diploides, entonces el óvulo fecundado sería tetraploide; es decir, los cromosomas aparecerían por cuartetos en vez de por parejas. Si bien los cromosomas múltiples son comunes en las plantas, como el trigo, en los animales están asociados con defectos de nacimiento y esterilidad. Por ejemplo, en el síndrome de Down, una de las anomalías cromosómicas más comunes, y que aparece en uno de cada 700 nacidos vivos, hay una copia extra del cromosoma 21.

Nadie sabe porqué este cromosoma produce los rasgos faciales y el retraso mental que tipifican el síndrome de Down. Este tipo de defectos cromosómicos es bastante común y aparece con una frecuencia del 20% de los embarazos, pero debido a que estos embriones abortan de modo espontáneo, en general antes de que la mujer sepa que está embarazada, el número de bebés que realmente nace con este defecto cromosómico es de alrededor de seis de cada 1.000. Estas aberraciones son a veces el resultado de errores producidos durante la meiosis, y el hecho de que estos errores ocurran no ha de sorprendernos cuando uno considera la complicación de este proceso.

El fenotipo que se desarrolla a partir del óvulo fecundado depende, en un menor o mayor grado, de la selección de los alelos que los padres hayan aportado. Es posible comprobar las leyes de Mendel en la herencia humana, pero no es tan sencillo como en otros organismos más simples, como las moscas de la fruta o los guisantes. Para empezar, los humanos no tienen familias lo suficientemente grandes para poder observar las frecuencias de Mendel con consistencia (este punto volveremos a verlo). Por otro lado, el genotipo no siempre se traduce en el fenotipo, un fenómeno llamado penetración incompleta y, finalmente, pero no lo menos importante, hay que tomar en consideración el efecto del ambiente sobre el desarrollo de un fenotipo.

El trabajo que se ha venido realizando sobre la genética humana se ha centrado en la herencia de los genes transmisores de enfermedades, en lugar de los genes correspondientes a las características «buenas». Esto se debe en parte a que la herencia de, al menos, algunas enfermedades se conoce mucho mejor que la herencia de la belleza o del buen carácter (si es que estas cualidades realmente se heredan). Si bien muy poca gente está en contra de los cruzamientos que favorezcan el crecimiento de flores más grandes, o una mayor producción de fruta, o la resistencia a las heladas, la perspectiva de experimentos similares con humanos se considera en general como fuera de los límites por la opinión pública y la comunidad científica.

La carga de las enfermedades genéticas

Todos los padres esperan que su hijo tenga buena salud y, en cerca del 95% de los casos, sus deseos se cumplen. El desafortunado 5% restante nace con algún tipo de trastorno congénito. Algunos trastornos de este tipo, como las variadas formas de retraso mental, pueden atribuirse a problemas durante el embarazo o el nacimiento, como podría ser una infección en la madre. El resto, aproximadamente un 2%, presenta problemas cuyas raíces se encuentran en genes defectuosos que han sido heredados de los padres.

Los genes se vuelven defectuosos debido a mutaciones que alteran en cierta medida el ADN. Como ya vimos en el capítulo 4, la mutación no siempre es nociva; en realidad es una de las fuerzas motrices de la evolución. Dado que el ADN se replica y se divide constantemente entre las nuevas células durante la mitosis y la meiosis, y que por otro lado también se ve expuesto a diversas influencias ambientales, no es sorprendente que tienda a cambiar a lo largo del tiempo.

El análisis de ADN de pacientes con historias familiares de diferentes enfermedades ha demostrado que existen varias maneras mediante las cuales los genes pueden deteriorarse por vía de la mutación. En primer lugar, puede que simplemente el gen falte en el genoma. Esto podría deberse a varias razones. Se podrían formar bucles con genes que, posteriormente, fueran seccionados por error y quedaran fuera del genoma. También podría deberse a un mal alineamiento de las secuencias génicas durante el entrecruzamiento, lo que dejaría a algunas células haploides sin un gen particular.

Otra razón menos dramática podría ser una inserción con bases erróneas en el interior de la molécula de ADN durante el proceso de replicación. Esto se denomina mutación puntual, y transforma el codón en el que ocurre en un codón diferente. El efecto sobre el organismo varía. Algunas veces, gracias a la degeneración del código genético, no hay consecuencias debido a que tanto el codón normal como el mutado codifican para el mismo aminoácido. Esto se llama mutación silenciosa. Una mutación sin sentido es aquella en la que un cambio en algún codón resulta en la incorporación de un aminoácido distinto en el interior de la proteína para la cual el gen está codificando. La gravedad de este evento para el organismo depende de cuán crucial era ese aminoácido particular. Por ejemplo, la anemia falciforme, que debatiremos más adelante en este mismo capítulo, está causada por una mutación sin sentido. Finalmente, una mutación puntual podría convertir un codón para un aminoácido en un codón de terminación. Esto significa que la transcripción se detendrá cuando alcance este punto en el gen. El ARNm truncado dejaría el núcleo y daría lugar a una proteína anormalmente corta. Es poco probable que esta sea capaz de cumplir su papel biológico ya que será demasiado corta para replegarse adoptando su forma correcta. Esto sería una mutación sin sentido.

Estas mutaciones puntuales ocurren en cerca de uno de cada 10.000 apareamientos de bases. La razón es que las cuatro bases están presentes simultáneamente en el núcleo y sus estructuras químicas no son tan diferentes. Por tanto, de vez en cuando, el ADN polimerasa, la enzima que dirige la síntesis del nuevo ADN, va a insertar una base equivocada por error. Sin embargo, si esta fuera la verdadera frecuencia de mutación, es difícil imaginar las consecuencias que tendría para los seres vivos, ya que la tasa de mutación real es solo uno de cada mil millones de apareamientos de bases. La razón de esta discrepancia es que la ADN polimerasa trabaja con un equipo de enzimas «correctoras de pruebas» que corrigen los errores durante su proceso de copia. Al menos, estas enzimas se han encontrado en las bacterias y su presencia en las células eucarióticas se presume. Para dar una idea de la increíble precisión de la corrección de pruebas en el ADN, intente escribir a máquina un cuarto de millón de páginas de texto, ¡sin un solo error!

Recuérdese que el genoma humano posee 3.000.000.000 de pares de bases. Con esta tasa de mutación, hay cerca de tres errores cada vez que se copia. Inevitablemente, usted mismo habrá sufrido unas cuantas mutaciones en su propio ADN mientras ha estado leyendo estas páginas. La mayor parte de ellas se encontrarán en su ADN «basura» y no tendrán un efecto detectable. En cualquier caso, la mayoría de las mutaciones que escapan a la criba de la corrección de pruebas son tratadas por un conjunto de enzimas «reparadoras» que posee la célula.

La velocidad de mutación aumenta con el estrés ambiental proporcionado por ciertas sustancias químicas, la radiación y algunos virus. Estos se denominan mutágenos y pueden producir cánceres a lo largo de la vida del individuo, así como afectar a sus células germinales, si se dan en genes que son importantes para el control del crecimiento y la división celular, como veremos en el capítulo 8.

Los trastornos genéticos más obvios son los defectos en un solo gen. Se han registrado más de 5.700 de ellos. Algunos son extremadamente raros. Por ejemplo, la porfiria aguda intermitente, que fue responsable de la «locura» del Rey Jorge III de Inglaterra, es un trastorno del metabolismo del grupo hemo (el pigmento que da el color rojo a la sangre), el cual aparece en uno de cada 100.000 nacimientos del norte de Europa. El defecto más común de un solo gen en este grupo es la fibrosis quística (FQ), que afecta a una persona de cada 2.000. Los defectos de un solo gen probablemente aparecen en cerca de 14 nacimientos de cada 1.000. Estas cifras enmascaran el significativo impacto que tienen algunos trastornos sobre ciertas comunidades. Por ejemplo, la enfermedad de Tay-Sachs, que produce ceguera y retraso mental, es mil veces más común en judíos Ashkenazi (grupo de judíos descendientes de alemanes y de europeos del este) que en el resto de la población.

Los defectos en un solo gen se dividen en tres categorías. Los que aparecen en los genes de cromosomas que no son los cromosomas sexuales se llaman trastornos autosómicos. Estos se subdividen en trastornos dominantes y recesivos. Los componentes del tercer tipo se denominan trastornos ligados al cromosoma X; estos aparecen por un defecto génico en el cromosoma X. Para las personas que reciben consejo genético, es esencial distinguir estas tres categorías, ya que les ayuda a evaluar el riesgo de tener un niño afectado por alguno de estos trastornos.

Miles de adultos, y sus familias, se enfrentan en la actualidad a la terrible perspectiva de averiguar si son portadores de un defecto genético que produce la enfermedad de Huntington (EH), un trastorno mental cruelmente incapacitador que se desarrolla típicamente en la madurez, cuando es probable que el gen ya se haya transmitido a la descendencia del paciente. Debido a que la EH es autosómica dominante, si uno posee ese gen, se tiene la enfermedad, incluso si el otro alelo es normal (es muy poco probable que dos personas con EH lleguen a emparejarse). La probabilidad de heredar el gen de la EH del progenitor afectado es del 50%, ya que tiene un alelo normal y uno con EH en ese punto del cromosoma. Aproximadamente, la mitad de sus células germinales poseen un alelo normal y la otra mitad, un alelo con EH, debido a que los alelos emparejados se separan durante la meiosis.

No existe curación para la EH. Antes de que apareciera esta prueba de detección, la gente solo podía esperar y ver qué iba a pasar si tenían un progenitor con la enfermedad. Hoy en día pueden saber de antemano cuál va a ser su destino. Obviamente, es una gran ventaja (¿pero quizá algún sentimiento de culpa hacia los hermanos afectados?) para los que resultan no llevar el gen. Pero ¿qué pasa con la presión psicológica sobre los que no han tenido tanta suerte? Un consuelo es que en cuanto que el gen ha sido identificado se pueden planificar nuevos tratamientos, como la terapia génica. Al menos, los científicos pueden empezar a comprender la patología molecular subyacente a la enfermedad (las proteínas y los genes implicados). Esto es lo que ocurrió en el caso de la fibrosis quística (FQ) en el que el gen defectuoso fue descubierto cinco años antes que el gen de la EH.

En la FQ, un defecto situado en la proteína denominada RCTFO (reguladora de la conductancia transmembrana de la fibrosis quística) produce un desequilibrio en el transporte de agua y sales entre el interior y el exterior de las células. El resultado es la producción de un mucus espeso y pegajoso en los pulmones, el cual ofrece un lugar de cultivo para la infección. Incluso tratados con el mejor cuidado, pocos pacientes con FQ superan los treinta años de edad. Sin embargo, el descubrimiento del gen ha dado lugar a una mejor comprensión de la enfermedad, debido a que el gen condujo directamente hacia la proteína para la cual codifica (RCTFQ) y a descubrir cómo se altera en la FQ. En la actualidad, se está desarrollando un programa de terapia génica, el cual se espera que mejore mucho las perspectivas de los pacientes jóvenes con FQ.

La FQ es autosómica recesiva. Por tanto, si se posee un alelo de FQ y uno normal significa que uno solo es portador de la enfermedad. Para tenerla, una persona debe poseer ambos alelos. Si dos portadores se emparejan, existe una probabilidad entre cuatro de tener un hijo con la enfermedad, ya que ambos padres arrojan un 50% de probabilidades de transmitir el gen de la FQ. Si un portador se empareja con una persona normal, lo peor que puede pasar es tener un niño portador, cuya probabilidad es de una entre dos. La información de vital importancia que hay que transmitir a las personas de riesgo es que en cada embarazo las probabilidades son las mismas. Por tanto, si una pareja en la que ambos son portadores tiene un hijo afectado esto no quiere decir que los tres siguientes no padecerán la enfermedad o que solo serán portadores. El siguiente niño tiene las mismas probabilidades de ser afectado que el primero. Otros trastornos autosómicos comunes son la anemia falciforme, con una frecuencia de portadores de uno de cada tres en la población negra africana, y la talasemia, que ya hemos visto en el capítulo 3.

Las enfermedades ligadas al cromosoma x, como la hemofilia y la distrofia muscular, suelen afectar solo a los chicos, mientras que las chicas son solo portadoras. Esto se debe a que el varón solo tiene un cromosoma x; si presenta un gen defectuoso, entonces desarrollará el rasgo con el cual está asociado de manera dominante. Sin embargo, si una chica hereda el mismo gen defectuoso, el rasgo se comporta como si fuera recesivo, debido a que ella posee además un cromosoma x normal (salvo en la muy rara eventualidad en que su madre sea portadora y su padre afectado, caso en el que la probabilidad de haber heredado dos genes defectuosos sería del 50%).

Está bastante claro que el impacto de una enfermedad genética sobre la familia, los servicios sanitarios y la comunidad en general está en aumento, y esto se debe a dos razones. En primer lugar, con el desarrollo de potentes antibióticos y vacunas eficaces, la amenaza de las enfermedades infecciosas, tales como la tuberculosis o la viruela, ha retrocedido (aunque presumir de ello sería peligroso dada la aparición del SIDA y el resurgimiento de la malaria y la tuberculosis en todo el mundo). Esto significa que la importancia relativa de la enfermedad genética se ha incrementado. En segundo lugar, un mejor tratamiento significa que más personas con la enfermedad genética podrán sobrevivir durante más tiempo, si bien su esperanza de vida suele ser más corta que la media. Esto implica que muchas familias deberán cuidar durante muchos años a estos hijos y que estos quizá requieran ingresos hospitalarios repetidos. Por ejemplo, las personas con trastornos sanguíneos heredados, como la talasemia o la hemofilia, suelen necesitar transfusiones de sangre en repetidas ocasiones, o productos sanguíneos, lo que supone grandes costos para los servicios sanitarios.

Los avances obtenidos en la tecnología genética también han dado lugar a una mayor atención a los componentes genéticos de las enfermedades crónicas, las causas principales de la salud precaria y de la mortalidad de los países ricos e industrializados. Entre estas enfermedades podemos incluir las coronarias, la hipertensión, la diabetes, el asma, el cáncer y las infecciones.

Sin embargo, estas son enfermedades que también están fuertemente influenciadas por los estilos de vida y los factores ambientales. Los estudios familiares que involucran un estudio detallado de los registros médicos se han utilizado tradicionalmente para intentar evaluar la contribución relativa de los genes a las enfermedades de este tipo. Los estudios con gemelos, que fueron iniciados en 1975 por el antropólogo inglés Francis Galton, son de particular importancia aquí. Existen dos tipos distintos de gemelos: los gemelos idénticos (monocigóticos) provienen del mismo óvulo fecundado y por tanto poseen el mismo genotipo, mientras que los gemelos no idénticos (dicigóticos)[3] provienen de dos óvulos fecundados por dos espermatozoides diferentes. La relación genética entre los gemelos no idénticos es la misma que la existente entre dos hermanos que no son gemelos.

Si los gemelos comparten un rasgo particular, se dice que son concordantes con respecto al mismo, y discordantes si no lo comparten. En un estudio realizado en gemelos idénticos, el 30% de ellos eran concordantes para la presión arterial elevada. Si se tratara de un trastorno genético único, la concordancia sería del 100% dado que los gemelos idénticos poseen los mismos genes (asumiendo una penetración completa, es decir, que el genotipo de la «presión arterial elevada» siempre conduce al desarrollo de esta enfermedad). En el mismo estudio, la concordancia de los gemelos no idénticos para la presión arterial elevada solo fue del 10%. La diferencia entre los dos tipos de gemelos sugiere la existencia de un componente genético para la presión arterial elevada, ya que cuantos más genes comparten los gemelos, mayores son los índices de concordancia para los genes involucrados. Los estudios sobre gemelos de este tipo también fueron importantes para dilucidar los factores implicados en los dos tipos principales de diabetes. La diabetes juvenil, la forma más grave de la enfermedad, en la que el paciente es insulinodependiente, presenta un componente genético más débil que la diabetes de la madurez (o diabetes de aparición tardía).

Otra manera de contemplar el factor genético en las enfermedades es analizar el ADN de los pacientes que padecen una enfermedad particular, con la esperanza de encontrar algún tipo de asociación entre ellos. Este planteamiento, en el cual el ADN es analizado, nos va a dar más información que los registros médicos. Podría revelar qué gen o genes están implicados en la enfermedad o, con más probabilidad, qué genes o características genómicas se heredan normalmente con la enfermedad (los llamados marcadores de ligamento).

Un reciente hallazgo de esta índole que ha promovido un enorme interés ha sido la mutación que aparece en las personas que tienen ataques cardíacos sin presentar factores de riesgo obvios, como el sobrepeso, la edad o el tabaquismo. La mayoría de nosotros conocemos a alguien que llevaba una vida de lo más «sana»: hacía ejercicio, su dieta era baja en grasas, no fumaba, tomaba alcohol con moderación, etc., y que sin embargo murió de un «ataque al corazón», muy a menudo de forma trágica durante la juventud. Algunas veces, si uno mira la historia familiar de esta persona, podría encontrar a algún familiar afectado en la misma forma. Es posible que estas personas presenten

---

[3] Suelen llamarse simplemente mellizos. (*N. del E.*)

una mutación en un gen que codifica para la enzima convertidora de la angiotensina (ECA), la cual es importante para controlar la presión sanguínea y el estado general de los vasos sanguíneos. Un corazón sano depende de que los vasos sanguíneos que le suministran la sangre estén en buenas condiciones. Si se estrechan o se bloquean, el suministro de sangre podría detenerse. La falta de oxígeno resultante mataría el tejido del corazón, dando lugar a un ataque cardíaco, o para darle su denominación clínica, un infarto de miocardio. Hasta los años cincuenta, el infarto de miocardio era poco frecuente. Hoy en día casi ha alcanzado proporciones epidémicas en los países occidentales. Las acciones a tomar en relación con los accidentes cardiovasculares deben ser contempladas con una alta prioridad por la salud pública, y el descubrimiento de los componentes genéticos representa una parte importante de dichas acciones. Tras el descubrimiento de la mutación de la ECA en 1991, algunos médicos comentaron que había que someter a la población a pruebas de detección, y las personas portadoras de la mutación deberían ser tratadas con fármacos que regularan la función de la ECA, para reducir de esta manera su riesgo de padecer un ataque al corazón.

Es fácil aceptar que la enfermedad coronaria, la diabetes, y la hipertensión, podrían transmitirse de forma familiar. Lo que es más sorprendente es el concepto de que podría no haber ninguna conexión entre los genes y la infección. Los microbios causantes de resfriados, gripe, y dolores de garganta, parecen atacar sin discriminación. Aun así, siempre hay personas más afectadas por la infección y unas pocas que siempre resisten al último «virus» que se pasea por la oficina o por la clase. Los científicos que trabajan en Gambia han conseguido recientemente identificar un gen que hace que las personas sean más sensibles a la infección. Observaron a los niños que padecían los casos más graves de malaria cerebral y encontraron que presentaban unos niveles anormalmente elevados de una proteína denominada factor de necrosis tumoral (TNF, en inglés *Tumor Necrosis Factor*). Esto parece deberse a que estos niños heredan una variante anormal del gen del TNF de cada progenitor.

Hoy en día se piensa que la mayor parte de las enfermedades físicas podrían contener alguna forma de componente genético. Pero, ¿qué pasa con la parte psicológica? ¿Acaso las enfermedades mentales, los problemas sociales, la personalidad, la inteligencia, e incluso la orientación sexual están también determinadas, al menos en parte, por los genes?

La investigación llevada a cabo por Thomas J. Bouchard de la Universidad de Minnesota en los años setenta sobre gemelos idénticos criados por familias distintas, arrojó algunas revelaciones asombrosas que han alentado la opinión de que los genes moldean la psicología humana. Estos gemelos, con el mismo genotipo pero criados en ambientes totalmente distintos, mostraron una fuerte concordancia en áreas como la orientación política, la satisfacción con el trabajo, la tendencia al divorcio, e incluso los nombres de los hijos, las esposas, y las mascotas.

Esto fomentó que los medios de comunicación, la opinión pública, y algunos científicos se preguntaran si había genes «para» todo. El neuroanatomista Simon LeVay, del Instituto Salk de San Diego, calentó el debate cuando declaró, en 1991, que existían diferencias significativas entre los cerebros de los varones que se habían declarado homosexuales y los de los hombres que los investigadores habían asumido que eran heterosexuales. LeVay obtuvo sus datos observando el tejido cerebral (*post mortem*) de 16 hombres que habían admitido su homosexualidad, y encontró que las neuronas de una parte del cerebro llamado hipotálamo eran más pequeñas que las correspondientes a los 19 heterosexuales.

Mucha gente asumió que estos cambios eran de origen genético (si bien también podrían haber sido causados por otros factores, como una exposición inusual a las hormonas maternas durante la gestación). Más tarde, otros investigadores declararon haber encontrado genes relacionados con la homosexualidad masculina.

Mientras tanto, aparentemente se descubrieron los genes «para» la esquizofrenia, los trastornos maníacodepresivos, la inteligencia, la violencia y el alcoholismo. De lo que no se ha informado suficientemente es que todas estas declaraciones, bien no han sido oficialmente publicadas, bien han sido silenciosamente revocadas. Esto no impidió a Daniel D. Koshland Jr., editor de la prestigiosa revista *Nature*, declarar que el debate sobre el «se nace» o «se hace» está esencialmente superado, y que la investigación genética es la que posee la clave para solucionar los problemas más intratables de la sociedad, como la drogadicción, el crimen violento, e incluso la situación de los «sin hogar».

Pero el científico británico Steven Rose se ha declarado firmemente en contra de lo que él denomina «determinismo neurogenético», ya que absuelve a los individuos de ser responsables de su identidad psicológica y social. LeVay sin embargo ha visto el lado bueno de esta acusación al sugerir que las personas serían más tolerantes frente a los homosexuales si se demostrara que su orientación sexual era su «destino» genético en lugar de una elección personal.

Rose comenta que dar demasiada importancia a los genes deja también a los gobiernos y otras autoridades fuera de juego. Por ejemplo, no habría necesidad de crear programas de alojamiento, si la falta de hogar o el desamparo fuesen de índole genética: sería un despilfarro. Podría haber también un gen para el desempleo, y la política económica no sería entonces la razón por la cual la gente no puede encontrar trabajo.

Finalmente, Rose cuestiona los preciosos recursos de investigación que están siendo dirigidos hacia la neurogenética, cuando podríamos utilizar parte del dinero para analizar con más detalle los factores ambientales y sociales que son importantes para la determinación del estado psicológico de la gente. Rose se declara fuertemente en contra de la actual Iniciativa para la Violencia vigente en los Estados Unidos de América. Dicha iniciativa se originó en 1992 tras una propuesta del entonces director de los Institutos Nacionales para la Salud Mental, Frederick Goodwin, para identificar a los niños que vivían en los centros de las ciudades cuyos supuestos defectos bioquímicos podían hacerles más propensos a la violencia más tarde en su vida. Incluso si se encontrara alguna conexión entre los genes y la violencia, poco podría hacerse en ausencia de medidas que reduzcan la disponibilidad de las armas de fuego vigente en los Estados Unidos.

Sin embargo, todavía existe un fuerte debate acerca de los genes implicados en los trastornos psicológicos cuando se sabe que existe un componente genético. Un grupo de investigadores de Cardiff ha iniciado un nuevo estudio a gran escala con el objetivo de encontrar los genes implicados en la esquizofrenia mediante el análisis del ADN de más de 200 hermanas y hermanos afectados por esta enfermedad. El equipo es muy cuidadoso en denominar dichos genes como genes «de susceptibilidad» en lugar de genes «para» la enfermedad.

La esquizofrenia afecta a cerca de un 1% de la población en todas las partes del mundo. Un gemelo idéntico de un paciente esquizofrénico posee una probabilidad del 50% de desarrollar la enfermedad, marcada por un aislamiento social y pérdida de iniciativas, alucinaciones, un elevado riesgo de suicidio, y, ocasionalmente, violencia. Destruye la calidad de vida de la mayoría de los pacientes y sus familias. En el Reino Unido, todavía es responsable de más ocupación de camas hospitalarias que cualquier otra enfermedad, pese a la instauración de planes de actuación comunitaria que han dejado a muchos pacientes sin los cuidados adecuados, y han sido la causa de varios trágicos incidentes. Se han hecho insinuaciones curiosas acerca de dónde podría encontrarse la conexión genética. Por ejemplo, las mujeres con una historia familiar de esquizofrenia parecen tener un sistema inmunitario diferente del resto de las mujeres. A menudo presentan mayores niveles de una proteína llamada B44 que lanza fuertes ataques contra las infecciones como la gripe. Si estas mujeres adquieren la gripe cuando están embarazadas esta fuerte respuesta inmunológica parece afectar al feto, provocando un desarrollo defectuoso del cerebro. El hecho de que nazcan más esquizofrénicos durante la primavera ha sido relacionado con las epidemias de gripe. Algunos esquizofrénicos muestran un daño cerebral sutil consistente con la exposición a una infección materna de este tipo. La mujeres muestran este perfil inmunitario porque han heredado un genotipo que lo produce. Por tanto, aquí tenemos una influencia madre-hijo: genotipo, sistema inmunitario, infección, lesión cerebral y esquizofrenia. Un paso positivo hacia delante sería identificar a las mujeres con riesgo de tener un hijo afectado, con base en el perfil de su sistema inmunológico, observando su nivel de B44, y protegerlas de las infecciones víricas durante el embarazo con inmunización y fármacos antivirales. Para el equipo de Cardiff, el gran reto es observar si el descubrimiento de los genes de susceptibilidad a la esquizofrenia puede realmente conducir a una mejor perspectiva para los que sufren la enfermedad, en lugar de desviar la atención de los factores sociales y ambientales que también están implicados.

La enfermedad de Alzheimer (EA) es otro de los importantes objetivos de los genetistas. Esta enfermedad del cerebro, caracterizada por la presencia de depósitos especiales de una proteína llamada amiloide, causa pérdida de la memoria y deterioro de la personalidad. Afecta al 5% de las personas mayores de 65 años, y a casi la tercera parte de los mayores de 85. A medida que se alarga la esperanza de vida, la EA se está erigiendo como una de las principales amenazas del bienestar de las personas mayores y sus familias.

La EA está causada por factores genéticos y ambientales todavía desconocidos. Entre los últimos se podrían incluir la infección, las lesiones en la cabeza, y quizá el envenenamiento por aluminio. Cuando afecta a una persona menor de 65 años (llamada EA de aparición precoz), existe frecuentemente una historia familiar. Algunos de estos casos han sido asociados con una mutación del gen para la proteína amiloide, en el cromosoma 21. Parece que esto conduce a la producción de una forma anormal de la proteína amiloide. Hoy en día se sabe que la proteína amiloide se encuentra normalmente en nuestro organismo; lo que produce la enfermedad es la forma anormal de esta proteína. Hay otra mutación que tiene lugar en la EA de aparición precoz. Se sitúa en el cromosoma 14 y está asociada con un gen aún sin identificar. Pero estos casos de aparición precoz solo representan el 5% del total. ¿Qué pasa con el resto? Hay evidencias de que la forma común de la EA podría estar unida a la herencia de una cierta forma de una proteína llamada apoE. La apoE está activa en el cerebro y aparece en tres versiones: E2, E3, y E4. La E3 es la versión más común, y la E4 está asociada con el desarrollo de la EA. Las personas con E4 presentan un riesgo cuatro veces más elevado de padecer EA que las personas normales. No obstante, es importante comprender que no todo el mundo con el gen E4 adquiere EA, y que no todas las personas con EA presentan el gen de la E4. Aunque hoy en día no existe un remedio para la EA, la investigación genética nos ha acercado mucho más al entendimiento de cómo funciona la enfermedad.

Mutación y caza de genes

Toda esta información sobre la base genética de ciertas enfermedades no tendría utilidad sin la existencia de pruebas que puedan llevarse a cabo en el ADN de los individuos para averiguar si son o no portadores de un gen en particular. Estas pruebas cada vez son más rápidas, más baratas, y más sensibles. Dentro de unos pocos años podría ser factible el que se analizaran los genes en la clínica local utilizando métodos que arrojen los resultados en pocos minutos.

Muchas de las pruebas realizadas sobre el ADN no están basadas en la detección de un gen defectuoso, sino de marcadores ligados a él. El marcador es un segmento de ADN, puede no ser un gen, que está cerca del gen defectuoso en el cromosoma, y que probablemente será heredado con él. Si uno posee el marcador entonces es probable que también posea el gen defectuoso.

En la investigación, el buscar estas partes distintivas del ADN en una familia afectada o en una población suele ser el primer paso para identificar el gen. De esta manera se encontraron los genes de la EH y de la FQ. En primer lugar, se localizaron los marcadores, y estos condujeron a los genes. El gen de la EH se convirtió en la base de una prueba que ya estaba disponible antes incluso de que el gen fuese descubierto. Cuando uno lee en la prensa que se ha descubierto un gen «para» ciertas enfermedades, lo más probable es que se haya descubierto un marcador y no el propio gen. Inevitablemente, el descubrimiento del gen se hará a los pocos meses ya que el marcador muestra los lugares del cromosoma donde hay que buscarlo. Por ello, cuando la prensa anunció que se había descubierto el gen «para» la dislexia en 1994 por científicos norteamericanos, lo que en realidad había hecho el equipo fue llamar la atención sobre una región del cromosoma 6 que era distinta en los niños con este trastorno del aprendizaje. Un gen defectuoso que de alguna manera juega un papel en la dislexia podría hallarse en esta región.

Lo que a continuación comentamos es una descripción simplificada y básica de cómo se pone en práctica este conocimiento acerca de los marcadores y los genes para realizar una prueba de ADN. El objetivo es encontrar el marcador o el gen dentro de la inmensidad del genoma humano. El primer paso es extraer ADN de las personas que van a ser analizadas. Normalmente, esto supone tomar una muestra de sangre de unos 20 milímetros cúbicos (esta cantidad es similar a la tomada para otros análisis de sangre). Los glóbulos rojos y el plasma (un fluido que contiene glóbulos blancos) se separan por rotación de la muestra en una centrífuga. El plasma es más ligero que los glóbulos rojos, por lo que flota en la superficie de la muestra tras la centrifugación.

A continuación, el ADN se extrae del plasma más o menos como ya hemos descrito para el ADN de la cebolla en el inicio del libro. Generalmente, la extracción dará unos 600 microgramos (un microgramo es una millonésima parte de un gramo). Esto es suficiente para realizar varios análisis de ADN.

A veces no es posible obtener una jeringa entera con esta cantidad de sangre, en el trabajo forense, por ejemplo, o cuando se trata de fetos en los primeros meses del embarazo. Sin embargo, gracias a la reacción en cadena de la polimerasa (PCR), hoy en día es posible iniciar estos análisis con una muestra mucho más pequeña de ADN y obtener la cantidad suficiente para los análisis si se somete a una reacción con una mezcla de una enzima y otros agentes químicos (ver fig. 7.1).

El descubrimiento y desarrollo de la PCR ha sido el principal avance de la tecnología del ADN de la última década. Su inventor, Kary Mullis, de la Corporación Cetus de los Estados Unidos de América, la descubrió por intuición una noche que estaba conduciendo por una carretera iluminada por la luz de la luna en California, en 1983. Cuando diez años después Mullis obtuvo el Premio Nobel por el descubrimiento de la PCR, algunos periódicos explicaron su técnica como si se tratara de «fotocopiar» el ADN. Esta analogía no se encuentra muy lejos de la verdad. Pero a diferencia del fotocopiado convencional, la PCR es exponencial: es decir, el número de moléculas de ADN se duplica cada vez que la reacción se lleva a cabo, siguiendo la secuencia 1, 2, 4, 8, 16...

La PCR es una forma inteligente de explotar los emparejamientos de bases. Supongamos que solo disponemos de un nanogramo de ADN (un nanogramo corresponde a una mil millonésima parte de un gramo) que contiene una secuencia, conocida como la secuencia diana, que debe ser analizada. Esta podría ser un gen, parte de un gen, o cualquier otro segmento de ADN, como el marcador. Si conocemos la secuencia de la diana, o al menos parte de ella, dos pequeños trechos de ADN, denominados *primers* (cebadores), que son complementarios de los extremos de la diana, pueden ser sintetizados en una máquina de laboratorio (ver página 96).

La muestra de ADN se calienta para desnaturalizarla, es decir, separarla en dos hebras. Después de haber sido refrigerada, se añaden los cebadores. Estos se encuentran y se emparejan por bases con sus secuencias complementarias, marcando cada extremo de la diana. Esto se llama anillamiento. A continuación, se añade la ADN polimerasa, y

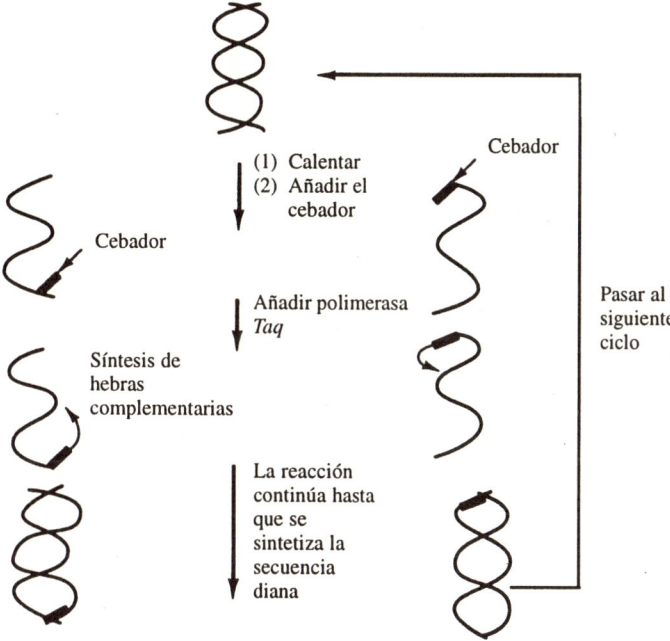

Figura 7.1. *La reacción en cadena de la polimerasa.* La reacción en cadena de la polimerasa (PCR) es una manera de obtener grandes cantidades de ADN de una muestra muy pequeña. Calentando la muestra, esta se escinde en hebras únicas. A continuación se etiquetan con una pequeña secuencia complementaria denominada cebador. Este actúa como marcador para la síntesis de hebras complementarias utilizando la mezcla adecuada de enzima y nucleótidos libres. La repetición continua del proceso culmina en la producción de cantidades sustanciales de la secuencia de ADN marcada por el cebador.

las dos pequeñas secciones de doble hebra, creadas por anillamiento, forman los puntos de inicio para que la enzima replique cada región diana de hebra sencilla. El resultado son dos moléculas de doble hebra de ADN diana. Este es un ciclo de la PCR. El resto de la muestra de ADN permanece en la forma de hebra sencilla ya que se encuentra fuera de la región marcada por los cebadores.

Un segundo ciclo arroja cuatro moléculas, ya que cada una de las dos «hijas» se duplica. Un tercer ciclo arrojaría 8..., y así consecutivamente. En unas pocas horas, nuestra muestra de un nanogramo de ADN se habrá multiplicado cerca de un millón de veces para dar un miligramo, cantidad suficiente para realizar cientos de pruebas de ADN.

Sin embargo, cuando Mullis ensayó por primera vez la PCR en su laboratorio, tuvo un tropiezo. Cada vez que se desnaturalizaba el ADN para iniciar un nuevo ciclo, la polimerasa se desnaturalizaba a la vez. La mayoría de las proteínas no pueden soportar el calor: por esta razón los huevos sufren cambios tan drásticos en su textura cuando se hace una tortilla, se cuecen, o se fríen; las moléculas de proteína presentes en la yema y la clara se desenrollan en largas cadenas que se enredan unas con otras para formar unas complicadas redes suaves, elásticas, o rugosas. Esto está muy bien a la hora del desayuno, pero en un experimento basado en enzimas es un auténtico desastre. Por ello, en los primeros días de la PCR había que añadir una nueva enzima después de cada ciclo para sustituir a la enzima ya desnaturalizada y, por tanto, inútil. Este procedimiento era tedioso, consumía mucho tiempo, y también era caro. Amenazaba la aplicación de la técnica en el campo clínico.

Afortunadamente, pronto se solucionó el problema con la introducción de una polimerasa estable frente al calor obtenida de una bacteria denominada *Thermus aquaticus*. Esta interesante criatura vive en manantiales calientes a unas temperaturas cercanas a los 100 °C. Puede hacerlo solo gracias a que sus enzimas son capaces de aguantar el calor. Para los humanos y, por supuesto, para otras especies de plantas y animales, la vida suele desaparecer si la temperatura del organismo sube mucho más allá de los 40 °C, ya que sus enzimas vitales se desnaturalizan.

La nueva polimerasa, polimerasa *Taq* o solo *Taq*, demostró ser idónea para el entorno de la PCR y ha proporcionado a sus descubridores millones de dólares por los ingresos derivados de la patente y de su licencia. La PCR esta hoy en día automatizada en gran medida: los científicos preparan una mezcla compuesta por *Taq*, una muestra del ADN, cebadores, y agua con algunas sales, y la colocan en una máquina que la someterá a cuantos ciclos sean necesarios para amplificar la muestra y obtener la cantidad suficiente para el análisis que se va a realizar.

La potencia de la PCR, en el contexto de la genética humana, ha sido demostrada a través del desarrollo del diagnóstico de preimplantación. En esta técnica, los óvulos y el esperma de una pareja con riesgo de tener un niño afectado por alguna enfermedad genética grave, son fecundados en una pequeña placa de cristal (esto se llama fecundación *in vitro* o FIV) y se deja que se desarrollen hasta la etapa en la que se convierten en ocho células. Esto tarda unos tres días. A continuación se retira una célula de cada embrión, se extrae su ADN, y se multiplica mediante PCR. De esta manera cada embrión puede ser evaluado rápidamente para detectar la presencia de genes defectuosos. Los embriones sanos son colocados en el útero y, suponiendo que haya tenido lugar la implantación, la pareja puede entonces proceder con el embarazo, seguros de que su bebé no va a tener la enfermedad. Esta técnica ha sido utilizada para prevenir la fibrosis quística, la hemofilia, y la enfermedad de Tay-Sachs, siendo esta última un trastorno progresivo del sistema nervioso que suele ser fatal cuando el niño alcanza la adolescencia.

Ya sea o no necesaria la PCR, el análisis de ADN que sigue está basado en una técnica llamada *Southern Blot*, desarrollada por E. M. Southern. El ADN extraído es mezclado en primer lugar con una mezcla de enzimas de restricción del tipo utilizado en ingeniería genética, y posteriormente seccionado en pequeños fragmentos. A continuación estos fragmentos han de ser separados. Esto se hace por medio de una técnica llamada electroforesis. La muestra de ADN se aplica a una placa de gel. Normalmente, este está compuesto por agarosa, un polímero basado en el carbono obtenido de las algas, que forma un gel rígido cuando se calienta con agua en un horno de microondas. El gel se coloca encima de una bandeja y es sumergido en una solución tampón[4] que contiene varias sales y es capaz de conducir electricidad. Se aplica entonces una corriente eléctrica entre los dos extremos del gel utilizando una fuente de alimentación.

El ADN posee una carga eléctrica negativa en sus grupos fosfatos. Esto significa que se moverá en un campo eléctrico. Los fragmentos de ADN se mueven por el gel hacia el polo positivo del sistema de electroforesis. Cuánto más pequeños son los fragmentos, más rápidamente pueden moverse por el campo eléctrico. Por tanto, al término de la sesión de electroforesis, los fragmentos se han distribuido por todo el gel según su tamaño, si bien en este momento son aún invisibles.

A continuación el ADN de doble hebra de estos fragmentos es separado en hebras únicas mediante un tratamiento con un álcali. La razón por la que este sistema se llama *blotting* (en inglés el verbo *blot* significa secar), se debe a lo que ocurre en la siguiente etapa: aquí los fragmentos de hebra única son transferidos desde el gel hasta una membrana de nilón de la misma manera que un mensaje escrito en tinta fresca es trasladado a un papel secante. Si uno se introduce en cualquier laboratorio de biología molecular, no tardará en encontrarse con una disposición «casera» de placas de cristal, geles, membranas de nilón, toallas de papel, y pesos, colocados en un depósito de solución tampón. Es el aparato en el que los fragmentos de ADN se empapan lentamente en la membrana de nilón a la que se adhieren, a veces con la ayuda de un suave calentamiento en un horno.

La siguiente etapa es seleccionar una sonda que en primer lugar identificará el gen o la secuencia que nos interese entre la «escalera» de fragmentos de ADN que están presentes en la membrana. Las sondas, discutidas en el capítulo 3, son segmentos de nucleótidos cuyas bases son complementarias de una sección de la secuencia que se busca. No necesitamos la totalidad de la secuencia complementaria del gen en la sonda, solo lo suficiente para asegurarnos de que es única en el genoma. Por ejemplo, si nuestro gen empieza, o incluye la secuencia AAT, no sirve hacer una sonda trinucleótida con la secuencia TTA, ya que encontrarían cientos de secuencias complementarias a lo largo de todo el genoma. Para conseguir resultados específicos (escoger solo una secuencia del genoma), se necesita una sonda de, al menos, diez nucleótidos de longitud.

Dicha sonda debe poseer algún tipo de etiqueta que nos permita su identificación posterior. Tradicionalmente, la sonda se construye a partir de nucleótidos que contienen un átomo de fósforo radiactivo. Esto no afecta a la reactividad química de la sonda, pero la radiación que produce ennegrecerá el papel. Dado que los laboratorios deben estar específicamente equipados para manejar sustancias radiactivas (desde comprobar la salud de los científicos que manejan las sondas hasta la manera en la que han de desprenderse de los desechos producidos por estos procedimientos), se han realizado

---

[4] Solución corriente en el laboratorio que sirve para mantener constante el pH (el grado de acidez-alcalinidad). (*N. del E.*)

muchos esfuerzos en los últimos años para marcar las sondas de una manera no radiactiva. Las sondas, por tanto, pueden etiquetarse con moléculas fluorescentes que brillan con fuerza cuando se las expone a la luz ultravioleta, o cuando se unen a enzimas que producen un compuesto coloreado si se exponen a una sustancia que actúa como sustrato (el nombre que recibe el compuesto es similar al de la enzima con la que interacciona).

La sonda se incuba con una mezcla de ADN de hebra única sobre la membrana de nilón, y en poco tiempo encontrará su secuencia complementaria. Observen que si la mezcla no hubiese sido desnaturalizada y «secada», la sonda no habría podido adherirse a su ADN diana. Hasta este punto, todo lo que contiene el gel permanece invisible. El momento cumbre llega cuando el gel se expone a un agente visualizador. Todas las bandas que se unen a la sonda empiezan a brillar. La cantidad de bandas que pueden verse depende en realidad del tipo de prueba que se esté llevando a cabo. Si se está localizando un marcador se podrían observar solo una o dos tiras. Esto puede aportar mucha información, especialmente si se trata de una familia en la que hay un patrón común para todos los miembros no afectados y otro para los que sí lo están.

Supongamos por ejemplo que se está intentando crear un árbol genealógico para una enfermedad en la que el gen involucrado es desconocido. En alguna parte cerca de este gen se encuentra un marcador de una especie muy común, un polimorfismo de longitud de fragmentos de restricción (PLRF). Esta es una variante natural de la secuencia del ADN (un polimorfismo) que, bien crea, bien anula un sitio de restricción en el que puede actuar una enzima de este tipo. Por ejemplo, si GAATCC aparece en algunas personas en el mismo punto del genoma en el que en otras se encuentra GCATCC, esto es un polimorfismo. En sí mismo, es inofensivo ya que es probable que tenga lugar fuera del gen (recuerden que la mayor parte de nuestro genoma está compuesto por ADN «basura»). Sin embargo, la enzima de restricción *Eco*RI corta el ADN entre las bases G y A de la primera secuencia, pero no puede seccionar la segunda. Por tanto, si se incuba una muestra de ADN con *Eco*RI, la banda que contiene la sonda corresponde a un fragmento de ADN más corto si está presente el primer polimorfismo que si estuviera presente el segundo. Aparecería por tanto en otra posición en el gel. Si este primer polimorfismo se hereda con la enfermedad, la tira correspondiente al ADN más corto indica la herencia del gen defectuoso, mientras que la persona cuyo análisis muestra la banda correspondiente al ADN más largo no es portadora de la enfermedad. Este es el fundamento. Obviamente la fuerza de la correlación depende de lo cerca que estén en realidad el polimorfismo marcador y el gen implicado. Para poder confirmar esta cercanía se precisa estudiar el ADN de cientos de personas. Si se conoce el gen implicado en la enfermedad, por ejemplo el factor de coagulación VIII en la hemofilia, entonces las pruebas consistirán en identificar el gen mismo con una sonda y quizá buscar las mutaciones reales que implica.

Los análisis de ADN representan el área de crecimiento más rápido del diagnóstico médico. Según la evaluación de la Oficina Estadounidense de Evaluación Tecnológica, el número de este tipo de pruebas se multiplicará por diez en la próxima década. Los objetivos y logros de las pruebas de ADN varían. Hoy en día se han generalizado los programas para detectar a portadores de trastornos relativamente comunes, como la FQ, y la enfermedad de Tay-Sachs. En Cerdeña, este tipo de programas ha reducido la incidencia de talasemia de uno entre 250 a uno entre 1.200 en los últimos veinte años. Si las parejas en las que ambos son portadores deciden tener hijos, pueden elegir el diagnóstico anterior a la implantación antes descrito. También podrían optar por un diagnóstico prenatal durante el embarazo, seguido de una interrupción del embarazo si el feto resulta estar afectado. Una tercera elección sería continuar con el embarazo, conociendo o ignorando el genotipo del bebé. Las pruebas para detectar el síndrome de Down, basadas en el análisis cromosómico en lugar del análisis de ADN, han estado disponibles durante muchos años, y las nuevas pruebas de ADN suscitan la misma mezcla de problemas éticos y económicos que las anteriores. Se supone que las personas que aconsejan a las parejas, médicos, enfermeras y consejeros, deben guiarles pero no influenciarles. Sin embargo, a largo plazo, estos programas de pruebas solo serán rentables para el Estado si se interrumpen la mayoría de los embarazos que implican fetos afectados en lugar de permitir que estos sigan adelante, lo que provocaría una carga onerosa para los sistemas sanitarios. ¿Qué puede hacer el personal médico para evitar que este tipo de consideraciones afecten cuando aconsejen e informen a sus pacientes?

Algunas personas han sugerido que la generalización del diagnóstico prenatal (incluyendo el anterior a la implantación) tiende a la eugenesia, es decir, a la mejora de una población mediante la aplicación de la genética. Otra de las preocupaciones es que la posibilidad de eliminar las taras genéticas podría provocar una peor situación de las personas incapacitadas en la sociedad. Además, el diagnóstico prenatal arroja un aspecto moral positivo, ya que intenta reducir el sufrimiento potencial del feto (si no ha nacido, no puede sufrir) y de su familia. Todos estos aspectos necesitan ser divulgados a medida que las pruebas de detección y prenatales son cada vez más corrientes. Sin embargo, existe un aspecto científico que puede aclararse inmediatamente.

Nunca eliminaremos las enfermedades genéticas. En este momento de la lectura se debería tener ya una apreciación de la naturaleza fluida y dinámica del genoma. Aparecen nuevas mutaciones constantemente. En los últimos años, se han establecido bases de datos sobre mutaciones que se han encontrado en pacientes con defectos en un solo gen, con la intención de comprender la naturaleza molecular de la enfermedad. Lo que surge de estas bases de datos es que una proporción significativa de los defectos en genes únicos son mutaciones nuevas; no existe una historia familiar de la enfermedad. En su lugar, el paciente se ha convertido en un «fundador» de otra familia más que sufrirá la enfermedad. De alguna manera, las células germinales han mutado a lo largo de la vida de los pacientes y estos cambios se transmitirán a su descendencia.

En vista de que cada vez se incorporan más genes descritos al genoma humano, y que los investigadores se enfrentan a las complejidades de los trastornos multigénicos más comunes, la perspectiva de analizar a grandes sectores de la población será una realidad más bien remota. Para muchos de nosotros, la idea de tener nuestro genoma entero escrito es una posibilidad que puede parecernos aterradora. ¿Quién va a tener acceso a esta información? ¿Qué uso se hará de ella?

Compartimos nuestros genes con nuestra familia, por lo que los datos genéticos casi siempre tienen implicaciones para alguien más. En una reciente encuesta realizada en los Estados Unidos, el 60% de los encuestados contestaron que este tipo de información debería estar disponible (por orden decreciente de importancia) para nuestra pareja, otros miembros de la familia, las compañías aseguradoras, y los empleadores. Desde un punto de vista práctico, tendrán que pasar muchos años antes de que la perspectiva de un «pasaporte genético» sea una realidad. En la actualidad, existen buenas razones científicas que cuestionan la utilidad de este tipo de documento. Por ejemplo, si se demuestra que alguien posee un gen de susceptibilidad a la enfermedad coronaria (como el gen defectuoso de la ECA anteriormente mencionado), en realidad no existe manera alguna en la que se pueda saber cuán eficaz pueda ser la adopción de un estilo de vida «sano» para esa persona. Por otro lado, si alguien no tuviera ese gen defectuoso, ¿esto le daría licencia para beber, fumar, y comer dietas grasas sin riesgo? Muchos científicos argumentan que hasta que no estemos en posesión de al menos parte de las respuestas sobre cómo interaccionan los genes y el ambiente, sería poco ético realizar análisis generalizados de ADN a grandes segmentos de población, al menos en el caso de trastornos multigénicos, como las enfermedades cardíacas.

Quizá podamos tener en un futuro próximo la posibilidad de evaluar estas dudas sobre la conveniencia de realizar análisis masivos. El cáncer de mama es una de las principales causas de muerte en las mujeres de los países desarrollados. Aparecen cerca de 28.000 nuevos casos de cáncer de mama cada año en el Reino Unido, y 180.000 en los Estados Unidos. Entre el 5 y el 10% de estos provienen de familias con un historial obvio de la enfermedad. Por ejemplo, una mujer cuya madre y hermana han tenido o tienen un cáncer de mama, especialmente si la enfermedad ha aparecido antes de los 50 años, entrará en esta categoría. En 1990, Mary-Claire King, de la Universidad de California, predijo que un gen del cáncer de mama familiar denominado BRCA1 se encontraría en una región particular del brazo largo del cromosoma 17, cerca de un marcador que se heredaba con la enfermedad en varias familias.

Hoy en día, el BRCA1 ha sido hallado, no por King y su equipo, sino por Mark Skolnick y sus colaboradores de la Universidad de Utah. El gen es responsable de quizá la mitad de los cánceres de mama heredados. Algunas familias sufren muchísimos cánceres de ovario y mama entre sus miembros, y los defectos en el BRCA1 probablemente sean responsables de muchos de ellos. Una mujer con un BRCA1 mutado presenta un riesgo de un 90% de tener cáncer de mama a lo largo de su vida. Para la población general, el riesgo es solo de algo menos del 10%.

Parece que hay varios genes implicados en el cáncer de mama familiar. Equipos británicos y norteamericanos han localizado un segundo gen, el BRCA2, en el brazo largo del cromosoma 13 (la localización en el mapa es q12-13; para entender esta notación ver página 60). En realidad aún no han encontrado el gen en sí mismo, ya que existen cerca de 100 genes en esta región del genoma. La mutación de este gen es probablemente la responsable de la mayoría de los cánceres de mama heredados restantes.

Puesto que se ha descubierto al menos uno de los genes del cáncer de mama, esto significa que se pueden desarrollar pruebas más específicas basadas en el propio gen y en sus mutaciones, en lugar de tener que basarse en los marcadores cercanos. Sin embargo, ya se están suscitando preguntas acerca de la utilidad de estas pruebas. Las mujeres con un historial familiar de cáncer de mama ya saben que corren riesgos. Lo que quizá no puedan apreciar es la magnitud del riesgo, el cual depende del número de miembros familiares afectados, así como de la edad que tenían cuando apareció la enfermedad. El riesgo varía con la edad también: cuanto más ancianas son estas mujeres más probabilidades tienen de eludir la enfermedad. Por tanto los consejos deben hacerse a la medida de cada mujer y su familia.

¿Qué más puede ofrecer una prueba de ADN? El descubrimiento de la mutación específica involucrada en cada caso (ya se han hallado algunas diferentes entre sí) podría arrojar unas estimaciones mucho más precisas sobre el riesgo de desarrollar un cáncer. Una vez que el riesgo ha quedado establecido existe la opción de realizar regularmente una mamografía para facilitar un diagnóstico precoz, o la inclusión en programas preventivos recibiendo tratamiento con tamoxifeno (como ya hemos visto en el capítulo 2), o incluso la retirada del seno como medida profiláctica. Sin embargo, todavía nadie sabe cuál es la eficacia real de este tipo de medidas.

Uno podría pensar que el haber hallado los genes implicados en el cáncer de mama familiar debe suponer un salto hacia la comprensión de los restantes 90–95% de los cánceres de mama. Sorprendentemente, se ha observado que la mayoría de las mujeres con cáncer de mama no heredado no presentan mutaciones en BRCA1. Esto es, como mínimo, muy desalentador y ha llevado a algunos investigadores a preguntarse si el BRCA1 es el gen realmente implicado. Esta duda debilita la idea de realizar análisis genéticos masivos.

Incluso así, Skolnick ha creado una compañía, *Myriad Genetics*, para comercializar sus investigaciones. Esto significa el desarrollo de una prueba para la detección del BRCA1. Para poder financiar este proyecto solicitó la patente del gen. Inevitablemente, esto ha dado lugar a una oposición. Algunos científicos temen que esto sea causa de secretismos y retrasos a la hora de compartir resultados importantes. Otros simplemente piensan que está mal patentar partes del cuerpo humano, y que los intentos previos en este sentido han fracasado. Una cosa sí es segura: el destino de la aplicación de Skolnick tendrá un inmenso impacto sobre las perspectivas de patentar otros genes humanos.

ADN e identidad

La identidad de un individuo está escrita en su genoma, y este hecho es la base de un potente grupo de tecnologías conocidas como el análisis de la huella dactilar del ADN. El Profesor Alec Jeffreys de la Universidad de Leicester fue el primero en aplicar el

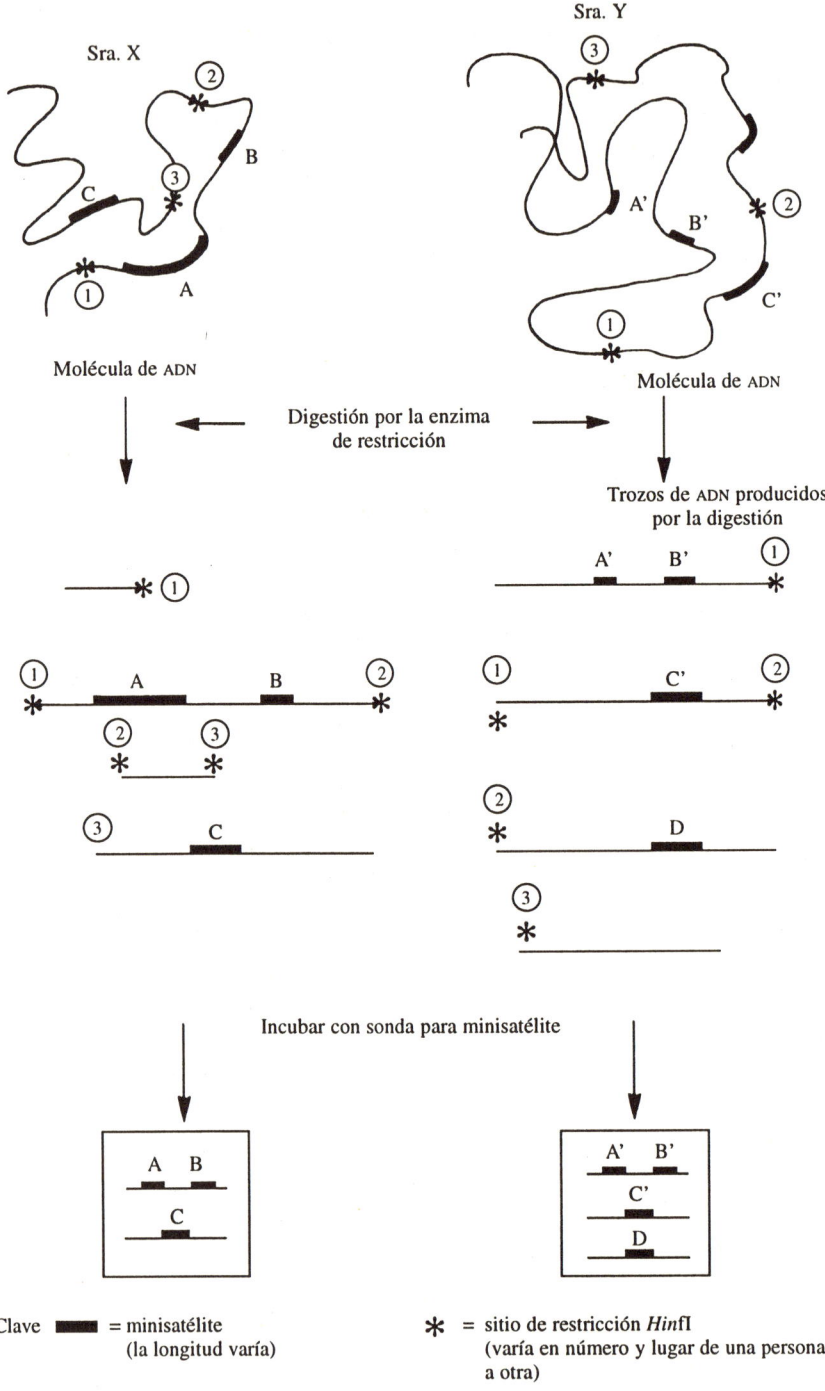

análisis del *Southern blot* para establecer la identidad sobre la base del ADN de un individuo.

Como ya vimos en el capítulo 3, el ADN humano posee una topografía molecular bien definida, con sus repeticiones, exones, intrones, trasposones, y otras piezas variadas. Entre todas ellas, Jeffreys escogió unas características llamadas minisatélites, bandas de ADN en las que los mismos segmentos de secuencia, en general hasta de 20 bases, se repetían a sí mismos. Lo que entusiasmó a Jeffreys fue la observación de que las longitudes de los minisatélites variaban mucho de unas personas a otras. Una persona podría tener minisatélites cientos de veces más largos que su vecino, por ejemplo. Dada esta variabilidad, y el hecho de que los minisatélites están distribuidos por todo el genoma, tiene sentido visualizar los patrones de minisatélites provenientes del ADN de diferentes individuos, y utilizarlos como una especie de huella dactilar (ver fig. 7.2).

En primer lugar se secciona el ADN de la manera habitual, utilizando la enzima de restricción *Hin*fI (así llamada pues proviene de la bacteria *Haemophilus influenzae*). Esta reconoce y se adhiere al ADN cada vez que aparezca en el genoma la secuencia GANTC (los nucleótidos poseen sus abreviaturas habituales y N significa cualquier nucleótido). *Hin*fI es la enzima estándar utilizada para la toma de huellas dactilares en Europa. Ayuda a que se utilicen las mismas enzimas en todos los laboratorios de forma que los resultados puedan compararse más fácilmente.

Algunos de los fragmentos producidos por este tratamiento contienen uno o más minisatélites, y estos pueden visualizarse, después del *Southern Blot*, con el papel secante, con una sonda que encuentra una parte de la secuencia en el interior del minisatélite. Sin embargo, la longitud de estos variará según las personas debido a que las longitudes de los minisatélites varían. Lo que aparece tras la inserción de la sonda es un

---

Figura 7.2. *Perfil del ADN*. Dos mujeres, la Sra. X y la Sra. Y, se han prestado voluntarias para ser sometidas a la realización del perfil de su ADN. En primer lugar se extrae su ADN a partir de una muestra de sangre o saliva. Este ADN estará salpicado de lo que se denomina ADN minisatélite, trozos de secuencias de bases repetidas que variarán notablemente entre ambas mujeres. Aquí se indica el ADN minisatélite con las letras A, B, etc. Para identificar las diferencias entre el ADN minisatélite de la Sra. X y el de la Sra. Y, lo primero que hay que hacer es cortar las muestras en trozos más pequeños utilizando una enzima llamada *Hin*fI. Esta parte del proceso se denomina digestión por restricción. Los trozos de ADN, marcados 1,2, etc., provienen del corte de las muestras por la enzima en los puntos marcados con asteriscos. Algunos de estos trozos contienen regiones minisatélite. Por medio de una corriente eléctrica, los trozos se separan unos de otros según su tamaño en un gel; dicha corriente hace que los trozos más pequeños se muevan más deprisa que los trozos más grandes. Esta parte de la técnica se llama electroforesis.

Tras la electroforesis, se incuba el gel con una solución que contiene un segmento de ADN conocido como sonda. La sonda es complementaria en su secuencia de bases a los minisatélites y, debido a que se etiqueta con un marcador como un átomo radiactivo o una molécula fluorescente, reconocerá los minisatélites en el gel. Por tanto, el tamaño y número de minisatélites que poseen los ADN de las Sras. X e Y pueden ser revelados gracias a esta técnica.

conjunto de 20 bandas que tienen un aspecto semejante a los códigos de barras frecuentes en los supermercados. Nuestros dos amigos podrían tener «huellas dactilares» con aspectos tan diferentes como, por ejemplo, el código de un paquete de queso y el de un tubo de dentífrico cuando pasan por la caja del supermercado.

Esta técnica ha demostrado su gran utilidad para esclarecer los conflictos de paternidad o de inmigración. Puede demostrar, por ejemplo, si un hombre que quiere traerse a su mujer e hijos al país es el verdadero padre o si está tratando de pasar a escondidas a uno de sus hermanos. Todo lo que hay que hacer es comparar las muestras de ADN de cada miembro de la familia alineándolas unas al lado de otras en el mismo análisis por *Southern Blot*. Cada uno hereda la mitad de las bandas de este test de su madre, y la otra de su padre. En general se puede predecir a simple vista quién es y quién no es el padre de un niño en particular.

Jeffreys destaca que desde que fue utilizado por primera vez en una disputa sobre inmigración en 1985, el análisis del ADN ha demostrado que las reclamaciones de la mayoría de los inmigrantes eran justas. Una consecuencia desafortunada de esta técnica es, sin embargo, que podrá detectar la falsa paternidad, lo que significa que el padre biológico de un niño no es el marido de la madre. Según los científicos que realizan análisis de ADN esto es más común de lo que podría parecer y, por supuesto, requiere un tacto adicional a la hora de comunicar los resultados a la familia que acaba de ser sometida a estos análisis.

La técnica de la huella dactilar del ADN (como sigue siendo denominada, si bien el término perfil de ADN es preferido entre la gente que trabaja en este campo) presenta aplicaciones obvias para el trabajo forense. La huella dactilar del ADN de un individuo es la misma en todos los tejidos de su cuerpo. Por ello se puede esperar que la sangre proveniente de un sospechoso culpable tendrá el mismo modelo que, por ejemplo, la saliva encontrada en la escena del crimen. Pero estos modelos son complejos y difíciles de comparar cuando se analizan en diferentes laboratorios en diferentes momentos (hecho inevitable, a menos que el sospechoso sea arrestado de inmediato tras el crimen). Por otro lado, es difícil registrar las huellas dactilares en una base de datos informática. Por último, esta técnica no es muy sensible, por lo que no es realmente apta para las muestras muy pequeñas o mixtas (como el semen mezclado con las secreciones vaginales en un caso de violación).

Por ello se ha desarrollado otro método para el trabajo forense, en el cual se utiliza una sonda para un solo minisatélite. Esto produce dos bandas por muestra, una para cada versión del minisatélite heredado de cada progenitor. Dada la gran variabilidad de los minisatélites, solo se necesitan realizar pruebas con cuatro sondas diferentes para obtener un modelo único para cada individuo.

El primer éxito de la técnica del perfil del ADN utilizada en un trabajo forense fue la resolución de una doble violación y crimen en Leicestershire (Reino Unido) en 1986. El caso era particularmente dramático por dos razones. En primer lugar, un hombre que había confesado el segundo crimen fue liberado porque su ADN no coincidía con el que se encontró en la escena del crimen (el método del perfil del ADN siempre debería eliminar al inocente, a diferencia de otras pruebas forenses). En segundo lugar, el culpable, Colin Pitchfork, persuadió a un colega para que le suplantara cuando se realizaron las pruebas de ADN a todos los hombres que vivían en el área. Solo cuando la policía recibió el soplo acerca del fraude, Pitchfork fue arrestado, juzgado, y condenado a cadena perpetua.

El perfil del ADN solo se utiliza en los casos de crímenes graves, como violación, y asesinato, y en Inglaterra y el País de Gales, su uso potencial oscila alrededor de los 2.500 casos al año (de los 5.5 millones de delitos registrados por la policía en 1992, último año para el que existen datos disponibles). Inevitablemente, la PCR se está utilizando en el trabajo forense, y amplía el rango de muestras analizables hasta, por ejemplo, la saliva en el dorso de un sello.

Sin embargo, el perfil del ADN ha sido controvertido en algunos tribunales, y en ciertos casos ha sido rechazado como prueba. Las razones son tanto técnicas como estadísticas. Es demasiado fácil obtener unos resultados de mala calidad en cualquier análisis de ADN. Se trabaja con enzimas y con ADN, y ambos son sensibles a los cambios de temperatura, y al ambiente químico. Las técnicas como el *Southern Blot* que implican muchas etapas están sujetas al error humano. Incluso si esta técnica se lleva a cabo bajo las condiciones más cuidadosamente controladas, hay muchas probabilidades de que surja una pequeña variabilidad en las posiciones de las bandas del modelo final arrojado por esta prueba. Esto podría deberse a que personas distintas realizan la prueba el mismo día, o a que el investigador la llevó a cabo en dos días diferentes, o incluso en dos laboratorios distintos.

Sin embargo, los científicos pueden reunirse y establecer estándares que tomen en consideración la posibilidad de todas estas fuentes de imprecisión. En los primeros tiempos de las huellas dactilares del ADN, esto no siempre se hacía. Los expertos forenses aseguran que estos errores técnicos favorecen al culpable al no mostrar las correspondencias que deberían aparecer.

Quizá lo que sea más difícil de dirigir sea la creencia común acerca de que el perfil del ADN es único. Los estudios realizados sobre datos provenientes de muestras de poblaciones grandes sugieren que esto es así casi seguro; sin embargo, aún permanece un punto de debate, con críticas según las cuales no se tienen en cuenta las coincidencias casi totales en los perfiles de individuos de comunidades muy cerradas. Algunos científicos han sugerido que si se utilizaran ocho sondas en lugar de cuatro, se eliminaría la posibilidad de obtener «falsos positivos».

A pesar de las desventajas del perfil del ADN, las autoridades británicas han decidido utilizarlo para crear una base de datos de las personas condenadas a delitos de prisión. Esta idea también está siendo adoptada por algunos de los Estados federales de los Estados Unidos de América que ya han utilizado este tipo de programa durante un tiempo, y han logrado arrestos y condenas por varios crímenes utilizando los datos que este sistema suministra. Dichos datos se almacenarían digitalmente en un disco óptico, y no está claro si los datos sobre las personas que finalmente fueron declaradas inocentes podrán ser borrados. El plan sugiere un tamizado con datos obtenidos de las escenas de los principales crímenes.

Los grupos de derechos civiles proclaman que la base de datos debería limitarse a criminales sexuales y asesinos, y piden que las personas incluidas en esta base de datos puedan comprobarlas por sí mismas. También argumentan, al igual que la mayoría de la gente que trabaja en el campo forense, que nadie debería ser condenado basándose únicamente en las pruebas de ADN.

8
Remplazando genes

Cada vez más, la investigación médica está siendo dominada por el interés en el ADN. Se buscan genes que puedan ayudar a responder a preguntas realmente importantes, como por ejemplo cómo una sola célula crece y se desarrolla para formar un organismo complejo, y qué es lo que *realmente* hace que las células crezcan y den lugar a tumores. Al mismo tiempo, se están aportando nuevos fármacos y terapias basados en el ADN desde los laboratorios a los hospitales y centros de atención primaria.

Vida, muerte y la célula

En California, existe un grupo de personas que cree que los humanos están destinados a ser inmortales y que nuestros cuerpos pueden durar eternamente ¡si lo consideramos desde la perspectiva psicológica adecuada! No existe ninguna evidencia científica que apoye esto, pero hubo un tiempo en el que la creencia de que las células que componen nuestro cuerpo son inmortales estaba ampliamente aceptada. Hoy en día nuestra opinión sobre la esperanza de vida de las células ha cambiado por completo. Según las últimas (y todavía controvertidas) investigaciones, el estado natural de nuestras células es la muerte, y solo el estímulo constante de las señales genéticas las mantiene vivas.

El mito de la inmortalidad de las células se originó con el ganador del Premio Nobel Alexis Carrel, un cirujano francés interesado en el transplante de órganos y el cultivo de tejidos. En 1912, empezó a cultivar células de un corazón de pollo para averiguar cuánto tiempo sobrevivirían fuera del cuerpo del animal. Cuando el tamaño del cultivo sobrepasó la capacidad del recipiente en el que se hallaba, las células fueron divididas y trasladadas a otros recipientes, proceso conocido como subcultivo. En 1922, ya habían sido sometidas a 1860 subcultivos, y la opinión pública y la prensa empezaron a interesarse por ellas. Según un periodista de Nueva York, había células suficientes para fabricar «un gallo lo suficientemente grande como para cruzar el Atlántico en una sola zancada [...] tan monstruoso que si se posase en esta mundana esfera, es decir, el mundo, más bien parecería una veleta». Las células sobrevivieron a Carrel, que murió en 1944. Al final no murieron, pero fueron eliminadas en 1946. No hay duda de que los científicos pensaron que las células eran inmortales. Argumentaron que lo que las mataba era vivir en el organismo.

Más tarde, en 1961, Leonard Hayflick y P. Moorhead demostraron que Carrel estaba equivocado. Cultivaron tipos diferentes de células humanas y mostraron que siempre morían después de aproximadamente 50 ciclos de subcultivo. Cuanto más viejas eran las células, realizaban menos ciclos antes de expirar. Al principio la comunidad científica se negó a creer a Hayflick y Moorhead, y sugirió que las células mueren por causa de algún contaminante. Sin embargo, la pareja de investigadores insistió y cuando su trabajo fue finalmente publicado, se convirtió en un hito para la comprensión de la biología celular humana. En cuanto al famoso cultivo de Carrel, hoy en día se cree que realmente morían células de vez en cuando, pero tan convencidos estaban Carrel y su equipo de que las células eran inmortales, que supusieron que estas muertes se debían a contaminaciones accidentales, por lo que simplemente cubrían el cultivo con células nuevas.

Ahora sabemos que a veces las células se convierten realmente en inmortales, dividiéndose sin fin para formar un tumor. Se dice que estas células cancerosas están transformadas, mientras que las células normales poseen un período limitado de vida. Algunas, como las células cerebrales, nunca se dividen. Otras, como las células que tapizan interiormente el aparato digestivo, se renuevan dos veces al día. Una vez que nuestro organismo ha alcanzado la madurez, con cerca de diez billones de células (10^{13}), la división celular alcanza un equilibrio en el que se producen nuevas células solo para sustituir a aquellas que se han desgastado o han resultado lesionadas.

Esto podría hacer pensar que nuestro organismo pudiese llevar a cabo esto indefinidamente, simplemente produciendo nuevas células cuando fuese necesario. No obstante, la continua actividad bioquímica que tiene lugar en el interior de las células tiene su precio. Aunque la gente está preocupada por el hecho de que los agentes químicos sintéticos, como los aditivos alimentarios y los pesticidas, podrían ser cancerígenos, el peor agente contaminante interno es una sustancia completamente natural: el oxígeno. Aunque no podemos sobrevivir sin oxígeno, al mismo tiempo es extremadamente tóxico. Quizá no en sí mismo, pero sí debido a que forma una serie de sustancias relacionadas conocidas como radicales libres derivados del oxígeno que atacan a las moléculas vitales de nuestras células, como el ADN y las proteínas.

El científico norteamericano especializado en cáncer Bruce Ames calcula que los radicales de oxígeno producen unas 10.000 lesiones diarias a cada célula del cuerpo humano[5]. Afortunadamente, la mayor parte de estas lesiones son reparadas por enzimas, al igual que la reparación de las mutaciones que hemos discutido en el capítulo 7. Sin embargo, las enzimas se hacen cada vez menos eficaces a medida que pasa el tiempo, e inevitablemente, este daño, denominado oxidativo, se acumula, produciendo un incorrecto funcionamiento de tejidos y órganos. El resultado deriva en enfermedades llamadas degenerativas, como la enfermedad de Alzheimer o la de Parkinson.

Tom Kirkwood, el primer profesor británico de Gerontología Biológica (estudio científico del envejecimiento) ha desarrollado la teoría del «soma desechable» como causa del envejecimiento. La duración máxima de vida de los humanos es de aproximadamente 120 años. Es probable que esta cifra no haya cambiado demasiado a lo largo

---

[5] Este cálculo se refiere al número de ataques que recibe precisamente el ADN de cada célula humana, cada día. (*N. del E.*)

del tiempo, aunque el descenso de la mortalidad infantil en los países desarrollados ha dado lugar a un enorme incremento de la esperanza media de vida durante los últimos cien años. La razón por la que no podemos esperar vivir más de 120 años como máximo, comenta Kirkwood, es que la reparación y el mantenimiento celular son más onerosos en términos de energía bioquímica, y cada uno de nosotros solo dispone de un presupuesto limitado de la misma. Tenemos que repartir nuestra energía entre reproducción, la cual es esencial para la supervivencia de las especies, y mantenimiento, para el buen funcionamiento de nuestro soma (cuerpo). Los recursos disponibles para el último no son suficientes para permitir una supervivencia infinita.

Los genes juegan un papel en la longevidad, pero todavía nadie sabe cuáles son estos genes en los humanos. Se han encontrado mutantes más longevos de lo normal en las moscas de la fruta y en los nematodos (gusanos). Por ejemplo, las moscas con genes más activos de lo normal que codifican para la enzima superóxido dismutasa (SOD) presentarían una longevidad mayor. Cynthia Kenyon y su equipo, que trabajan en California, describieron recientemente el caso de un gusano con una mutación en un gen particular que le daba un aumento de longevidad equivalente a 200 años en los humanos. Pero el concepto de manipulación de la versión humana de estos genes todavía pertenece al reino de la fantasía. Una manera más práctica de tener una vida larga y sana podría ser aumentar las defensas frente a los radicales libres, simplemente comiendo más frutas y verduras frescas. Estas contienen vitaminas que pueden interceptar los radicales de oxígeno antes de que puedan dañar la célula. ¡Otra solución podría ser comer menos! Las ratas que han sido sometidas a dietas con pocas calorías (restricción calórica) viven más tiempo que las alimentadas con una dieta normal. Esto tiene sentido, porque cuanta menos comida se queme para fabricar energía, menos oxígeno se usa, y por tanto habría menos radicales de oxígeno en la célula.

También hay un énfasis creciente sobre el estado del ADN mitocondrial como marcador del envejecimiento. Las mitocondrias son los lugares de la célula donde se produce la mayor cantidad de energía. No parecen poseer los mismos mecanismos de protección para reparar su ADN que el núcleo; en su lugar, se fabrican nuevas mitocondrias para sustituir a las dañadas. A medida que se acumulan los daños, la producción de energía en las mitocondrias será cada vez menor. Una vez que la central energética de la célula empieza a fallar, la muerte es inevitable.

La calidad de la última parte de la vida del individuo podría mejorarse aumentando el número de veces que se dividen las células. Los animales de vida corta, como las ratas y los ratones, que solo viven un año o dos, poseen células que se dividen unas diez veces. Pero las células de una tortuga de las Galápagos, animales que tiene una longevidad máxima de hasta 200 años, se dividen unas 100 veces. Por tanto, parece haber una conexión entre la duración máxima de la vida y el número de divisiones celulares. Cada vez que una célula se divide, los extremos de los cromosomas, conocidos como telómeros, se acortan. Unos científicos de California han encontrado fármacos que protegen a los telómeros frente a este acortamiento y que parecen rejuvenecer las células prolongando el número de divisiones celulares.

Los genes y el desarrollo

En el otro extremo de la vida, los genes están implicados en darle forma al cuerpo a partir de la masa informe de células que es un embrión en estadio precoz. La mayor parte de nuestros conocimientos sobre los genes implicados en el desarrollo provienen de los experimentos realizados en las moscas de la fruta (*Drosophila*), especialmente los llevados a cabo por Edward B. Lewis y su equipo durante los últimos cuarenta años en el Instituto de Tecnología de California. Ocasionalmente aparecen mutantes de la mosca de la fruta en los que ciertas partes del cuerpo están en lugares erróneos: una pata en el lugar de un ala, por ejemplo. Estas mutaciones aparecían en los genes pertenecientes al grupo llamado HOM. Los genes HOM, mediante mecanismos que todavía no se han aclarado totalmente, dirigen las células del embrión que se está desarrollando hacia el lugar correcto. Un gen HOM le «dice» a una célula que tiene que dirigirse hacia el tórax, la pata, o el abdomen de la mosca. Los diferentes genes HOM se encargan de partes distintas del organismo.

Los avances realizados en la tecnología del ADN han contribuido en gran medida en el estudio del desarrollo. Por ejemplo, ha sido posible determinar qué células de los embriones de las moscas contienen genes HOM activos, observando el ARN de estas células. Esto significa que el gen está activo y en funcionamiento. Si el gen está desactivado, no producirá ningún ARNm. En cada célula de la mosca existe un juego completo de genes HOM, por supuesto, pero al parecer diferentes genes HOM son activados en series sucesivas de células a lo largo del eje cabeza-cola del organismo. Si falta un gen HOM o hay uno defectuoso, parece que uno de los otros puede sustituirle, lo que conduce a la producción de una parte diferente del cuerpo en esa posición.

Todos los invertebrados poseen genes HOM. Los genes correspondientes en los vertebrados se llaman genes *Hox* (ver página 116). Se han analizado los genes HOM y *Hox* de varias especies, incluyendo ratones y humanos, y el resultado es que todos presentan notables similitudes en sus secuencias. Todos están marcados por una característica llamada *homeobox*; se trata de una parte de la secuencia que codifica para una región proteica denominada homeodominio. Se sabe que se une a secuencias de control del ADN. Por tanto parece que los genes HOM y *Hox* fabrican proteínas que pueden activar a otros genes, exactamente lo que uno esperaría de genes implicados en el desarrollo.

Según William McGinnis de la Universidad de Yale, un gen *Hox* humano puede funcionar incluso en una mosca. Este gen es similar al que causa las anomalías de la cabeza en las moscas si es activado en la célula errónea. McGinnis hizo que el gen humano se activara en todas las células de la mosca, y se encontró con que aparecían anomalías similares. Cuando la mosca recibió el gen correspondiente del ratón, desarrolló una estructura más parecida a un tórax, en el lugar donde debería haberse situado la cabeza, con unas patas frontales en lugar de antenas.

Es una idea humillante, pero parece que las moscas, los gusanos, los ratones, y los humanos son mucho más parecidos a nivel del ADN de lo que uno podría sospechar basándose en el aspecto externo. Los mismos tipos de genes y mecanismos moleculares parecen controlar el despliegue de la arquitectura del organismo maduro tridimensional.

Los genes provienen de un ancestro común, una antigua criatura con aspecto de gusano, y han permanecido iguales durante los últimos 700 millones de años. También existen genes análogos en las plantas, que controlan el desarrollo de su forma final.

Comprender cómo trabajan estos genes debería arrojar cierta luz sobre cómo aparecen los defectos de nacimiento, y podría servir de base para nuevos tipos de tratamiento dirigidos a las personas afectadas.

Genes y cáncer

Hoy en día está claro que el cáncer, que afecta a una persona entre tres en los países desarrollados, es una enfermedad debida al daño en el ADN. A diferencia de las enfermedades hereditarias comentadas en el capítulo 7, la mayoría de los cánceres surgen a partir de mutaciones somáticas, no de origen germinal, que han sido adquiridas durante la vida del individuo.

El sello distintivo del cáncer es la división celular incontrolada, que tiene como resultado la formación de un tumor. Por tanto, el entendimiento de la base molecular del cáncer significa comprender los mecanismos de la división celular y de los genes que la controlan.

Los primeros indicios de la base genética del cáncer surgieron tras el descubrimiento de virus que podían causar tumores cuando infectaban células animales. Estos virus transportan genes conocidos como oncogenes, los cuales parecen tener la capacidad de transformar células normales en células cancerosas. Michael Bishop y Harold Varmus demostraron entonces que los oncogenes virales (v-oncogenes) tienen unos homólogos presentes en las células animales; estos son denominados oncogenes celulares (c-oncogenes) o protooncogenes.

En palabras más sencillas, los v-oncogenes son versiones degeneradas de c-oncogenes. Los virus toman los oncogenes de sus huéspedes durante las infecciones. Existen muchas clases de oncogenes diferentes repartidos por todos los genomas animales. Codifican para todo tipo de proteínas diferentes que son utilizadas en los ciclos de división y crecimiento celular. Si un virus introduce un oncogén defectuoso, entonces la delicada maquinaria molecular involucrada en la supervisión de la división celular podría alterarse. Por ejemplo, podría producirse una proteína anormal que podría encerrar a las células en un ciclo sin fin de divisiones.

De hecho, los virus no parecen ser una de las principales causas del cáncer humano, si bien son importantes en el desarrollo de los cánceres cervicales, cáncer de pene, y algunos tipos de cáncer de hígado. El descubrimiento de los oncogenes, sin embargo, fue ciertamente uno de los principales indicadores de nuevas ideas importantes. Por ejemplo, se han hallado mutaciones puntuales del oncogén *ras* en algunos cánceres de vejiga, pulmón y colon. Los oncogenes pueden ser amplificados: en el neuroblastoma, un tumor del sistema nervioso, la presencia de muchas copias del oncogén *N-myc* está asociada con un mal pronóstico.

A veces los c-oncogenes funcionan incorrectamente cuando se les saca de su ambiente genómico normal por medio de traslocación cromosómica. El cromosoma Filadelfia, ya discutido en el capítulo 3, involucra a los cromosomas 9 y 22. El oncogén c-*abl* se mueve desde el cromosoma 9 al 22 durante el proceso. Una vez en el cromosoma 22, es transcrito y traducido en una proteína anormal que está asociada con el desarrollo de una forma de leucemia. Estas y otras reorganizaciones son detectables fácilmente observando los cromosomas bajo el microscopio utilizando nuevas técnicas de tinción. Por ejemplo, un método de «teñido de los cromosomas» utiliza un juego de tintes colorantes que permiten la visualización de la región que contiene el c-*abl* en su nuevo y peligroso ambiente; este método está demostrando su gran utilidad como instrumento de precisión tanto a nivel del diagnóstico como del pronóstico.

En los últimos años se ha descubierto otro grupo de genes implicado en el cáncer. Se denominan genes supresores de tumores y codifican para proteínas que pueden frenar la división celular. Estos genes actúan de una manera dominante: es decir, si un alelo del par está mutado o se desactiva por alguna razón, el otro todavía puede proteger al organismo. Pero si el alelo restante es desactivado por mutación, el resultado es una pérdida total de la habilidad de suprimir el tumor. Esta inactivación de un segundo alelo se denomina pérdida de heterocigosis. La manera dominante en la que el supresor tumoral actúa ha inducido el desarrollo de la hipótesis del «ataque doble», la cual sugiere que se necesitan dos mutaciones, una en cada alelo, para que exista peligro de cáncer.

La hipótesis del «ataque doble» explica porqué algunos cánceres tienen una historia familiar. Se argumenta que la primera mutación se hereda, y una segunda mutación adquirida a lo largo de la vida dará paso a la posibilidad de que se desarrolle un cáncer. Este es el caso de los cánceres de mama hereditarios discutidos en el último capítulo. Un gen supresor de tumores particularmente importante llamado p53, que fue descubierto por David Lane de la Universidad de Dundee, se encuentra en el cromosoma 17. Lane lo denomina el guardián del genoma debido a que entra en acción cuando las células son lesionadas, retrasando la división celular el tiempo suficiente para que el daño pueda ser reparado. El hecho de que la mayoría de los cánceres parezcan estar asociados con mutaciones en el p53 destaca su importancia. Este gen fue incluso votado Molécula del Año por la revista *Science* en 1993.

Quizá el tema más candente de los implicados en la genética del cáncer sea el suicidio programado de la célula, o apoptosis. Según Martin Raff de la Universidad de Londres, es natural que las células mueran y solo las señales provenientes de las células vecinas las mantienen con vida. Lo que podría ocurrir cuando se desarrolla un cáncer es que la apoptosis queda inhibida, quizá debido a la activación de una señal de «detención» cuando no debiera estar activada. En otras palabras, el cáncer aparece cuando las células no consiguen morirse, en vez de cuando crecen y se dividen incontroladamente. Un apoyo a esta idea proviene del descubrimiento de que *bcl*-2 de hecho se daña en algunas formas de cáncer y que, por tanto, podría estar expresándose a sí mismo de una manera inapropiada.

Es probable que haya más genes implicados en el cáncer, por ejemplo, aquellos que codifican para enzimas que reparan el daño al ADN. ¿Entonces dónde deja esta teoría a la prevención y a la curación? El daño del ADN que conduce a un cáncer es similar al que ocurre durante el envejecimiento, por lo que pueden aplicarse las mismas medidas de prevención. Investigadores especializados en cáncer ya han demostrado que un consumo elevado de las vitaminas contenidas en las frutas y verduras frescas disminuye el riesgo de cáncer, y se siguen realizando más estudios a gran escala sobre la conexión entre cáncer y dieta.

A pesar de la creencia popular, los restos de pesticidas y otras sustancias químicas sintéticas abundantes en nuestro entorno no son causas principales del cáncer, si bien alguien expuesto a niveles industriales de estas sustancias podría estar en una situación de riesgo, por lo que deberá atenerse a las pautas sanitarias y de seguridad adecuadas para la manipulación de dichas sustancias. Como Bruce Ames ha destacado, las sustancias naturales, como las setas y el apio, contienen agentes carcinógenos mucho más potentes que la mayoría de las sustancias químicas industriales. Casi todos los investigadores están de acuerdo en que la mejor manera de dañar el ADN y desarrollar cáncer es fumar, y la mejor prevención, ¡dejar de hacerlo!

Terapia génica y fármacos provenientes del ADN

La terapia genética consiste en suministrar al paciente una copia «normal» de un gen «defectuoso» para que pueda hacerse cargo de su función. Algunos científicos ya comentan que la terapia génica curará el SIDA, el cáncer, y la enfermedad coronaria. Por el momento, se están ensayando en algunos defectos localizados en un solo gen y en algunos cánceres.

La terapia génica se ensayó por primera vez en 1980 por el científico norteamericano Martin Cline en un intento desesperado de salvar a dos pacientes que sufrían talasemia en estado terminal. El intento de insertar genes de la globina normales no funcionó, los pacientes murieron, y Cline tuvo muchos problemas por llevar a cabo experimentos no autorizados.

El camino hacia el primer intento oficial de terapia génica ha sido largo. En 1990, W. French Anderson y su equipo de los Institutos Sanitarios para la Salud estadounidenses trataron con genes a una niña de cuatro años que padecía un raro trastorno llamado déficit de la adenosina deaminasa (ADA). El déficit de ADA produce graves trastornos en el sistema inmunológico. Los genes que codifican para la ADA se insertaron en células sanguíneas obtenidas de la niña (utilizando técnicas de ingeniería genética parecidas a las descritas en el capítulo 5). Las células modificadas fueron entonces reintroducidas en la niña por medio de una transfusión. Al poco tiempo, su sistema inmunológico volvió su estado normal, y los nuevos genes empezaron a fabricar copias de la enzima vital ADA. Hoy en día, varios niños por todo el mundo se han beneficiado del mismo tratamiento. Mientras tanto, se están ensayando terapias génicas para la fibrosis quística (FQ) y para ciertas clases de cánceres en otros pacientes, y muchas más se encuentran en fase de laboratorio.

La terapia génica es bastante diferente de la quimioterapia (tratamiento con fármacos) respecto a cómo se desarrolla desde la fase de investigación realizada en los laboratorios hasta los ensayos clínicos llevados a cabo en los pacientes. Cuando se inventa un nuevo fármaco, como un antibiótico o una pastilla para dormir, tiene que pasar por varias etapas desde su síntesis en el laboratorio hasta los experimentos en tubos de ensayo y ensayos en animales hasta la producción a gran escala en fábrica y los ensayos clínicos con humanos. En la terapia génica, primero hay que identificar al gen objetivo de la prueba y clonarlo. A continuación se selecciona un vector capaz de insertar el gen en el interior de las células. Luego viene la creación de un animal transgénico que padezca la enfermedad genética que se pretende tratar (como se ha visto en el capítulo 6) para que pueda analizarse la eficacia de la terapia génica. En último término se pasa de los animales a los humanos.

Ya existen muchos genes que podrían ser utilizados en terapias génicas, desde los implicados en trastornos de un único gen como el déficit de ADA o la anemia falciforme, hasta los supresores tumorales y genes del desarrollo. El principal reto es cómo insertar los nuevos genes en sus células diana. La respuesta radica en la selección correcta del vehículo transportador o vector. Al principio los virus parecían ser los vectores más obvios, debido a que infectan normalmente a las células, insertando en ellas su propio ADN. Los virus han sido utilizados durante mucho tiempo como vectores en ingeniería genética (ver capítulo 5) por lo que dicha tecnología estaba bien establecida.

French Anderson utilizó un retrovirus para transportar los genes de ADA. Los retrovirus, de los que el VIH es un ejemplo, contienen ARN, el cual, como ya se ha visto en el capítulo 2, se transforma en ADN, que luego se integra dentro del núcleo de la célula huésped. Si el retrovirus transporta un gen terapéutico junto con sus propios genes, este entrará también en el núcleo de la célula con ellos. Un problema con los retrovirus es que solo infectan a las células que se dividen muy deprisa, lo que los hace adecuados para transportar genes a la sangre, al hígado, y a las células cancerosas, pero inútiles para otras dianas.

La FQ debería ser una de las primeras enfermedades en ser tratadas por terapia génica debido al intenso esfuerzo que ha culminado en el descubrimiento del defecto molecular que la provoca, así como por su frecuencia relativamente alta en la población; pero en este caso, el gen necesita ser transportado a las células que tapizan el interior de los pulmones. Estas no pueden ser infectadas por retrovirus, y no pueden sacarse del cuerpo para tratarlas en el laboratorio. Unos científicos norteamericanos eligieron un virus diferente, el adenovirus (uno de los virus del resfriado común) porque afecta normalmente a las células que tapizan el interior de la nariz, garganta, y pulmones. Por ello, los pacientes con FQ inhalan, en un aerosol, adenovirus que transportan el gen normal de la FQ. Los ensayos han demostrado que este enfoque es eficaz, pero tiene la desventaja de que los adenovirus no se integran en el genoma del huésped, por lo que el tratamiento ha de repetirse de vez en cuando ya que los nuevos genes se no se quedan definitivamente en las células.

Un tercer virus que se está haciendo famoso en la terapia génica es el virus del herpes simple. Conocido por su capacidad para provocar llagas dolorosas, el virus infecta normalmente las células del sistema nervioso. Esto abre la posibilidad de tratar algunos trastornos neurológicos muy corrientes. Por ejemplo, en la enfermedad de Parkinson existe un déficit de una sustancia química encontrada en el cerebro y que se llama dopamina. Si se pudiera insertar el gen de la enzima que fabrica la dopamina en el virus del herpes simple, entonces sería posible aumentar la producción de dopamina en el cerebro. Ya se ha probado una estrategia basada en células en la enfermedad de Parkinson: transplantando células que producen dopamina desde fetos humanos abortados a los cerebros de los pacientes, con resultados de varios tipos. El transplante del gen únicamente, en vez de las células completas, se enfrenta a menos problemas éticos, pero estas ideas todavía están en fase de experimentación.

Sin embargo, aunque los virus pueden ser unos vectores muy eficaces para la terapia génica, por ejemplo los retrovirus infectarán típicamente todas las células expuestas a ellos con el nuevo gen, no son ideales en todos los casos. Aunque los genes que hacen que el virus se replique se retiran antes de insertar los nuevos genes, siempre existe la remota posibilidad de que muten, o de que tomen un poco de ADN extra del cuerpo, y lo reviertan a una forma en la que pueda reproducirse a sí mismo. Si uno considera cómo cambian los virus del resfriado, la gripe, o el VIH a lo largo del tiempo, se puede comprender porqué muchos científicos desean desarrollar vectores no virales que se comporten de una manera más predecible.

Un equipo británico que trabaja en el hospital Royal Brompton de Londres, y en el St. Mary's de Edimburgo, está abordando la FQ utilizando liposomas, en lugar de virus como vectores. Los liposomas son vesículas de grasa que se fusionan con las membranas celulares. Por tanto, si los genes normales de la FQ se envuelven en liposomas tienen muchas posibilidades de ser suministrados directamente a la célula. Lo que han realizado los científicos es desarrollar un aerosol con liposomas que los pacientes con FQ pueden inhalar para conseguir el gen que necesitan en sus pulmones. El equipo de Edimburgo ya ha creado un ratón con FQ sobre el cual han probado la técnica. Ahora, el equipo de científicos londinense, basándose en estos resultados, ha lanzado un ensayo clínico de Fase I. Esta implica el ensayo del aerosol de liposomas en el interior de la nariz, donde las células son muy similares a las que tapizan el interior de los pulmones. Los resultados deberían arrojar la respuesta a dos preguntas clave: ¿es seguro el tratamiento? y, ¿funciona? Los voluntarios informarán sobre los efectos secundarios, y las células del interior de la nariz serán analizadas para averiguar si están expresando la proteína normal de la que los pacientes con FQ carecen. Los científicos se han apresurado a reconocer el mérito de estos voluntarios: no solo han de ir al hospital en repetidas ocasiones, sino que también deben soportar la toma de muestras del interior de la nariz, y experimentar efectos secundarios inesperados. Sin su esfuerzo, sin embargo, no se podría progresar y ayudar a los miles de jóvenes cuyos pulmones están siendo destruidos por la enfermedad.

Siempre hay riesgos para los seres humanos que participan en ensayos clínicos. Un caso en el que la terapia génica estaba implicada causó recientemente gran conmoción en la prensa médica. Una mujer franco-canadiense de 28 años estaba fatalmente enferma con una hipercolesterolemia familiar (HF), un trastorno genético en el que hay un defecto en el gen que fabrica la proteína denominada receptor de la lipoproteína de baja densidad (LDL). Esta proteína se encuentra en la superficie de las células, y su trabajo consiste en arrastrar el colesterol que circula en la sangre hacia el interior de las células. Las concentraciones altas de colesterol en la sangre producen depósitos grasos, bloqueo de las arterias y ataques cardíacos. La mujer en cuestión había sufrido un ataque al corazón a la edad de 16 años, una intervención quirúrgica grave a la edad de 26, y no tenía muchas probabilidades de sobrevivir mucho más tiempo. Aunque los retrovirus que transportan los genes LDL vitales estaban preparados, no podían infectar el hígado directamente. Las células debían ser extraídas del hígado de la paciente, tratadas, y luego debían ser devueltas a su cuerpo: un asunto muy arriesgado, si se tiene en cuenta que ya estaba muy enferma. Nadie sabe a ciencia cierta cómo funcionó este procedimiento. Hasta la fecha, su sangre ha mostrado una reducción moderada del colesterol circulante, y sorprendentemente, la paciente toleró bien la intervención. El suministro de nuevos genes al hígado podría ser de gran utilidad en muchos otros trastornos hereditarios, por lo que o bien habrá que refinar las técnicas quirúrgicas, o bien habrá que desarrollar vectores que se alojen en el hígado.

Los horizontes de la terapia génica se están ampliando constantemente. Las enfermedades infecciosas, como el SIDA, podrían tener muy poco en común con los defectos de un solo gen. Sin embargo se pueden utilizar genes para atacar el VIH e impedir que la infección se extienda. Una manera para ello es utilizar ADN antisentido, como ya hemos visto en el capítulo 2, para que se una al ARNm de forma que los genes que ayudan al virus a infectar las células no se expresen. Además, ya se ha conseguido en los Estados Unidos de América la autorización para realizar un ensayo con una nueva forma de estimular el sistema inmunológico. La idea es insertar un gen para una proteína que aparece sobre la superficie exterior del VIH, llamada proteína de «la envuelta», en el interior de las células del paciente. Cuando estas se devuelven al organismo, debería producirse una fuerte respuesta inmunológica frente a la proteína de «la envuelta» (la cual en sí misma es inofensiva, ya que solo se trata de un minúsculo fragmento del virus completo). Esta es una variación inteligente de los enfoques tradicionales para producir una vacuna frente al VIH, muchos de los cuales están basados en la proteína de «envuelta» pues se sabe que estimula la producción de anticuerpos.

Hay varias maneras en las que la terapia génica puede ser utilizada para tratar el cáncer. Una de las más prometedoras es la terapia profármaco con enzimas dirigidas por virus (VDEPT), que es una manera de dirigir específicamente los fármacos anticancerígenos a las células cancerosas. Uno de los problemas principales de la quimioterapia tradicional del cáncer es que los fármacos utilizados dañan a las células normales además de a las cancerosas. Esto produce efectos secundarios, como náuseas, alopecia, y agotamiento que hacen que ciertos pacientes cancerosos sientan que el remedio es tan malo como la enfermedad. Con la VDEPT, se construye un vector viral que contiene el gen de una enzima que actúa sobre una sustancia denominada profármaco, y lo convierte en un fármaco anticancerígeno activo. El profármaco no tiene actividad hasta que la enzima actúa sobre él. El gen de la enzima se adhiere a un interruptor o promotor (ver capítulo 2), lo cual garantiza que la expresión solo tendrá lugar en las células cancerosas. Por tanto, cuando el vector viral llega a las células cancerosas, el gen que codifica para la enzima se activa y produce el fármaco anticancerígeno a partir del profármaco (el cual ha sido administrado por la vía usual). Mientras tanto, las células normales no están afectadas debido a que la enzima solo puede funcionar en las células cancerosas.

Ya se está desarrollando la VDEPT para administrarla a las células del hígado, las mamas, y las células cancerosas fármacos que poseen una enorme capacidad de matar células. En el hospital Hammersmith de Londres, por ejemplo, Karol Sikora está utilizando la tecnología para convertir un fármaco antifúngico llamado 5-FC en un fármaco anticancerígeno estrechamente relacionado, el 5-FU. El gen para la enzima que fabrica el 5-FU a partir del 5-FC está unido a un promotor que activa el gen solo en las células cancerosas.

Otra manera de atacar el cáncer utilizando genes radica en nuevos descubrimientos sobre las bases moleculares de la enfermedad que ya hemos discutido anteriormente. En primer lugar, se desarrolla un ADN antisentido para amortiguar la expresión de los oncogenes activos en muchos cánceres. En segundo lugar, si se administra a las células tumorales una copia del gen supresor de tumores p53, su velocidad de multiplicación cae drásticamente. Finalmente, se podría hacer que las células cancerosas se mataran a sí mismas por apoptosis, si el gen *bcl*-2, la denominada señal de suspensión ya discutida, pudiese ser bloqueado durante el tiempo suficiente, quizá también mediante tecnología antisentido.

Es importante darse cuenta de que toda la terapia génica realizada hasta la fecha se ha llevado a cabo en células somáticas, no en células germinales. Así, solo se trata el individuo y cualquier cambio que aparezca no se transmitirá a las generaciones siguientes. La terapia genética de la línea germinal en los humanos, en la que se corregirían los genes de todos los óvulos y espermatozoides, es técnicamente casi imposible. Por otro lado, ha sido declarada como ilegal por todas las autoridades que controlan la terapia génica y otros tratamientos médicos. Sin embargo, lo que sí poseemos es la tecnología para eliminar los genes defectuosos de una familia (gracias al diagnóstico de preimplantación ya comentado en el capítulo 7).

Hoy en día, en el Reino Unido, los ensayos clínicos realizados mediante terapia génica requieren un permiso adicional de un comité asesor nominado por el gobierno. Este requisito refleja en parte el hecho de que la terapia génica es nueva, y por otro lado el sentimiento de que interferir los genes es, en cierto modo, sospechoso y debe ser vigilado.

En cierto sentido, no hay nada especial con respecto a la terapia génica. Por ejemplo, los pacientes con hemofilia son tratados con el factor VIII de la coagulación, la proteína de la que carecen y que es necesaria para una correcta coagulación de la sangre. Una terapia génica para la hemofilia, la cual está siendo desarrollada, aportaría a los pacientes el gen del factor VIII de la coagulación, con el que podrían fabricar ellos mismos la proteína, en lugar de tener que suministrarla desde el exterior. La terapia génica, consiste, por tanto, en una simple transferencia de la fuente del fármaco convencional desde el exterior al interior del paciente.

Es demasiado pronto para decir si existen peligros especiales asociados a la terapia génica. Una posibilidad remota es que el nuevo gen podría insertarse en el genoma en el lugar «equivocado». Es decir, que podría activar un oncogén, o incluso inactivar algún gen vital. Por tanto, y con el fin de evitar este peligro, se están llevando a cabo experimentos con el objetivo de controlar en qué lugar del genoma es probable que se localicen los nuevos genes.

La novedad de la terapia génica ha tendido a eclipsar la otra contribución que ha aportado la ingeniería genética a la medicina: la producción de proteínas humanas recombinantes. Algunas de estas ya han sido discutidas en los capítulos 5 y 6. Entre ellas se puede incluir la insulina, la hormona del crecimiento, el interferón y otras proteínas del sistema inmunológico, así como varias proteínas necesarias para la coagulación de la sangre. Mientras las proteínas recombinantes no han estado disponibles, hemos tenido que recurrir a la utilización de proteínas extraídas de tejidos humanos o de otros animales. Esto siempre ha acarreado el riesgo de impureza o infección, por lo que las versiones recombinantes son sustituciones más seguras.

Algunas de las proteínas, como el activador tisular del plasminógeno (tPA), también podrían suponer un avance terapéutico real. El tPA es el último hallazgo de un grupo de fármacos «disruptores» que disuelven los coágulos. Estos bloquean las arterias que llegan al corazón, y ocasionan accidentes cardiovasculares. El problema con estos fármacos es que pueden inducir hemorragias en otras partes del cuerpo. Las últimas evidencias disponibles sugieren que el tPA es más eficaz que otros agentes que disuelven coágulos en la mejora de la tasa de supervivencia tras un accidente cardiovascular si se administra en combinación con otros agentes anticoagulantes. Y con las proteínas recombinantes siempre existe la posibilidad de utilizar la ingeniería de proteínas. Esta tecnología se está utilizando para fabricar tPA con menos efectos secundarios, como las hemorragias no deseadas, con el objetivo de producir un fármaco más seguro.

Parte III
Biotecnología

9
El amplio mundo de la biotecnología

La biotecnología, es decir, la explotación de los materiales y procesos biológicos para satisfacer las necesidades humanas, tiene una larga historia. Los antiguos egipcios aplicaban pan enmohecido a las heridas infectadas, debido a sus efectos antibióticos; hoy en día hemos convertido ese moho en penicilina. Por otro lado, la fermentación de las frutas y los granos para producir vino, cerveza y licores ha sido realizada en todo el mundo durante miles de años.

En biotecnología utilizamos a los microbios y a las células como si fuesen fábricas, y a las enzimas como sus trabajadores. Juntos fabrican alimentos, gasolina, medicinas, y un amplio rango de productos para uso diario, con un valor en el mercado de miles de millones de dólares. En la actualidad, la ingeniería genética y otras técnicas de la biología molecular han aportado a la biotecnología un enorme empuje.

Las enzimas son las moléculas principales de la biotecnología

Gran parte de la biotecnología radica en el poder transformador de las enzimas. Como ya vimos en el capítulo 1, las enzimas son proteínas que se originan en las células, y cada una suele ser específica para un proceso bioquímico particular. Algunas enzimas están involucradas en funciones celulares básicas, como extraer energía de los alimentos y fabricar ADN. Otras llevan a cabo tareas mucho más especializadas, producen moléculas que no parecen ser esenciales para la supervivencia del organismo, sino que se utilizan en la «guerra química», bien para prevenir la competencia, bien para evitar una conducta predatoria. De aquí provienen los antibióticos. Podemos imaginar cómo, en los terrenos antiguos, comunidades enteras competían y luchaban por su territorio utilizando sus propias moléculas antibióticas para intentar destruir a sus competidores. Estos productos, conocidos como metabolitos secundarios (metabolismo se refiere a la actividad química controlada por las enzimas que se lleva a cabo en cada célula) parecen ser exclusivos de las células microbianas, de microorganismos marinos simples, y de las plantas. Hasta la fecha, nadie ha encontrado metabolitos secundarios en animales superiores.

Las enzimas que realizan el trabajo de mantenimiento en una célula microbiana también fabrican productos útiles. Cuando un equipo de enzimas desmantela las moléculas de los alimentos, como la glucosa, para extraer energía bioquímica, se produce una serie de materiales de desecho interesantes, especialmente si el proceso se lleva a cabo en ausencia de aire. Estos procesos suelen denominarse fermentaciones, y el etanol (alcohol) es uno de los productos de fermentación más importantes.

Además de ser la base de las cervezas, los vinos, y los licores, el etanol es un importante disolvente industrial. Antes del auge de la industria petrolífera en los años veinte, la fermentación suministraba las materias primas para la industria química. Los productos derivados de la fermentación pueden utilizarse como punto de partida en las fábricas de textiles, gomas, explosivos, plásticos biodegradables, jabón y otros muchos materiales.

El mundo estéril del fermentador

En biotecnología, el fermentador es la fábrica: un recipiente en el que se reproducen las células y los microbios mientras que sus enzimas internas fabrican el producto deseado. Los procesos de ingeniería genética a gran escala, como la fabricación de insulina o de quimosina recombinantes, también se realizan en un fermentador. De hecho, la ingeniería genética no habría progresado de no haber sido por las técnicas de los biotecnólogos tradicionales, que saben cómo llevar a cabo una buena fermentación.

Estos científicos sienten una devoción fanática por la limpieza y la higiene. Se aseguran de que todo lo que entra en contacto con las células o los microbios que están fermentando esté esterilizado; es decir, que esté libre de contaminación por otros microbios. Esto suele suponer que hay que prestar una atención escrupulosa a la esterilización de las soluciones, las sustancias químicas, los instrumentos y los aparatos, mediante vapor a temperaturas muy elevadas.

Conseguir estas condiciones en un laboratorio ya es bastante complicado, pero lograrlo a escala comercial es aún más difícil. Una fermentación comercial puede desarrollarse en un recipiente con un volumen de millones de litros. Los microbios cultivados en su interior necesitan alimento, que suele ser suministrado en forma de sopa con muchos ingredientes diferentes. También suelen necesitar oxígeno para extraer la energía de los alimentos. El recipiente, la sopa de nutrientes y el oxígeno, también han de ser esterilizados. ¿Y qué sucede con los biotecnólogos que manejan el fermentador? Deben llevar cascos, trajes protectores, mascarillas y botas. Todos estamos llenos de miles de millones de microbios, y ninguno de ellos ha de tener la más mínima oportunidad de pasar al interior del fermentador en lugar de quedarse con sus huéspedes, los biotecnólogos.

Cualquier fallo en la esterilización podría significar la introducción de microbios no deseados en la fermentación. Esto puede tener varias consecuencias adversas. Las especies invasoras pueden crecer más deprisa, bajo las condiciones de la fermentación, que el microbio deseado. Si el microbio contaminante se apodera así de la fermentación, es probable que no se pueda fabricar nada o casi nada del producto en un principio deseado. El microbio indeseable podría ser incluso patógeno, lo cual haría que el producto fuera peligroso para su consumo o utilización: muchos de estos microbios producen toxinas. Incluso si no se fabrica ninguna toxina, los microbios contaminantes todavía pueden afectar a la calidad del producto (generando, por ejemplo, sabores no deseados),

El amplio mundo de la biotecnología 161

o a su rendimiento, al consumir el alimento que en un principio estaba destinado a la cepa microbiana productora.

Los peligros de la contaminación se hicieron evidentes cuando pacientes que estaban siendo tratados con el aminoácido triptófano empezaron a enfermar desarrollando una misteriosa dolencia. El triptófano se utiliza para el tratamiento del insomnio, la depresión, el estrés, y el síndrome premenstrual. Es muy fácil producirlo por fermentación dado que muchos microbios lo fabrican en grandes cantidades como parte de sus tareas de mantenimiento (lo necesitan para fabricar sus propias proteínas). A finales del año 1990 más de 1.500 personas, solo en los Estados Unidos de América, habían experimentado un cansancio incapacitante, debilidad muscular, e inflamación de órganos principales como el corazón y el hígado, asociados al consumo de fármacos basados en el triptófano. Algunos de los afectados murieron. La enfermedad se analizó hasta dar con un lote del aminoácido producido por una empresa japonesa de biotecnología. Esta empresa había decidido cambiar la cepa microbiana que producía el triptófano. El problema fue que la nueva cepa también produjo un contaminante que ocasionó los síntomas adversos. Muchos países retiraron el triptófano de inmediato, y la comercialización del producto aún no se ha recuperado totalmente.

Los científicos japoneses tuvieron mala suerte cuando eligieron el microbio productor de triptófano. Existen cerca de 6.000 especies de microbios que ya han sido descubiertas, descritas, y denominadas. Las estimaciones varían, pero es probable que sean entre el 3 y el 27% de todos los que existen en la Tierra hoy en día. El seleccionar las especies o cepas (una variante dentro de una misma especie) adecuadas para una fermentación particular es un reto importante. Las pruebas de laboratorio muestran cuáles dan el mayor rendimiento de un producto, pero siempre existe la posibilidad de superar a la naturaleza. Si una población microbiana se trata con un mutágeno como los rayos X o la luz ultravioleta, la velocidad a la que el ADN microbiano se altera (o muta) se incrementa (recuerden cómo Delbrück y sus contemporáneos utilizaron rayos X para estudiar la mutación, según se describió en el capítulo 2). Ocasionalmente, la mutación daña a un gen involucrado en la fabricación del producto, y lo altera de tal manera que aumenta su producción notablemente. Por ejemplo, podría afectar a una región de control de un gen de tal forma que el resultado sea un incremento de su expresión. Experimentos de este tipo han multiplicado por diez la producción de productos como los antibióticos. La ingeniería genética entra en acción cuando se mezclan y combinan genes de diferentes especies, por ejemplo, se introducen genes de un productor muy activo en un microbio que crece rápidamente.

También hay que evaluar cuáles son las mejores condiciones para cultivar el microbio seleccionado con el fin de obtener la máxima producción posible. El principio conductor en este caso es encontrar una cepa que acepte una dieta barata, preferiblemente basada en el material de desecho de otra industria, como las melazas provenientes del procesamiento del azúcar de remolacha, o el suero producido por la industria láctea.

Una vez que se introduce en el fermentador el microbio que se está cultivando, y se le suministra el caldo de nutrientes apropiado, el equipo de biotecnólogos ha de vigilar con cuidado las condiciones dentro del fermentador. Hoy en día, la medida de la temperatura, la acidez, los niveles de oxígeno, y otros factores más se suelen controlar por ordenador.

Cuando la fermentación acaba, se llevan a cabo varias operaciones de procesado para obtener el producto a partir del caldo de cultivo. Incluso entonces, los microbios consumidos pueden utilizarse, por ejemplo como extracto de levadura, que es un aditivo nutritivo de la dieta humana, o como pienso para animales.

La biotecnología en la medicina

Fármacos

Tradicionalmente, los metabolitos secundarios, como los antibióticos, han sido los principales fármacos provenientes de la biotecnología. Hoy en día, sin embargo, la producción de vacunas y anticuerpos está aumentando en importancia, gracias a la aplicación de los nuevos avances realizados en biología celular y en ingeniería genética.

Los humanos han obtenido enormes beneficios de los metabolitos secundarios en el campo médico, ya sean tanto de los preparados por curanderos nativos de un bosque tropical, como de los obtenidos por técnicas avanzadas de fermentación. El que más vidas ha salvado es, con toda certeza, la penicilina. En la actualidad damos por hecha la disponibilidad de antibióticos, y es difícil creer que hace tan solo cien años, la tuberculosis, la difteria, o incluso un corte infectado, podían ser letales. El descubrimiento accidental de la penicilina por Alexander Flemming (un compuesto fabricado por un moho común) no se explotó durante muchos años. Incluso cuando, finalmente, fue adoptado, justo antes de la Segunda Guerra Mundial, por Ernst Chain y sus colegas de Oxford, el primer paciente tratado murió debido a una infección masiva cuando se acabó el suministro del fármaco. La guerra aportó el estímulo necesario para una producción a gran escala, y pronto los microbios productores de penicilina fueron cultivados en bandejas, placas, y otros recipientes de fermentación por todo el Reino Unido. La penicilina sigue fabricándose gracias al cultivo de *Penicillium crysogenum*, aunque en la actualidad se utilizan fermentadores gigantes.

Los microbios son, sin lugar a dudas, recursos valiosos, pero muchas otras medicinas provienen de las plantas. Estas van desde fármacos establecidos, como la aspirina, hasta otros, como el Taxol, cuyo potencial todavía está siendo evaluado. Ciertamente se están encontrando constantemente nuevos usos para la aspirina, desde sus efectos anticoagulantes en la sangre hasta la posible prevención de la enfermedad de Alzheimer.

El Taxol es un ejemplo particularmente interesante de cómo los equipos de enzimas que trabajan en los laboratorios celulares de las plantas, a veces, pueden superar los esfuerzos más intensos realizados por la multimillonaria industria farmacéutica. A principios de los años sesenta, el Instituto Nacional para el Cáncer norteamericano (NCI) lanzó una campaña para encontrar nuevos fármacos anticancerígenos en las plantas. El

Taxol proviene de la corteza del tejo del Pacífico y fue descubierto en Oregón (Estados Unidos) en 1962. Ha resultado ser el componente vegetal más importante de los más de 110.000 compuestos de origen vegetal probados para evaluar su actividad anticancerígena por el equipo del NCI entre 1960 y 1981.

El Taxol es particularmente eficaz en las pacientes con un estado avanzado de cáncer de mama y ovario. También se usa para tratar la leucemia, el cáncer de pulmón, y el melanoma. Impide que las células cancerosas ensamblen sus citoesqueletos apropiadamente. El citoesqueleto es un sistema de soporte, construido con fibras de proteína, que es indispensable para la división celular, el apoyo mecánico, y otras funciones celulares. Sin el citoesqueleto, las células cancerosas se paralizan y mueren. Informes recientes sugieren que el Taxol también podría ser eficaz en el tratamiento de la enfermedad renal policística, responsable del 10% de la demanda de tratamientos de diálisis y trasplantes renales.

El Taxol podría ser uno de los fármacos más útiles de la década. Pero presenta un inconveniente. Hace falta la corteza entera de un árbol para obtener una sola dosis de Taxol. Para tratar a 500 pacientes hay que sacrificar 3.000 árboles. Los defensores del medio ambiente ya han protestando porque el hábitat forestal del búho moteado está siendo amenazado por la producción de Taxol.

La estructura química del Taxol se descubrió en 1971. Se trata de una molécula pequeña, pero compleja. Los químicos de todo el mundo afrontaron el reto de sintetizar el Taxol en sus laboratorios para proteger al tejo. Tras 23 años de esfuerzos, Kyriacos Nicolau y su equipo del Instituto de Investigación Scripps han encontraron una manera de fabricar Taxol, pero nadie sabe todavía si la síntesis va a ser rentable. Un compromiso podría ser dejar que las enzimas se encarguen de fabricar el Taxol protegiendo a los árboles al tomar solo una muestra de las células productoras de Taxol para cultivarla luego en un fermentador.

Vacunas

La malaria, la hepatitis y el SIDA son las enfermedades principales causadas por virus. No se han descubierto fármacos tan eficaces frente a las enfermedades víricas como son los antibióticos frente a las bacterias. En su lugar, hemos confiado en la protección que nos aportaban las vacunas. Gracias a las vacunas, la viruela ha sido erradicada, y la polio y el sarampión también deberían ser eliminados pronto. Pero aún quedan problemas importantes con respecto a la infección vírica. Los avances realizados en la biotecnología nos van a permitir la producción de vacunas más eficaces.

Los microbios infecciosos llevan en su superficie sustancias denominadas antígenos que estimulan el sistema inmunitario del organismo (realmente hay mucho más que esto, pero para esta discusión solo necesitamos los mecanismos más básicos). El principal aspecto de esta respuesta es la producción de proteínas denominadas anticuerpos neutralizantes, las cuales destruyen a los microbios invasores. El problema es que estas defensas suelen ensamblarse demasiado tarde para detener el daño que está ocasionando el invasor. Lo ideal sería que los anticuerpos neutralizantes estuviesen presentes desde el principio. Esto es lo que hace la vacuna.

Una vacuna es una presentación de un antígeno microbiano al organismo, lo cual estimula la producción de los anticuerpos apropiados. Estos se quedan en la sangre, normalmente durante años, de manera que cuando el microbio real aparece están listos para atacarlo inmediatamente.

Edward Jenner fue el primero en probar una vacuna en 1796. La «vacuna» es una enfermedad vírica mucho más leve que el sarampión, y Jenner había observado que las criadas que ordeñaban vacas que tenían «vacuna» no padecían el sarampión. Pensó que la infección de «vacuna» les procuraba cierta protección, y realizó la primera vacuna tosca a partir del fluido que contenía el virus de la «vacuna». Inyectó el producto a un niño pequeño utilizando una espina como si fuera una jeringa, y unas semanas después le inyectó intrépidamente ¡el sarampión! Afortunadamente, el virus de la «vacuna» había estimulado la producción de anticuerpos, los cuales atacaron al virus del sarampión.

Hoy en día se recurre a métodos similares para el desarrollo de las llamadas *vacunas*. Si se utiliza una vacuna viva como la de Jenner, obviamente tendrá que tratarse de una cepa debilitada (atenuada). Las vacunas vivas funcionan replicándose en el organismo y generando una elevada concentración de anticuerpos, pero siempre existe la preocupación de que la cepa debilitada mute a una cepa más virulenta.

Una alternativa es utilizar virus muertos. Una vez más, estos pueden generar una respuesta eficaz, pero existe el peligro de que algunos virus pudiesen sobrevivir al calor o al tratamiento químico utilizado para matar el virus. El tercer tipo de vacuna solo aísla el antígeno del virus. Obviamente esto es muy seguro, ya que no se utilizan virus enteros. Lo difícil es utilizar el antígeno adecuado: los virus pueden tener varias moléculas sobre su superficie que pueden actuar como antígenos.

Las tres tácticas requieren que el virus sea cultivado en un fermentador. Los virus no pueden crecer por sus propios medios; en primer lugar necesitan invadir a una célula. Las células animales, como las células de los ovarios de insectos o del hámster chino, son utilizadas para este propósito. Es inevitable que haya que extremar las precauciones con los fermentadores en los que se están cultivando virus vivos. Cada lote de virus muertos o de antígenos, antes de ser empaquetado, ha de ser escrupulosamente analizado para detectar la presencia de virus vivos.

La ingeniería genética ha aportado una manera de obtener antígenos puros sin tener que recurrir a virus vivos. La primera vacuna obtenida por ingeniería genética fue la vacuna para la hepatitis B en humanos. Se trata de una infección del hígado grave y potencialmente letal. Si se padece hepatitis B aumentan las probabilidades de que más tarde se sufra un cáncer de hígado. La vacuna se hace por la transferencia del gen de un antígeno cuidadosamente seleccionado, desde la superficie del virus de la hepatitis B hasta una levadura. La levadura se multiplica en un fermentador y así fabrica grandes cantidades de antígeno. Este puede ser entonces aislado y utilizado directamente como una vacuna.

Existen muchas maneras similares de abordar este tema. Por ejemplo, se pueden empalmar virus de plantas (inofensivos para los humanos) y antígenos de virus humanos. Infectando plantas como la vid tropical (*Vigna sinensis*) con estos virus se logra multiplicarlas, de manera que se puedan cosechar grandes cantidades de vacunas pocas semanas después. Las vacunas frente al VIH y algunas enfermedades de animales, como la fiebre aftosa, o la mastitis, se están fabricando de esta manera. También se puede recurrir a la síntesis química para fabricar importantes cantidades de antígeno puro. En general, estos antígenos son proteínas y, muy a menudo, solo un segmento de la proteína, conocido como péptido, será suficiente para obtener la respuesta inmunológica requerida. Un sintetizador de péptidos, una máquina que solo se dedica a engarzar aminoácidos para formar péptidos, ha producido una vacuna eficaz frente a la malaria.

Anticuerpos

Los anticuerpos producidos por un antígeno, como acabamos de ver, no se forman a partir de una proteína única. En su lugar, son una mezcla de proteínas producidas por glóbulos blancos, y cada una responde a una parte diferente de la molécula del antígeno (estas partes se llaman epítopos, y suelen constar de unos cuantos aminoácidos). Estos, llamados anticuerpos policlonales, poseen un potencial muy pequeño para su uso clínico o diagnóstico, debido a que no podemos asegurar a qué parte del antígeno están dirigidos. Sin embargo, en un cáncer llamado mieloma múltiple, un tipo de glóbulos blancos empieza a dividirse de una manera incontrolada, produciendo grandes cantidades de solo un tipo de anticuerpo. Los anticuerpos como estos se llaman anticuerpos monoclonales (AM). Se unen a un epitopo específico. En contraste con los anticuerpos policlonales, los AM presentan un enorme potencial clínico. Pueden utilizarse para detectar y unirse a cualquier proteína del cuerpo. Por ello podrían ser usados para neutralizar una proteína cancerosa anormal, por ejemplo, o para detectar proteínas asociadas con la infección en las muestras de sangre de las pruebas diagnósticas.

La tecnología para fabricar AM fue desarrollada por Georges Köhler y Cesar Milstein, quienes trabajaban en Cambridge en 1975. Encontraron que si se fusionaban células de leucocitos de ratones, que habían sido inyectadas con un antígeno, con células de mieloma era posible obtener células híbridas, llamadas hibridomas, que fabricarían grandes cantidades de AM para el antígeno. Los hibridomas pueden ser cultivados en un fermentador como cualquier otra célula. Por ello, hoy en día, muchas compañías de biotecnología están muy ocupadas fabricando AM para muchos antígenos diferentes.

Ya se están utilizando AM para toda una variedad de aplicaciones clínicas, como el aporte de fármacos a las células cancerosas, para que reconozcan y se alojen en los antígenos de las superficie de las células malignas. Una vez que el AM y la célula se han unido, el anticuerpo puede suministrar su carga mortal de fármaco, dejando a las células normales intactas. La misma idea puede aplicarse para obtener imágenes más precisas de un tumor antes de proceder a una intervención o tratamiento. En este caso, el AM puede ser marcado con una tinción o señal radiactiva, de forma que el tumor se destaque en los aparatos de visualización utilizados.

Los AM también son extremadamente útiles para la purificación de las proteínas a partir del plasma sanguíneo. Se unen a la proteína deseada y a nada más. Una vez que el resto de la sangre ha sido separado la pareja formada por el AM y la proteína, la proteína purificada puede recuperarse con un tratamiento químico.

Los AM producidos de la manera tradicional, como se ha descrito, tienen la desventaja de ser proteínas de ratón porque los glóbulos blancos utilizados provienen de animales experimentales. Por esto no son aptas para su uso clínico en humanos. Greg Winter y su equipo del Laboratorio para la Biología Molecular de Cambridge, están hoy en día adaptando la tecnología de los AM para la fabricación de anticuerpos humanizados.

Los AM humanizados pueden utilizarse clínicamente para neutralizar moléculas proteicas indeseables. Por ejemplo, algunas de las proteínas del sistema inmunitario están presentes en unos niveles anormalmente elevados después de un trasplante de órgano o una enfermedad inflamatoria, como la artritis o el choque séptico. Una vez que el AM se ha instalado en ellas, estas son anuladas eficazmente, exactamente como si se tratara de un microbio infeccioso que está siendo atacado por el sistema inmunológico.

Sabores y enzimas

La biotecnología en la industria alimentaria radica en el poder que tienen las enzimas para transformar la materia prima, como la leche, los granos y las frutas, en productos sabrosos e interesantes. Las enzimas utilizadas suelen obtenerse de los hongos, y su seguridad está garantizada por las autoridades reguladoras. Por supuesto, las enzimas han estado produciendo alimentos y bebidas durante mucho tiempo, antes de que nadie supiera de su existencia.

La industria láctea utiliza enzimas provenientes de un amplio rango de bacterias y hongos para fabricar yogures y quesos. La fabricación del queso depende de la acción de las enzimas proteasas que se encuentran en los estómagos de ciertos animales. Esto explica por qué tribus nómadas de Europa del Este y de Asia Occidental, a veces, fabricaban queso accidentalmente cuando transportaban la leche en bolsas confeccionadas con estómagos de animales. La más eficaz, entre todas estas enzimas utilizadas para la fabricación del queso, es la quimosina, principal componente del cuajo, el cual es un extracto del estómago de las terneras.

La leche contiene partículas solubles de una proteína denominada caseína. Dicha solubilidad proviene de unas especies de cadenas de azúcares y aminoácidos llamadas glucopéptidos que se encuentran en la superficie de estas partículas. Si se añade quimosina, los glucopéptidos se separan y las partículas se aglutinan juntas. La leche líquida se convierte en cuajos sólidos y suero líquido. Los cuajos se comprimen y se dejan madurar para fabricar queso. Las bacterias y los hongos presentes en la leche son los que otorgan los aromas y sabores característicos de cada queso durante el proceso de maduración. Los colores (como las venas azuladas del Stilton), las burbujas, los agujeros, y también las cortezas, son el producto de la acción microbiana.

Ante la demanda de queso vegetariano se intentó utilizar proteasas vegetales en lugar de las de origen animal. Sin embargo, los resultados fueron desalentadores; parece que hay algo especial en la quimosina de las terneras. La ingeniería genética ha sido capaz de encontrar una solución: queso vegetariano con todo el sabor y la textura del queso tradicional, como ya vimos en el capítulo 5. Seguro que la quimosina fabricada por ingeniería genética es solo el principio, dado lo inmenso que es el campo para la manipulación genética en la industria láctea.

Las industrias vinícolas y de fabricación de zumos de frutas dependen notablemente de otra enzima, la pectinasa. Esta descompone la pectina, que es una especie de pegamento biológico que mantiene a las células juntas en la carne de ciertas frutas. La pectina también hace que las mermeladas se solidifiquen, impide que el zumo se escape de las frutas, y también le da un aspecto turbio al vino. El uso sensato de la pectinasa en la extracción del zumo permite el flujo de millones de toneladas de zumos de fruta al año.

Las enzimas también ayudan a controlar el aspecto y el sabor de los zumos de frutas. Estamos acostumbrados a un zumo de naranja turbio y a un zumo de uva nítido, mientras que el zumo de manzana puede ser turbio o nítido. Cuando los zumos se extraen por primera vez de las frutas, suelen contener partículas de proteína o de almidón en suspensión. La presencia de pectinasa residual hace que el zumo sea viscoso y difícil de aclarar por simple filtración. La adición de pectinasa tras la extracción licúa el zumo a la vez que descompone la pectina que envuelve la superficie de las partículas en suspensión. Una vez eliminada dicha película, las partículas se apilan juntas y flotan en la parte inferior del zumo donde se depositan como un poso.

El color brillante de los zumos de los frutos de las grosellas, los arándanos y las uvas proviene de las sustancias químicas presentes en las pieles de estos frutos. La liberación de estas sustancias al zumo se facilita con el uso de celulasa, la cual descompone la celulosa de la piel durante el procesado.

Finalmente, el sabor de los zumos de fruta puede estar controlado por la adición de enzimas. Por ejemplo, el pomelo funciona bien como primer plato porque contiene un componente, la naringina, el cual estimula las papilas gustativas de tal manera que potencia el sabor de la comida que va a ser ingerida. Sin embargo, un poco de naringina dura mucho tiempo. Demasiada cantidad hace que el zumo de pomelo sea insoportablemente amargo, y los fabricantes intentan superar este problema mezclando variedades dulces y amargas de la fruta. Como alternativa se puede añadir la enzima naringinasa al zumo de pomelo para controlar el amargor, debido a que esta enzima descompone la naringina en una sustancia química no amarga.

Todos los procedimientos arriba descritos son una parte clave en la fabricación industrial y casera del vino y de la sidra. Se añade levadura al zumo o pulpa de la fruta (o también se pueden utilizar únicamente las levaduras originales presentes en la piel de la fruta). Un conjunto de enzimas presentes en las células de la levadura empieza a utilizar los azúcares de la fruta y extrae energía bioquímica de ellos. El alcohol es solo el producto de desecho de todo el proceso. La pectinasa también es útil para aclarar el aspecto turbio de los vinos regionales, como los fabricados a partir de manzanas.

La elaboración de la cerveza radica en la descomposición enzimática del almidón para fabricar glucosa, la cual es entonces fermentada. La materia prima de la cerveza son granos de cebada, y el fabricante aprovecha el procedimiento natural por el cual la cebada transforma sus reservas de almidón en glucosa. Al permitir que la cebada germine, un proceso llamado malteado, los brotes producen unos niveles elevados de unas enzimas llamadas amilasas. Estas cortan moléculas individuales de glucosa y pequeñas cadenas de moléculas de glucosa de los gigantescos polímeros de almidón para que sean utilizadas de inmediato por la planta de cebada que se está desarrollando. Los fabricantes de cerveza, a veces, acortan el procedimiento de germinación y añaden un suplemento de amilasas provenientes de hongos a los granos malteados para impedir que los embriones de cebada consuman demasiada cantidad de glucosa, que puede entonces fermentarse para producir cerveza.

El organismo que transforma la glucosa en alcohol es la levadura *Saccharomyces cerevisiae*. Durante muchos años se han cultivado muchas cepas nuevas de *S. cerevisiae*. El problema con la mayoría de las cepas es que no pueden fermentar las cadenas más largas de glucosa procedentes del almidón (estas moléculas se llaman dextrinas). Una cepa parecida llamada *Saccharomyces diastaticus* puede fermentar dextrinas, pero le da mal sabor a la cerveza. Sin embargo, el gen responsable de la descomposición de la dextrina ha sido transferido desde el *S. diastaticus* hasta el *S. cerevisiae*. El resultado es una cerveza baja en carbohidratos y que, además, sabe bien.

La fabricación de la cerveza y la del pan tienen mucho en común. Ambas dependen de la conversión del almidón en glucosa, la cual es fermentada a continuación por una levadura. No obstante, la materia prima para el pan es el grano de trigo. Aquí también, a las amilasas naturales del grano se les puede aportar un suplemento de enzimas fúngicas. La fermentación en la fabricación del pan produce una pequeña cantidad de alcohol, lo que contribuye al olor y sabor característicos de una barra de pan recién hecha. Sin embargo, el otro producto de desecho de la fermentación, el dióxido de carbono, hace que el pan aumente de volumen cuando se mete en el horno.

Los biotecnólogos han estado especulando durante mucho tiempo acerca de la posibilidad de elaborar vino y cerveza a partir de periódicos viejos. El problema es que, en los periódicos, el polímero presente es la celulosa, mientras que en los granos y frutos es el almidón. Ambos están hechos de unidades de glucosa, pero están unidos de manera diferente. La amilasa no puede descomponer la celulosa, pero la celulasa sí. Sin embargo, la fermentación del producto no es fácil. Hasta la fecha, se ha fabricado, a partir del papel usado, un alcohol de baja graduación que puede utilizarse como suplemento en los combustibles. Deberemos aguardar unos cuantos años antes de que un cajón lleno de periódicos viejos pueda convertirse en uno ¡lleno del mejor champán!

Enzimas en la lavadora

Los detergentes biológicos contienen minúsculas cantidades de enzimas que descomponen las manchas. Otto Röhm lanzó el primer detergente biológico en 1913. Se trataba de un extracto de páncreas de cerdo que contenía enzimas de la familia de las proteasas. Las proteasas descomponen las proteínas, y Röhm sostenía que la suciedad de la ropa se compone de grasas humanas y proteínas. El componente proteico hace que la suciedad se adhiera a las prendas. Una enzima con actividad proteasa puede cortar las proteínas hasta sus aminoácidos constituyentes, de manera que la suciedad se disuelve en el detergente.

Sin embargo, los primeros detergentes biológicos eran rudos e ineficaces debido a que las moléculas de enzimas tendían a desplegarse en las condiciones alcalinas de un lavado típico. Se inició la búsqueda de una proteasa que fuese compatible con los álcalis y, en los años sesenta, la compañía danesa Novo Industria (hoy en día Novo Nordisk) halló una en la bacteria *Bacilos licheniformis*. La compañía desarrolló a continuación detergentes con estas enzimas con el objetivo de retirar las manchas y los olores de los monos tremendamente sucios de las personas que trabajaban en las industrias pesqueras y cárnicas.

En los últimos años, se han ido introduciendo otras enzimas microbianas en los detergentes. La amilasa descompone las manchas de almidón (como las ocasionadas por espaguetis enlatados), salsa de carne o comida infantil; mientras que las lipasas disuelven las manchas debidas a los lípidos, incluyendo el lápiz de labios y la grasa. El desarrollo más reciente ha producido detergentes que condicionan el tejido mismo. Las telas de algodón están basadas en la celulosa, el producto natural más abundante en el mundo. Las moléculas de celulosa son largas filas de moléculas de glucosa que se agrupan para formar las fibras características del algodón. La acción del lavado puede dañar las fibras de celulosa. Los fragmentos de las fibras forman entonces una pelusa característica sobre la superficie del tejido. Si se añade la enzima celulasa al detergente, este puede digerir dichos fragmentos, mejorando el tacto de la prenda.

La ventaja de las enzimas en los detergentes es que pueden permitir que el lavado se lleve a cabo a menores temperaturas que en los lavados tradicionales. Las proteínas son moléculas delicadas que necesitan mantener su forma de manera precisa para poder realizar su función. Las temperaturas muy por encima de los 50 °C hacen que las proteínas cuidadosamente plegadas se desplieguen o desnaturalicen. Por esta razón el lavado con agua caliente no es adecuado para quitar las manchas de sangre o de huevo de las prendas. Las elevadas temperaturas solo degradan estas manchas a base de proteínas, haciendo que se adhieran aún más al tejido. Esto se debe a que los átomos de la proteína desplegada (degradada), al quedar libres pueden establecer enlaces químicos con los átomos del tejido. Las enzimas de los detergentes biológicos, las cuales son proteínas, no soportan un lavado caliente y rinden al máximo a temperaturas moderadas.

Los lavados más fríos ahorran energía, y debido a que las enzimas atacan a manchas específicas, deberían dar mejores resultados que el jabón o el detergente solos. Por otro lado, también se ajustan mejor a la tendencia hacia los detergentes líquidos y libres de fosfatos. En la actualidad, los detergentes biológicos representan más del 80% del mercado de Europa occidental.

Sin embargo, el uso de detergentes biológicos, presenta algunas desventajas. En primer lugar, debido a que las enzimas son proteínas extrañas, la gente expuesta a ellas puede sufrir una respuesta alérgica. Esto ocurre si el sistema inmunitario, que está adaptado para responder a las proteínas extrañas nocivas, como las que llevan en su superficie algunos microbios, es hipersensible y empieza a responder a proteínas que no son en sí mismas dañinas. De hecho, algunos trabajadores de las fábricas de detergentes experimentaron alergias graves debido a la exposición al polvo de enzimas a finales de los años sesenta. La mala publicidad resultante ocasionó una caída de las ventas y las compañías empezaron a poner más énfasis en desarrollar procedimientos seguros para su manejo. Hoy en día, los detergentes con enzimas están empaquetados de tal forma que la exposición directa es muy poco probable.

En segundo lugar, la seda y la lana son tejidos naturales fabricados a partir de una proteína denominada queratina (esta misma proteína es uno de los principales componentes del pelo, la piel y las uñas). Por tanto, el poner a remojo estos tejidos en detergentes biológicos podría cambiarlos, ya que las proteasas podrían descomponer la queratina.

10
El poder de las plantas

Las plantas mantienen la vida en la Tierra, fundamentalmente porque transforman la energía solar en la energía química del alimento durante el proceso de la fotosíntesis. También representan la materia prima de la medicina y los tejidos naturales.

Durante los últimos miles de años, hemos hecho todo lo posible para amoldar las plantas a nuestras necesidades agrícolas. Los métodos de cultivo tradicionales han intentado explotar lo mejor que el mundo de las plantas puede ofrecer. Hoy en día, la biotecnología y la ingeniería genética están dando paso a nuevas e importantes posibilidades, no solo para el cultivo de plantas con las características deseadas, sino también para crear especies de plantas totalmente nuevas. Hasta la fecha, el éxito comercial de la biotecnología vegetal ha sido limitado. Sin embargo, su campo es potencialmente muy amplio, y abarca desde el suministro de alimento a una población mundial creciente, hasta la introducción de flores nuevas, como rosas azules o petunias de color ladrillo.

Una célula, una planta

La biotecnología aplicada a las plantas se aprovecha del hecho de que, a diferencia de las células animales, las células vegetales son totipotentes. Esto significa que el modelo de la expresión génica de una célula vegetal le da el potencial de convertirse en cualquier tipo de célula de la planta madura. Por tanto, una célula vegetal puede acabar en el tallo, en la hoja, en la flor o en la raíz. Las células animales, sin embargo, son pluripotentes. Solo pueden convertirse en uno de los distintos tipos de células. Las células madre, por ejemplo, producidas por la médula ósea de los humanos y otros vertebrados, pueden convertirse en cualquier tipo de glóbulos blancos utilizados por el organismo para luchar contra una infección. Pero nunca podrían convertirse en células nerviosas, o en células musculares. Por ello, aunque tanto las células animales como las vegetales contienen una copia completa del ADN necesario para cada tipo de célula del organismo maduro, el patrón de expresión génica de cada una, es decir la manera en la que algunos genes se activan o desactivan en un momento determinado, hace que sus destinos durante el desarrollo sean muy distintos.

Por tanto, en teoría, uno puede obtener una planta entera a partir de una única célula de la planta. Los buenos jardineros ya saben esto desde hace tiempo. Cuando cogen un esqueje y lo plantan, con suerte y experiencia, podrán obtener una planta entera a partir de una hoja, o de un tallo, de aquella planta tan admirada del jardín de un amigo.

¡Pero no hay ninguna posibilidad de coger un pelo de su caniche y sacar de él un perro![6] Cuando la forma de ganarse la vida un agricultor o la inversión de una compañía están en juego, este proceso se desarrolla bajo condiciones controladas en el laboratorio o en el campo. La creación de un conjunto de plantas genéticamente idénticas, conocidas como clones, a partir de células de una planta que posee características deseadas, es una de las actividades comerciales clave de la biotecnología vegetal actual.

El éxito de estas empresas depende de una técnica denominada cultivo tisular, desarrollada durante las primeras décadas del siglo XX, por biólogos fascinados por el descubrimiento de que las células podían vivir fuera de un organismo. Inevitablemente esto produjo muchos debates acerca de la relación entre las células y los organismos. Empezó a surgir el mito de que las células eran inmortales, y que lo que las hacía morir era formar parte de un organismo. Como ya vimos en el capítulo 8, esto solo es verdad para las células anormales, como las cancerosas. Las células normales tienen una duración limitada, pero ciertamente pueden existir por sus propios medios como entidades independientes, así como lo hacen los organismos unicelulares como las bacterias.

Los cultivos tisulares fueron una consecuencia práctica de estos estudios. Las células provenientes tanto de animales como de plantas se cultivaron en recipientes de cristal que contenían una especie de sopa con todos los ingredientes necesarios para suministrar una alimentación apropiada para las células que estaban siendo cultivadas. Estas pueden ser extraídas de un minúsculo pedazo de tejido obtenido del organismo que luego se digiere con una enzima para separar las células. También se puede cultivar todo el tejido. Los científicos del Laboratorio *Strangeways* de Cambridge, dirigidos por Honor Fell, uno de los grandes pioneros del cultivo tisular, mostraron que incluso órganos pequeños, como las extremidades de un embrión de pollo, podían ser también cultivados.

Veamos cómo funciona un programa de cultivo de un tejido vegetal. Suponga que la Sociedad de Historia Natural del lugar en que usted vive está preocupada por la última orquídea de una especie extraña que queda en un bosque cercano. Con el cultivo de tejidos, la Sociedad podría clonar la orquídea, y producir varios cientos de ellas más, si dispone de las instalaciones y los recursos necesarios. En primer lugar, habría que obtener una pequeña muestra del tejido a partir de la orquídea, con un escalpelo estéril. Si bien cualquier parte de la planta puede utilizarse para iniciar un cultivo tisular, en la práctica es mejor utilizar el meristema, que es la punta activa de una raíz o del vástago. Esto se debe a que el meristema tiene más probabilidades de estar libre de virus, hongos, o infecciones bacterianas, lo cual es vital para establecer clones libres de enfermedades, quizá a partir de una colección certificada de plantas provenientes de ultramar.

El tejido de la orquídea será entonces esterilizado sencillamente poniéndolo en una placa con una solución blanqueadora diluida durante, aproximadamente, cinco minutos. La siguiente etapa consiste en colocarlo en un recipiente o una placa que contenga una solución nutriente. La composición de este cóctel químico es muy precisa y consiste en

---

[6] Aunque no es exactamente lo mismo, tras la publicación en el Reino Unido de esta obra, la obtención de la oveja Dolly parece contradecir (en parte) la afirmación de la autora. *(N. del E.)*

azúcares, vitaminas y otros factores cuyo papel en el crecimiento de la célula todavía permanece oscuro, si bien está claro que es vital. El desarrollo de este tipo de medio puede tardar años y se debe tanto a intuición culinaria como a ciencia pura.

En este entorno hospitalario, debería aparecer al cabo de unos días una masa de tejido indiferenciado de orquídea llamado callo. El callo se parece más o menos a una salsa de manzana, que rodea la muestra de tejido original. Se pueden retirar pequeñas muestras de callo del recipiente original con unas pinzas esterilizadas y colocarlas en otros recipientes con nutrientes nuevos para su cultivo.

A continuación, las masas de callos se transfieren a una nueva solución de cultivo, que contenga una mezcla cuidadosamente diseñada de hormonas vegetales para fomentar el desarrollo de raíces y vástagos. Las hormonas son mensajeros químicos que estimulan a las células para que estas lleven a cabo ciertas actividades bioquímicas en momentos determinados. Por ejemplo, las hormonas sexuales humanas dirigen el ciclo menstrual y el desarrollo de los órganos sexuales. En las plantas, las hormonas controlan no solo la formación de raíces y vástagos, sino también la maduración y la caída de los frutos. El estudio de la explotación de las hormonas vegetales ha sido de enorme importancia para la horticultura y la agricultura. Las hormonas son utilizadas por los jardineros para estimular el enraizamiento de los esquejes, y por los granjeros para que las frutas caigan de los árboles en un huerto al mismo tiempo y obtener así una cosecha más rápida.

Un ingrediente importante de la mezcla de hormonas de un cultivo tisular es el 2,4-D, que fomenta la formación de vástagos. El 2,4-D también se utiliza como herbicida. Obliga a las malas hierbas a crecer de manera incontrolada de forma que terminan por debilitarse y morir. Nadie quiere que esto ocurra con las delicadas plantitas que van a surgir del programa de cultivo tisular, por lo que solo se usan pequeñas cantidades de hormonas para hacer que el callo se convierta en una planta. Si todo va bien, se deberían obtener muchas plantitas de orquídeas (el número exacto dependerá de la escala de la operación) listas para ser plantadas en el exterior y crecer en unas pocas semanas.

Aparte de la preservación de especies de plantas raras, existen otras razones para utilizar cultivos de tejidos vegetales. Es más rápido que esperar a que ciertas especies de crecimiento lento, como los árboles, produzcan semillas. También se pueden proteger las cosechas de la devastación debida a enfermedades, si se clona una variedad resistente a tales enfermedades. Por supuesto, también evita los potenciales escollos de los cruzamientos entre plantas en los que se mezclan genes. Con el cultivo de tejidos uno siempre sabe exactamente lo que va a obtener (con una excepción, que consideraremos más adelante), por lo que se puede producir más cantidad de plantas de elevada producción, raras, o deseables por otras razones.

El proceso de producir una planta entera a partir de una masa de tejido de callo se conoce como regeneración. Muchas plantas han sido regeneradas a partir de un callo. Entre estas podemos encontrar desde frutas y verduras hasta árboles y plantas ornamentales como las orquídeas. No existe una razón científica por la que todas las plantas no deban cultivarse y regenerarse por medio del cultivo de tejidos una vez que se ha desarrollado el sistema apropiado. Sin embargo, con la excepción del arroz, las plantas de cereales, las cuales son monocotiledóneas debido a que solo producen una semilla de hoja, crecen con dificultad en cultivo de tejidos. Las dicotiledóneas, que son las plantas de hojas anchas, son mucho más fáciles de regenerar. El tabaco puede ser devastador para la salud humana, pero es amigo de la biotecnología ya que su regeneración es muy sencilla. Junto con sus parientes cercanos, la patata y el tomate, el tabaco es el caballo de tiro de muchos programas de investigación, al igual que *E. coli* y la mosca de la fruta *Drosophila* se utilizan ampliamente como organismos modelo en otras áreas de la genética.

El cultivo tisular puede ser un procedimiento sin grandes exigencias técnicas, y, por tanto, puede ser utilizado por un amplio rango de cultivadores, desde pequeños granjeros hasta gigantescas multinacionales. Así, en el norte de Vietnam, los granjeros han recurrido al cultivo de tejidos para superar los problemas en el suministro de semillas de patatas europeas ocasionados por la guerra del Vietnam. Al utilizar tejidos provenientes del Centro Internacional de la Patata, en Perú, los granjeros y sus familias regeneraron tres millones de plantas de patata libres de enfermedades que en la actualidad les aportan unos ingresos estables. Utilizan antiguas botellas de gases norteamericanas como esterilizadores a vapor, y macetas hechas con hojas de banano para arraigar las plantitas.

En el otro extremo de la escala de las inversiones, el gigante químico Unilever está construyendo enormes plantaciones de aceite de palma clonadas de enorme capacidad productiva en Malaysia. El aceite de palma es una cosecha importante. Se utiliza como aceite para cocinar, y posee un elevado contenido en componentes químicos llamados barredores de radicales libres que pueden reducir el riesgo de cáncer. También existen muchos usos industriales del aceite de palma, desde los plásticos hasta el jabón. Unilever espera que las plantaciones, que podrían contener hasta un millón de árboles, darán una producción de aceite entre tres y cuatro veces superior a la de una plantación cultivada de la manera tradicional.

El cultivo tisular también puede ser utilizado como una especie de proceso de fermentación con el énfasis puesto en lo que la planta puede producir, en lugar de en la planta misma. Los agentes químicos producidos por las plantas se llaman fitoquímicos y, como ya hemos discutido en el capítulo 9, las plantas y los microbios son capaces de desarrollar una química bastante elaborada. Los fitoquímicos se pueden utilizar como fármacos, tintes, perfumes e insecticidas, y, por supuesto, existen también cosechas de alta rentabilidad, como el café, el té y el cacao.

Pero los cultivos tisulares vegetales no han tenido hasta la fecha mucho éxito como fuente de fitoquímicos. Las células tienden a aglutinarse y formar plantas, en lugar de actuar como unidades de producción individualizadas para cualquiera que sea el agente químico en el que se especialicen. La mayor esperanza parece radicar en el cultivo de células pilosas de las raíces. Los científicos japoneses han encontrado que podrían obtener grandes cantidades del tinte de color rojo shikonina, a partir de las células de las raíces de la hierba salvaje *Lithospermum erthyrorhizon*. La shikonina, que se utiliza en la bandera japonesa, y para dar color a los lápices de labios, se extrae tradicionalmente de la raíz de la planta. Si el cultivo celular tiene éxito comercial, entonces los trabajadores que cosechan esta planta se quedarán sin trabajo. En el Reino Unido, el cultivo celular de raíces pilosas está empezando a suministrar grandes cantidades de alcaloides tropanos, sustancias químicas extraídas de las plantas como la mortal belladona, que se utilizan ampliamente como anestésicos.

Nuevos genes, nuevas plantas

Las células vegetales en cultivo son buenas candidatas para la ingeniería genética. La inserción de ADN foráneo en una célula vegetal se llama transformación. Si esta es seguida por una regeneración exitosa, entonces el resultado será una planta transgénica (fig. 10.1).

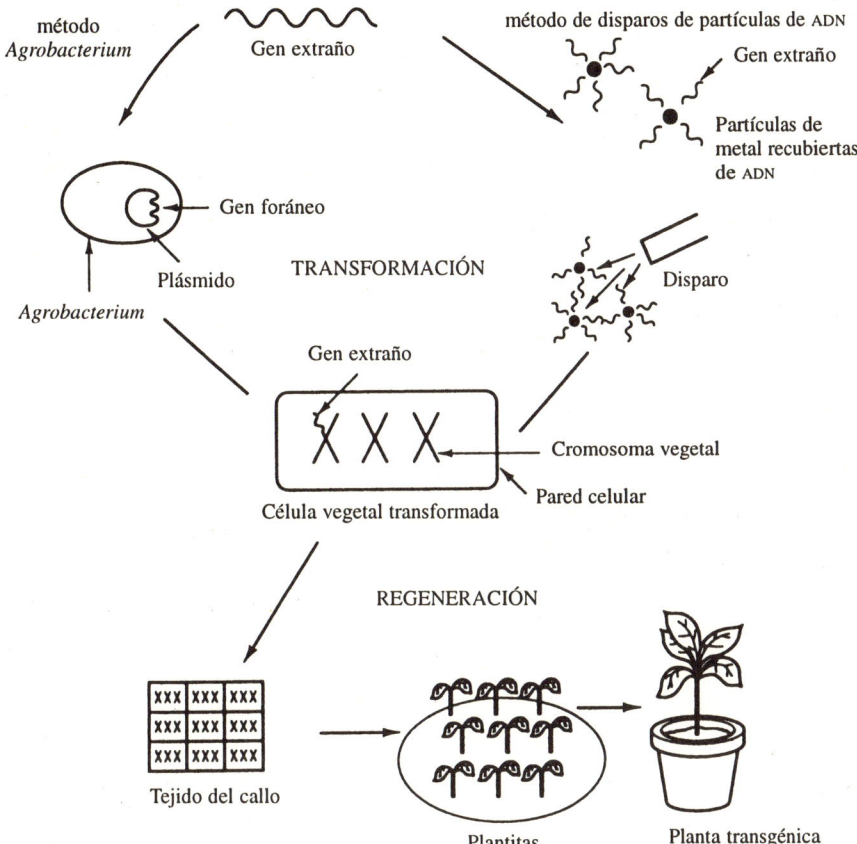

Figura 10. *Creación de plantas transgénicas por medio de la ingeniería genética.* Un gen extraño, con una propiedad como, por ejemplo, la resistencia a los herbicidas, se inserta en células de una planta, utilizando una técnica hecha a la medida de cada planta. Para algunas, como el tomate o la patata, una bacteria llamada *Agrobacterium tumifaciens* introduce «de contrabando» el gen. Otras plantas, como los cereales de las cosechas, son más susceptibles a métodos más directos de transferencia de genes como el método de los «disparos» con partículas metálicas recubiertas de ADN. Esta parte del proceso, cuyo resultado es que las células de las plantas posean los genes insertados, se llama transformación. Las células transformadas se hacen crecer entonces hasta formar una masa de tejido llamada callo. La adición de hormonas al medio de cultivo provoca la aparición de raíces y vástagos, convirtiendo a los callos en plantitas que pueden ser cultivadas hasta llegar a ser plantas transgénicas maduras. La conversión de células vegetales en plantas se denomina regeneración.

El problema para conseguir que las células vegetales adopten ADN nuevo es que contienen unas paredes celulares muy fuertes hechas de celulosa, una larga cadena fibrosa. Estas paredes hacen que las células vegetales parezcan pequeños ladrillos, buenos para la construcción de la planta, a la que aportan su estructura y soporte, pero impenetrables a las técnicas de microinyección necesarias para la introducción de ADN en el interior de la célula.

No obstante, existen formas de atravesar la pared celular de la planta. Una aproximación es hacer que el nuevo ADN *cabalgue* sobre una bacteria llamada *Agrobacterium tumifaciens*, la cual depreda a las plantas de hojas anchas, infectándolas al igual que otras bacterias causan dolores de garganta o un estómago indispuesto. La bacteria *Agrobacterium tumifaciens* induce un tumor denominado agalla en corona en la planta. La bacteria contiene un plásmido que lleva los genes creadores de la agalla en corona. El truco es incorporar el ADN foráneo al plásmido, de manera que la *Agrobacterium* pueda introducirlo de *contrabando* dentro de la planta.

Este proceso se lleva a cabo utilizando unas enzimas que cortan, recortan, y empalman el ADN del plásmido (con técnicas similares a las ya descritas en el capítulo 5). Si todo va bien, la *Agrobacterium* puede ser convertida en un excelente vehículo de transporte del ADN foráneo hacia el interior de las células de la planta. Los primeros experimentos llevados a cabo en el tabaco, las petunias y las plantas de zanahoria, mostraron el potencial de la vía de la *Agrobacterium*.

Desgraciadamente, *Agrobacterium* no infecta a las monocotiledóneas, que son precisamente las plantas en las que estamos interesados para la fabricación de alimentos. Sin embargo, existe una manera en la que el ADN puede penetrar en los cereales. La solución es muy sencilla: quitar la pared de celulosa con enzimas para generar células *desnudas* llamadas cloroplastos. Las enzimas utilizadas, celulasas y pectinasas, son las que se utilizan en los detergentes y en el procesamiento de los zumos de frutas. Digieren los componentes de la pared celular, haciendo que la célula sea más porosa al ADN.

A continuación, se puede introducir el ADN en el protoplasto de dos maneras. Por un lado tenemos la electroporación, un tratamiento mediante descargas eléctricas que abre diminutos poros en la membrana celular. A través de ellos, el nuevo ADN se escabulle dentro de la célula. Más tarde, esos poros se vuelven a cerrar, y la célula queda intacta. Una técnica más reciente, consiste en disparar a los protoplastos con un arma. Esta contiene unos minúsculos proyectiles de oro o de tungsteno recubiertos con el ADN que ha de ser introducido en el interior de la célula vegetal.

Las células de las plantas transformadas se seleccionan de la misma manera que las bacterias recombinantes. Es decir, se transfieren genes marcadores junto con el gen que nos interesa. En general, estos se utilizan para la resistencia a los antibióticos, y el gen de resistencia a la kanamicina es uno de los favoritos. Por tanto, las células vegetales que poseen el gen requerido serán resistentes a la kanamicina y pueden distinguirse claramente de las células vegetales que no lo poseen: el antibiótico las matará.

Ingeniería para el suministro mundial de alimentos

Hoy en día disponemos de las técnicas para fabricar por ingeniería genética cualquier planta. Sin embargo, la perspectiva de crear una generación de plantas de diseño está todavía muy lejos, principalmente porque algunos de los atributos más interesantes de las plantas siguen siendo aún poco conocidos a nivel genético. Los cambios radicales en las plantas, por vía de la ingeniería genética, tendrán que esperar hasta que se sepa más de su biología básica.

Las dos cosas principales que pueden hacer las plantas, y los animales no, es realizar la fotosíntesis y fijar el nitrógeno (obsérvese que algunas bacterias realizan la fotosíntesis, y que no existe fijación del nitrógeno sin la presencia de bacterias). Ambos procesos tienen un impacto importante sobre nuestro suministro de alimentos, por lo que a los biotecnólogos les encantaría tener un mayor control sobre ellos, a través de la ingeniería genética.

En un congreso reciente, los principales biotecnólogos especializados en plantas a nivel mundial concluyeron que las mejoras en la fotosíntesis tendrían el doble de potencial comercial que cualquier otra cosa que pudieran hacer para mejorar las plantas por ingeniería genética. Durante la fotosíntesis, las moléculas simples de dióxido de carbono presentes en la atmósfera se convierten en otras más complejas que pueden ser utilizadas como alimentos. La glucosa, que posee seis átomos de carbono frente a uno que contiene el dióxido de carbono, es el primer producto de la fotosíntesis. Las plantas utilizan directamente la glucosa pero también la emplean para formar otras sustancias, como el almidón, la celulosa, las grasas y las proteínas. La construcción de estas moléculas consume energía, que las plantas obtienen al atrapar la luz solar utilizando su pigmento verde llamado clorofila. Los detalles bioquímicos de la fotosíntesis son fascinantes pero complicados. Quizá lo más importante que hay que recordar es que, como ocurre con todas las reacciones bioquímicas, hay enzimas implicadas en cada etapa, que construyen cada molécula a partir de su predecesora.

La fotosíntesis siempre ha sido la fuente de la vida en la Tierra, desde los primeros días de las antiguas cianobacterias hace casi cuatro mil millones de años. Todas las actuales formas de vida también dependen de ella (salvo algunas bacterias), ya sea directa o indirectamente. Si seguimos el rastro de nuestra dieta, siempre llegaremos a la fotosíntesis, incluso aunque uno nunca tome alimentos vegetales directamente.

El problema con la fotosíntesis es que no es demasiado eficaz. Se podría culpar de esto a una de las enzimas fotosintéticas clave, la ribulosa-1,5-bifosfato carboxilasa, conocida abreviadamente en química como rubisco. En comparación con otras enzimas, la rubisco no tiene mucho éxito cuando liba su sustrato, en este caso el dióxido de carbono. Tampoco es capaz de dedicar todo su tiempo a la fotosíntesis; se la ha encontrado a veces ayudando a realizar otra reacción competidora.

A los ingenieros genéticos les encantaría que la rubisco trabajara más duramente. Una manera de conseguir esto sería hurgar entre la rica diversidad del mundo vegetal para encontrar rubiscos que sean más eficaces que las que se encuentran en las plantas principales generadoras de alimento (hasta ahora, hemos hablado de la rubisco como si se tratase de una sola enzima; de hecho, es más bien como un apellido, del que cada planta tiene su propia versión). O se podría estudiar exactamente qué aspectos de la estructura tridimensional de la rubisco controlan la forma en que el dióxido de carbono es sujetado por la enzima. En este tipo de situaciones, solo suelen estar involucrados unos pocos aminoácidos. Al cambiar estos, por medio de las técnicas de ingeniería de proteínas debatidas en el capítulo 5, se podría transformar a las rubiscos más perezosas en nuevas versiones más dinámicas y trabajadoras.

La fijación del nitrógeno es otro de los grandes logros bioquímicos de las plantas. Se trata de la transformación de nitrógeno, que es el gas más abundante de nuestra atmósfera, en amoníaco. Debido a que las moléculas de nitrógeno tienen dos átomos de nitrógeno, mientras que las de amoníaco tienen un átomo de nitrógeno rodeado de tres átomos de hidrógeno, esto podría no parecer un logro demasiado espectacular. Sin embargo, esta transformación es muy difícil de conseguir sin utilizar enzimas. La fabricación del amoníaco en la industria requiere la combinación de gases de nitrógeno e hidrógeno a altas temperaturas y a presión elevada, e incluso así es necesario recurrir a un catalizador metálico para que este proceso resulte barato.

En las plantas leguminosas, como los guisantes, las judías, y los altramuces, la fijación del nitrógeno se realiza con la ayuda de ciertas bacterias del suelo, normalmente de la especie *Rhizobia*. La acción tiene lugar en unos órganos especializados, los nódulos, localizados en las raíces. Las bacterias estimulan la formación de nódulos. A continuación, invaden estos minúsculos compartimentos, y empiezan a soldar átomos de nitrógeno y de hidrógeno, con la ayuda de una compleja enzima denominada nitrogenasa, para generar moléculas de amoníaco.

La nitrogenasa es enormemente sensible al oxígeno. Es suficiente la presencia de este gas para destruirla, lo que detiene la producción de amoníaco. Por esto la fijación del nitrógeno no puede ocurrir en el suelo. En el nódulo, la planta es capaz de suministrar una protección bioquímica a la nitrogenasa bacteriana. Fabrica una proteína llamada legahemoglobina. Como el nombre mismo sugiere, se trata de una forma de hemoglobina. Atrapa cualquier molécula de oxígeno en la vecindad de los nódulos de las raíces antes de que pueda destruir la nitrogenasa.

El amoníaco puede utilizarse en seguida para formar aminoácidos y proteínas; por esta razón lo necesitan las plantas. Sin la fijación del nitrógeno, tendría que confiar en la acción de otras bacterias del suelo conocidas como desnitrificantes. Como alternativa, los fertilizantes artificiales, como el fosfato de amoníaco y la urea, podrían utilizarse para aumentar el aporte de amoníaco.

Por tanto, aunque parece arrogante pensar que se puede interferir en la magnífica simbiosis de las plantas y las bacterias que supone la fijación del nitrógeno, la perspectiva de extender esta capacidad a un rango más amplio de plantas resulta tentador. Se podría incrementar las producción, y disminuir el uso de fertilizantes, (con los problemas que conllevan de filtración en el suministro de agua) simultáneamente.

Una opción sería estimular el desarrollo de simbiosis entre otras parejas de plantas y bacterias, transfiriendo los genes responsables de la formación de nódulos. Otra solución más radical sería eliminar por completo la necesidad de simbiosis, y hacer que la planta sea autosuficiente, aportándole todos los genes necesarios para la fijación del nitrógeno. Sin embargo, debido a que existen 17 genes bacterianos diferentes implicados en el proceso, este sería un proyecto extremadamente ambicioso. Hasta la fecha, nadie tiene experiencia sobre este tipo de transferencia multigénica entre organismos.

La manipulación de la fotosíntesis y de la fijación del nitrógeno podría empezar a parecer más realista cuando se haya analizado y comprendido la información aportada por los diferentes proyectos de cartografía del genoma vegetal. El berro de tierra (*Arabidopsis thalania*) es el organismo modelo para este trabajo. Posee un pequeño genoma con pocas repeticiones de ADN. Su rápido tiempo de generación de seis semanas significa que los resultados de los experimentos genéticos estarán disponibles pronto. Los científicos que colaboran a nivel internacional sobre la cartografía del *A. thalania* ya están reuniendo e intercambiándose nuevas ideas sobre cómo se desarrollan y florecen las plantas, y cómo resisten a las presiones ambientales, como climas fríos, y a los depredadores, como los virus, los hongos y las bacterias. Hasta la fecha, los ingenieros en genética han utilizado lo que se sabe acerca de cómo funciona una planta para intentar mejorar la probabilidad de que las cosechas sobrevivan al ataque de depredadores microbianos y otras condiciones ambientales adversas, y conseguir unas cosechas más sanas, y más comida para las despensas mundiales.

A mediados del siglo XXI, la población mundial podría llegar a casi nueve mil millones de personas. Dependiendo de la proporción de población que aún pasa hambre, las áreas de cultivo existentes tendrán que suministrar entre dos y seis veces más comida que en la actualidad (esta última cantidad es lo que se necesitaría si todo el mundo tuviese tanto para comer como nosotros hoy en día en occidente). Por supuesto que podríamos dedicar más tierras al cultivo, pero esto podría implicar problemas medio ambientales y políticos. El papel que podría jugar la biotecnología en este asunto sería el de incrementar los rendimientos, que están muy por debajo del máximo, debido a las plagas, las malas hierbas, y los problemas de orígen climático, como las sequías.

Existen dos propuestas principales para aumentar el suministro de alimento. Por un lado podemos ocuparnos de las cosechas actuales intentando mejorarlas, o podemos diversificar e intentar cultivar otras plantas alimentarias diferentes. La primera opción significa que habremos de concentrarnos en variedades de elevados rendimientos, encontrando las maneras de reducir las pérdidas. La llamada *Revolución verde* de los años cincuenta y sesenta aumentó la producción de trigo en un 100% plantando variedades más productivas y mejorando las técnicas de cultivo. Pero se puso poco énfasis en la selección de variedades con buena resistencia a las enfermedades. En su lugar, se incrementó la confianza en los pesticidas y herbicidas químicos para erradicar el ataque a las cosechas por parte de animales depredadores y malas hierbas.

Los antiguos libros de texto de ciencias se jactan de lo que la química ha hecho por la agricultura, citando como ejemplo el insecticida DDT. En la actualidad, la imagen del DDT está empañada: el DDT es tóxico para los humanos y la vida salvaje, y permanece en el suelo durante muchos años. Muchos países han prohibido su uso y su lugar ha sido ocupado por otros componentes menos dañinos. Sin embargo, la desaparición del DDT podría haber producido el resurgimiento del mosquito, y un problema continuo con las enfermedades transmitidas por los mosquitos, como la malaria o la fiebre de dengue.

La otra característica de la Revolución verde fue confiar en relativamente pocas plantas para el suministro de alimentos. Hoy en día solo utilizamos veinte especies para obtener el noventa por ciento de nuestro suministro de alimentos, entre las miles de plantas que en potencia podrían generarlos. Los cereales, las hierbas con flores y cuyas semillas se utilizan con fines alimenticios, las raíces, y las legumbres son las plantas dominantes. La mitad de nuestra ingesta calórica proviene del trigo, el arroz, y el maíz. La cebada, la batata, la mandioca, la patata, y la soja representan la mayor parte del resto. Si bien podríamos intentar aumentar el rango de plantas que utilizamos para comer, lo que representaría un importante cambio desde los monocultivos que son más vulnerables a la enfermedad, el enfoque adoptado por la revolución genética ha sido hasta la fecha la mejora de las cosechas de plantas actuales.

El tipo de conocimiento biológico básico y fundamental necesario para desarrollar cultivos ideales se está reuniendo a partir de los proyectos de los genomas de varios cereales, a la vez que se está desarrollando la cartografía de *Arabidopsis*. Ya se dispone de los mapas genéticos de la cebada, el centeno, el mijo y el trigo. Sin embargo, el genoma del trigo, que ha sido estudiado con detalle en el Reino Unido, es enorme, y contiene mucho más ADN que el genoma humano. El trigo es hexaploide: sus cromosomas se disponen en grupos de seis (tres pares de cada uno). En total presenta 42 cromosomas, y cada uno tiene tanto ADN como ocho cromosomas humanos o 25 cromosomas del arroz. El genoma del trigo también está repleto de secuencias repetidas aparentemente inútiles (y frustrantes para los científicos que solo pretenden extraer los genes).

Sin embargo, los científicos japoneses que estudian el genoma del arroz, mucho más pequeño, han encontrado que el orden de los genes en el arroz y en el trigo es el mismo. Esto es como un recordatorio sobre el hecho de que ambas plantas han evolucionado a partir de la misma hierba ancestral y que hace sesenta millones de años se separaron de su camino evolutivo común para convertirse en dos especies distintas. Hoy, el arroz puede utilizarse como plan maestro para trabajar sobre los genomas de otros cereales. Los científicos especializados en plantas de todo el mundo están aunando información y esperan acelerar la localización de genes útiles para la agricultura en los cereales más importantes.

El trigo, en 1992, fue el último de los cereales principales en unirse al club de los transgénicos. Esto abre el paso a la emocionante perspectiva de lograr una agricultura global basada en una aptitud genética pulida con gran precisión. Sin embargo, todavía deberán transcurrir muchos años antes de que las plantas transgénicas estén a disposición de los granjeros de forma comercial, si bien ya se han llevado a cabo numerosos ensayos de campo. Con toda probabilidad, las primeras generaciones de dichas plantas podrían ser plantas fabricadas por ingeniería genética capaces de resistir a las enfermedades, a los ataques de los insectos y a los herbicidas.

Todos los jardineros tienen una gran experiencia en enfermedades de plantas y agentes depredadores. Los tomates cultivados en invernaderos son devastados por los virus; las fresas, por los mohos; y, por supuesto, la vida de las babosas está dedicada a comerse nuestras verduras y frutas favoritas. Resulta molesto (quizá incluso angustioso) ver lo que las plagas pueden causar en una parcela o un jardín. Imagínese esto multiplicado muchas veces en una granja o en una plantación, para hacerse una idea de los costes tanto humanos como económicos de las plagas y las enfermedades en las plantas. Este es precisamente el área en el que la ingeniería genética parece prometer algunas mejoras drásticas.

Las enfermedades víricas ocasionan pérdidas en las plantas, al igual que lo hacen en los humanos. Poseemos pocas defensas frente al SIDA y el resfriado común, y las plantas no tienen sistemas de defensa frente a los virus. Sin embargo, las plantas pueden aprovechar un fenómeno denominado resistencia inducida. La presencia de proteínas de un virus invasor en la célula de la planta parece provenir del ataque del virus entero. Nadie entiende realmente como funciona esto, si bien se parece superficialmente al proceso de inmunización que protege a los humanos de las enfermedades víricas como el sarampión. Las plantas pueden ser protegidas mediante una inyección de formas más suaves de los virus que las atacan. El enfoque de la ingeniería genética consiste en la transferencia de proteínas desde la envuelta de los virus más relevantes hasta las células vegetales en cultivo. Las plantas transgénicas resultantes son resistentes a los virus. Hasta la fecha, se ha demostrado que esto funciona en el caso del tomate y la patata, dos plantas de enorme importancia comercial.

Ya se han creado tomates transgénicos resistentes a los hongos, tomando prestados genes de proteínas antifúngicas que aparecen naturalmente en otras plantas como el tabaco. Las paredes celulares de los hongos contienen quitina, el segundo polímero más abundante en la Tierra (tras la celulosa, con la que está químicamente relacionada). Las proteínas antifúngicas incluyen unas enzimas, denominadas quitinasas, que degradan la quitina y destruyen eficazmente las paredes celulares de los hongos invasores.

Quizá la estrategia de ingeniería más eficaz frente a los invasores haya sido la creación de toda una variedad de plantas que fabrican su propio insecticida. Se sabe, desde principios de este siglo, que hay cepas de la bacteria *Bacillus thuringiensis* (bt) que producen esporas que contienen cristales proteicos tóxicos para los insectos. Las esporas se han utilizado como insecticida, para proteger a las plantas frente a las orugas de las polillas y las mariposas, los mosquitos y los mosquitos Simúlidos. Las diferentes cepas de bt producen toxinas específicas para cada tipo de plaga. Recientemente se han descubierto toxinas de bt contra gusanos, escarabajos y ácaros.

Las esporas con toxinas bt representan una de las armas más exitosas del arsenal para el control biológico, el cual utiliza como alternativa a los agentes químicos sintéticos, productos y depredadores naturales para luchar contra las plagas y enfermedades de las plantas. En algunas áreas de África occidental donde se ha utilizado el bt, se ha eliminado por completo la ceguera del río, que se transmite por los Simúlidos. Sin embargo, la toxina bt solo representa cerca del uno por ciento del mercado de pesticidas, y es más cara que los pesticidas químicos, si bien presenta la ventaja de ser inofensiva para los humanos y otros animales. Al igual que otros pesticidas, la toxina bt ha de ser pulverizada repetidamente, lo que incrementa los costes.

El gen bacteriano que codifica la toxina bt fue transferido por primera vez a células de las plantas de tabaco, que se transformaron en plantas transgénicas que expresaban la toxina. Estas permanecieron inmunes a un ataque de insectos que mataban las plantas normales en pocos días. A partir de estos primeros experimentos, las toxinas bt han sido transferidas al tomate, la patata y el algodón, siendo este último un cultivo importante generador de gran cantidad de riqueza, normalmente sujeto a enormes pérdidas causadas por el ataque de los insectos. Pese al éxito de los experimentos realizados por ingeniería genética con la toxina bt, todavía tendremos que aguardar varios años antes de que las plantas lleguen al mercado. Incluso entonces, es difícil predecir su capacidad para competir frente a los pesticidas químicos. Paralelamente, existe el problema de que los insectos puedan hacerse resistentes a la toxina bt. El mensaje es que probablemente se deberían usar distintos tipos de armas para ayudar a las plantas a luchar contra las enfermedades y los depredadores, y la biotecnología y la ingeniería genética se deberían añadir a las opciones disponibles.

Las plantas con bt han recibido mucha atención por parte de la comunidad científica, pero existen otras maneras de obtener plantas que sean resistentes a los insectos. Por ejemplo, los biotecnólogos estadounidenses y españoles han descrito recientemente una manera de proteger las semillas almacenadas del ataque de los gorgojos. Algunas veces los insectos devoran el 100% de los depósitos de semillas, pero no lo hacen tan bien cuando su dieta contiene una enzima que les impide descomponer el almidón de las semillas. Las judías contienen el gen para esta enzima, pero los guisantes no. La transferencia de este gen desde las judías a los guisantes produjo unas plantas de guisantes transgénicas seguras frente a los ataques de insectos.

Las malas hierbas, al competir por el espacio, el agua, y los nutrientes, también pueden ser enemigas principales de las cosechas. Los herbicidas existentes no suelen ser lo suficientemente precisos para no dañar las cosechas cuando se emplean en una parcela. Quitar las malas hierbas a mano es un trabajo penoso, y aunque se dispone de ciertas toxinas biológicas, algunas compañías están empezando a desarrollar plantas resistentes a los herbicidas. La más desarrollada es una planta resistente al herbicida glifosfato. Conocido comercialmente como *Roundup*, este es el herbicida que uno utilizaría para limpiar un jardín descuidado. Funciona bloqueando una enzima que la mala hierba necesita para fabricar aminoácidos. Sin embargo si una parte del herbicida salpica a otras plantas, sus enzimas también sufrirán. Las plantas resistentes al herbicida contienen un gen para una versión ligeramente diferente de esta enzima, que el glifosfato no puede tocar. Si se fumiga con *Roundup* un terreno cultivado con estas plantas transgénicas, las malas hierbas sucumbirán pero las cultivadas permanecerán ilesas. Hasta la fecha, Monsanto, la compañía que fabrica el *Roundup*, ha inducido la resistencia al *Roundup* en plantas modelo habituales (tabaco, patata y tomate), y tiene puesta sus miras en cultivos como la soja. Inevitablemente, Monsanto ha tenido que defenderse frente a las acusaciones de que su motivación radica en obligar a los granjeros a comprar y utilizar más *Roundup*. Como respuesta, la compañía dice que *Roundup* contiene una baja toxicidad y es fácil de degradar, es menos agresivo con el medio ambiente que otros herbicidas. La utilización de *Roundup*, en vez de otras alternativas del mercado, debería, por tanto, tener un efecto beneficioso para el medio ambiente y el suministro de agua.

Otra estrategia para fomentar la producción de las cosechas es utilizar la manipulación genética para superar los límites ecológicos de varias plantas. ¡Imagínese cultivar mangos en Escocia o lechugas en el desierto! Esto significaría observar con detenimiento la base genética de la tolerancia de las plantas frente al frío, a la sequía, el viento, y varias condiciones del terreno como la salinidad y la acidez. Se están realizando progresos emocionantes en la comprensión de cómo las plantas resisten las bajas temperaturas. Una de las reglas básicas de la jardinería es evitar los daños producidos por el frío y las heladas, plantando las especies correctas en el momento idóneo. Nunca verá sembrar tomates en otoño, pretendiendo que sobrevivan al invierno; sin embargo, las habas cochineras suelen resistir bastante bien en estas condiciones. Es la misma historia que con la comida congelada: el casis y los guisantes se congelan muy bien, pero nadie ha encontrado una manera realmente exitosa de congelar fresas o lechugas.

Un factor importante en la resistencia al daño causado por el frío, es la capacidad que tenga la planta para alterar la composición de las moléculas de su membrana celular. Esta es la barrera que separa la célula de su ambiente externo (en una célula vegetal se encuentra en el interior de la pared celular). Contiene un gran número de moléculas llamadas lípidos dispuestas en una doble capa en la que se incrustan varias moléculas de proteínas. Esta imagen de una membrana celular se denomina modelo del mosaico fluido. Es una buena descripción de cómo funciona la membrana celular. Se trata de una barrera dinámica, más que pasiva o rígida. Permite que las sustancias entren y salgan a través de canales situados en las proteínas de la membrana. Las moléculas lipídicas pueden moverse lateralmente, lo que le proporciona a la célula gran parte de su necesaria flexibilidad. Por ejemplo, los glóbulos blancos de nuestro sistema inmunitario llamados fagocitos rodean a las bacterias con sus membranas celulares (antes de digerirlas en su interior). Solo pueden hacer esto si la membrana celular presenta una cierta movilidad.

Pero estas propiedades vitales pueden perderse cuando bajan las temperaturas. Todas las moléculas pierden movilidad a medida que descienden las temperaturas. De hecho, existe una conexión íntima entre el movimiento molecular y la temperatura. Las leyes de la física establecen que la temperatura más baja posible se da cuando cesa todo movimiento molecular. Esta temperatura, conocida como cero absoluto, se encuentra a –273 °C. Se ha descubierto que es imposible conseguir que las moléculas permanezcan completamente quietas; lo más que se puede hacer es ponerlas en un estado en el que tengan una energía residual mínima. Durante años, los científicos del extraño mundo de la física de bajas temperaturas han intentado acercarse lo más posible al cero absoluto. Hasta la fecha sus mejores esfuerzos se acercan a unas pocas milmillonésimas de grado respecto del mágico –273 °C. Para poder apreciar lo frío que es esto, considere que la temperatura más baja jamás registrada sobre la Tierra fue de –89,2 °C, en la estación experimental de Vostok que se encuentra cerca del Polo Sur, en el Antártico.

A cualquier temperatura, la movilidad de las moléculas lipídicas depende de su composición química. Por ejemplo, el aceite de oliva es un líquido a la temperatura ambiente de una cocina, mientras que la mantequilla es un sólido blando. Pero si saca la mantequilla de la nevera, estará dura y difícil de untar. Se dice que los lípidos como el aceite de oliva son insaturados, mientras que otros más duros como la mantequilla se denominan saturados (estos términos provienen de la manera en la que los átomos de carbono de la molécula se unen unos a otros, y por tanto, de cuántos átomos de hidrógeno pueden unirse a los átomos de carbono).

Hay evidencias sólidas de que algunas plantas que sobreviven a bajas temperaturas lo hacen porque cambian el equilibrio de la composición de sus membranas lipídicas hacia unos lípidos insaturados más fluidos. Se han identificado los genes que codifican una enzima que convierte los lípidos saturados en insaturados en muchas plantas. Lo que al parecer hacen estas plantas resistentes el frío es activar este gen rápidamente a medida que las temperaturas descienden.

Ciertas bacterias poseen genes similares para resistir el frío. En 1990, científicos japoneses transfirieron uno de estos genes de una especie de bacterias a otra que originalmente era sensible a la temperatura y que no presentaba lípidos insaturados en sus membranas. Una vez que adquirió el nuevo gen, su membrana empezó a acumular lípidos insaturados y fue capaz de funcionar perfectamente a bajas temperaturas. Quizá algún día se pueda hacer esto con las plantas y así poder extender hacia abajo el rango de temperaturas de especies valiosas.

No importa cómo de bien funcionen los lípidos de las membranas, existe aún otra peligrosa amenaza cuando las temperaturas se acercan al punto de congelación, el hielo. Una vez que se forman cristales de hielo en la célula, está condenada. Sin agua líquida, las reacciones bioquímicas esenciales no pueden tener lugar, y el hielo mismo daña la delicada estructura interna de la célula. Algunas células hacen frente a esto fabricando moléculas anticongelantes, que impiden la formación del hielo.

Se ha recurrido a la ingeniería genética para ayudar a las fresas a luchar contra los daños producidos por el hielo. La planta de la fresa es vulnerable a la lesión del hielo porque una bacteria llamada *Pseudomonas syringae* vive en su superficie. La bacteria produce una proteína que en realidad fomenta la formación de cristales de hielo. Steven Lindow y su equipo de la Universidad de California en Berkeley, han generado una cepa de *P. syringae* sin el gen que codifica la proteína que estimula la formación de hielo. Si rocían las fresas con estas bacterias llamadas de «menos hielo», las fresas resultarán protegidas frente a las heladas.

La resistencia a unas malas condiciones del terreno puede desarrollarse mediante la selección de las células de las plantas en cultivos tisulares. Si bien el objetivo habitual del cultivo tisular es el de obtener muchas plantas genéticamente idénticas, en la práctica existe una tendencia, conocida como variación somaclonal, a que las células alteren su constitución genética mientras están en el cultivo. Si en esta etapa se aplica al cultivo un estrés, como por ejemplo una elevada concentración salina, las células supervivientes pueden ser seleccionadas, y hacerlas crecer, para dar plantas transgénicas resistentes a la sal. Este es el tipo de trabajo que se ha llevado a cabo durante muchos años en el Proyecto de Cultivos Tisulares para las Cosechas (TCCP) en la Universidad de Colorado, en los Estados Unidos de América. Según el TCCP, el sorgo resistente al ácido y el arroz resistente a la sal están siendo probados en la actualidad en estudios de campo.

Otra estrategia para el desarrollo de plantas con una elevada resistencia al estrés ambiental es combinar especies resistentes con especies altamente productivas. Bajo unas condiciones normales de cultivo de plantas, no se puede criar a partir de dos especies distintas. Sin embargo, es posible fusionar los protoplastos de dos especies tratándolos con varias sustancias químicas. Se obtendrá una célula con los genes de ambos progenitores. La planta así producida suele perder algunos genes a medida que se va desarrollando a partir de esta célula, pero con un poco de suerte aún conservará el gen o los genes que interesan. A continuación, el cruce convencional de esta planta con la planta que se desea cosechar dará lugar a un producto con la característica buscada. Se ha obtenido un éxito con este método, el desarrollo de un arroz tolerante a la sal; se fusionaron protoplastos de un arroz salvaje que crece en los manglares salinos de Bangladesh con protoplastos de arroz comestible.

La ingeniería genética podría utilizarse para añadir calidad nutricional a los cultivos ya existentes. Las semillas, que representan el almacén de alimento de la planta en desarrollo, son la principal fuente de calorías de la dieta humana. Las proteínas animales, sin embargo, son superiores a las proteínas vegetales que se encuentran en las semillas, ya que contienen todos los veinte aminoácidos esenciales que son los sillares básicos para construir las proteínas. Una vez ingeridas, las proteínas se descomponen para suministrar los ingredientes de las proteínas humanas. A las proteínas vegetales les faltan algunos de los aminoácidos. Para prevenir las deficiencias alimentarias, las cocinas étnicas que incluyen poca carne, combinan proteínas vegetales de diferentes fuentes, como por ejemplo el arroz mejicano con frijoles, o el humus y el pan ácimo de Oriente medio. Los vegetarianos bien informados hacen lo mismo con los bocadillos de mantequilla de cacahuete o las judías en tostada.

Es posible crear plantas que contengan proteínas completas con todo el abanico de aminoácidos. Ya se han clonado los genes de proteínas vegetales como la faseolina, que se encuentra en las judías francesas, y de la ceína del maíz. Las proteínas del maíz no tienen los aminoácidos lisina y triptófano, mientras que las legumbres tienen pocos aminoácidos con azufre, como la cisteína y la metionina. Se podrían combinar ambas proteínas en una sola planta transgénica, pero este tipo de trabajo todavía se encuentra en una fase muy temprana.

La creación de plantas con beneficios característicos para la salud también está proyectada. Una manera obvia de dar un paso adelante sería alterar la composición de los aceites contenidos en las semillas. La mayor parte de las autoridades sanitarias aconsejan ahora reducir el consumo de grasas en la dieta para disminuir el riesgo de contraer enfermedades cardíacas, la principal causa de muerte en occidente, y posiblemente de desarrollar algunos tipos de cáncer. Sugieren también un cambio en el tipo de las grasas y los aceites consumidos, disminuyendo las grasas saturadas como las encontradas en los productos lácteos, algunas carnes y el chocolate, y aumentando las grasas poliinsaturadas presentes en los aceites vegetales (esto es similar al cambio que ayuda a las plantas a mantener la integridad de sus membranas celulares frente al estrés ocasionado por el frío, como ya hemos visto, pero no hay una conexión evidente entre ambos fenómenos).

Los nuevos y sanos aceites vegetales serán creados como se hizo con las plantas resistentes al frío, transfiriendo el gen que puede convertir los lípidos saturados en insaturados. Los experimentos preliminares realizados muestran que esta alternativa funciona.

Algunas veces los genes son retirados de una planta, en lugar de ser añadidos, para crear un producto nuevo. El Flavr Savr, un tomate transgénico que es el primer alimento fabricado por ingeniería genética que va a ser introducido en el mercado, ha sido modificado de esta manera. La mayoría de las frutas como los tomates se recogen cuando están verdes y se maduran artificialmente utilizando la hormona gaseosa etileno. Algunos horticultores declaran que esto no permite que ciertos azúcares y otros componentes de la fruta lleguen a madurar, y podría ser la razón por la que los consumidores ponen a los tomates sin sabor en el primer lugar de sus listas de reclamaciones cuando son encuestados.

Sin embargo, si dejáramos que las frutas maduren naturalmente antes de transportarlas por barco, habría más melones con moho y más tomates podridos, porque después de la maduración, aparece un reblandecimiento de la fruta que atrae a las bacterias y los hongos. El Flavr Savr, creado por la compañía norteamericana Calgene, ha desactivado uno de los genes responsables de este reblandecimiento. Esto se ha conseguido utilizando la tecnología antisentido, discutida en el capítulo 2. Las células del tomate son tratadas con una hebra única del ADN para la enzima ablandadora, con la secuencia escrita desde atrás hacia delante. Este ADN antisentido se une al ARNm del gen de forma que este no pueda ser traducido a proteína (que en este caso es la proteína ablandadora). El tomate logra producir solo un exiguo 1% de la cantidad normal de la enzima ablandadora. Por tanto, el Flavr Savr puede dejarse madurar sin problemas en la enredadera. Los nuevos tomates tienen más probabilidades de convertirse en salsas y ketchup que de ser vendidos para ensaladas.

Rosas azules y petunias rojo ladrillo

Quizá algún día la ingeniería genética se introduzca en las floristerías y en los mercados de flores. La industria mundial de las flores y las plantas ornamentales está creciendo, siendo las rosas, los claveles y los crisantemos casi la mitad de todas las exportaciones. Los integrantes de esta industria dicen que la novedad es una de las fuerzas motrices del mundo floral. El llamado cultivo molecular de flores ha fomentado que la ingeniería genética busque nuevas especies más llamativas.

La razón por la que uno no puede comprar rosas azules o neguillas amarillas, es que ninguna planta posee los genes de todo el espectro de pigmentos de color. Por tanto la cría de flores convencional está limitada con respecto a los colores que pueden obtenerse en las flores. La manera en la que una planta construye un conjunto de pigmentos se conoce bastante bien. Este conjunto son las antocianidinas, que son responsables de la mayoría de los colores rojos, azules y púrpuras que pueden encontrarse tanto en las flores como en las frutas.

Las antocianidinas se forman a partir del aminoácido fenilalanina. Durante los últimos cincuenta años, más o menos, los químicos de todo el mundo han descubierto pacientemente las reacciones y las enzimas utilizadas por las plantas para fabricar cada uno de los pigmentos. En primer lugar, la molécula simple de fenilalanina se convierte en un pigmento amarillo denominado chalcone mediante cuatro reacciones químicas. La enzima que produce chalcone a partir de la molécula precedente se llama chalcona sintetasa (CHS) y resulta que es bastante importante para la ingeniería genética de las plantas.

Lo que ocurre a continuación depende de qué genes presenta la planta. Existen tres conjuntos de genes que codifican tres conjuntos diferentes de enzimas. Estas actúan sobre el chalcone para fabricar pigmentos púrpuras, azules o rojos. Las petunias no poseen uno de estos conjuntos, y nunca podrán, de manera natural, tener el mismo color rojo ladrillo que tienen los geranios, que sí poseen estos genes.

La situación se complica aún más por el hecho de que el color de las flores puede cambiar según la acidez y alcalinidad de la savia de la planta, o incluso dependiendo del terreno en el que estén siendo cultivadas. Las amapolas y las neguillas contienen ambas el pigmento *rojo*, pero debido a que la savia de la neguilla es alcalina, el pigmento se vuelve azul. Esta habilidad de las antocianidinas para cambiar de color puede demostrarse fácilmente en un experimento que puede llevarse a cabo en una mesa de cocina. Triture unos cuantos pétalos de una rosa roja, una neguilla, o una espuela de caballero con una pequeña cantidad de agua para hacer una solución coloreada. Añada unas cuantas gotas del líquido obtenido a una pequeña cantidad de vinagre (que es ácido) o de levadura en polvo (que es alcalina) y observe cómo cambian los colores. Se puede obtener el mismo efecto con fresas, casis, y remolachas trituradas. Las hortensias y las campanillas cambian de color dependiendo de la naturaleza del terreno en el que crecen. Las hormigas fabrican ácido fórmico, y las campanillas que crecen encima de donde hay muchas hormigas se vuelven rosas, mientras que los colores de las hortensias varían de un jardín a otro contiguo.

El primer experimento exitoso realizado para modificar el color de las flores por ingeniería genética fue llevado a cabo por los científicos del Max Planck Institute de Colonia. Transfirieron a las petunias un gen de una enzima que puede fabricar pelargonidina, responsable del color rojo ladrillo de los geranios. Posteriormente, el equipo holandés liderado por Alexander van der Krol intervino en un paso anterior de la vía de síntesis de los pigmentos. Su intención era desactivar el gen CHS utilizando el tipo de tecnología antisentido utilizado para fabricar el tomate Flavr Savr. De esta forma, se bloquea la producción de pigmento y el resultado fueron petunias con flores cuyo color era mucho más pálido que los tonos habituales mucho más brillantes. Algunas incluso eran de color blanco puro. Otro resultado inesperado de estos experimentos fueron petunias con unos patrones de color inusuales en los pétalos (presumiblemente debido a que el grado de expresión del CHS era diferente en distintas partes de los pétalos).

Recientemente, la atención de los criadores de flores que usan la tecnología molecular se ha desviado hacia variedades comerciales de crisantemos y rosas. Un popular crisantemo rosa ha sido convertido en un crisantemo blanco recurriendo a experimentos similares a los utilizados para fabricar petunias pálidas.

Pillaje de genes y de patentes

Existen más de 300.000 especies de plantas identificadas y nadie está seguro del porcentaje sobre el total que esto representa. Las áreas con una rica diversidad, como las selvas tropicales, contienen casi con toda seguridad miles de plantas todavía por descubrir. La mera identificación de una planta no significa que su valor nutricional, sus productos o sus genes hayan sido estudiados en profundidad. Se están perdiendo miles de especies a medida que se transforman los terrenos para usos industriales y de transporte, ya sea para la construcción de autopistas en la Unión Europea como para el desarrollo de granjas para el ganado en las selvas brasileñas.

En cierto modo, los ingenieros genéticos parecen estar confabulándose a favor de esta destrucción al por mayor de la biodiversidad vegetal. La idea de buscar genes que pueden ser transferidos a plantas de cultivo ya existentes reduce la fuente del gen a solo un segmento del ADN. Esto supone que una vez que el gen ha sido clonado, y su secuencia anotada en una base de datos que todo el mundo puede consultar, entonces su planta de origen ya no presenta interés alguno.

Sin embargo, la fuerza motriz de la biotecnología vegetal es la búsqueda de genes interesantes. Es por tanto de interés para la biotecnología que se protejan los genes y esto implica necesariamente un acuerdo sobre biodiversidad a escala mundial.

El creciente énfasis que se ha puesto en los genes ha levantado temores entre los países en vías de desarrollo con respecto al hecho de que occidente puedan robarles su mercancía más preciada: sus genes vegetales. Países como Etiopía, particularmente rico en café y especies de cereales, han liderado la lucha contra el saqueo de genes prohibiendo exportar plasma germinal. India acaba de votar una dura ley que impedirá que las compañías farmacéuticas asalten el país en busca de plantas medicinales y microbios de los que poder extraer medicinas que les aporten beneficios.

Este conflicto se ha visto intensificado por la perspectiva de patentar genes y sus productos, como las plantas transgénicas. Las variedades de plantas obtenidas de los cultivos tradicionales nunca se patentaron en la forma en la que se hace con otros inventos.

En vez de ello, fueron protegidas por algo llamado *derechos de las variedades de plantas*, mediante los cuales se intentó llegar a un equilibrio entre la compensación a los criadores por su inversión, y el alivio en el pago de derechos para aquellos que querían seguir profundizando en el cultivo de estas variedades (los llamados *privilegios de los criadores*). De manera similar, se permitió a los agricultores que se quedaran con algunas semillas de cultivos de una variedad protegida sin tener que pagar más derechos.

Debido a que las plantas transgénicas son realmente más novedosas que las variedades obtenidas por la vía tradicional de cultivo, las autoridades europeas decidieron otorgarles una protección total mediante patentes. Pero todavía nadie está seguro, ya que poseemos muy poca experiencia sobre el resultado de las plantas transgénicas en el mercado, de cómo afectará esta resolución a los privilegios de los criadores y los agricultores.

Es fácil simpatizar con las personas de los países de orígen de los genes que acaban en las plantas transgénicas. Los biotecnólogos, una vez obtenida la patente de la planta, obtendrán derechos de sus clientes sin la obligación de devolver nada a los lugares en los que encontraron tan valiosos genes. Podrían, evidentemente, argumentar que sin una inversión sustancial, el gen no podría haber sido transformado en un producto generador de beneficios.

El Compromiso Internacional para los Recursos Genéticos de las Plantas que opera bajo la dirección de la Organización para la Alimentación y la Agricultura de la ONU (FAO), ha argumentado que los genes son patrimonio de la humanidad. Se están intentando establecer acuerdos equitativos para el reparto de los beneficios provenientes de las plantas transgénicas entre los países en los que se originaron los genes y aquellos en los que se han desarrollado las plantas. Muchas compañías internacionales están ansiosas de no ser etiquetadas como ladronas de genes. Hasta hace unos pocos años, era práctica común que los empleados de las empresas farmacéuticas se trajeran a casa un puñado de tierra o unos pocos esquejes desde sus lugares de vacaciones en el extranjero, con el fin de analizarlos en busca de fármacos interesantes. Esto ha cesado y las exploraciones de este tipo se llevan a cabo en colaboración con los científicos del país involucrado.

Más materia de reflexión

Los fabricantes de alimentos elaborados por ingeniería genética saben que van a tener que trabajar duro para convencer a la opinión pública de que compre sus productos. Los consumidores de Estados Unidos y Europa piden cada vez más información acerca de lo que contienen sus alimentos. Muchos de ellos rechazan los alimentos muy tratados, y los productos alimenticios *naturales*, como las verduras cultivadas orgánicamente, están ganando popularidad. A esto hay que añadir potentes grupos de presión que extienden la idea de que los alimentos fabricados por ingeniería genética son artificiales y peligrosos.

Inevitablemente esto ha generado una presión por parte de los consumidores con respecto a que los productos modificados genéticamente como el tomate Flavr Savr deberían llevar una etiqueta informativa, para poder así elegir sabiendo lo que uno compra. En los Estados Unidos de América, los alimentos solo se regulan en función de su seguridad y su calidad. En Europa, existe el concepto de alimento novedoso, que puede referirse a la manera en la que ha sido producido, incluso si el producto final es el mismo que el cultivado de modo convencional. Un informe detallado sobre el tomate Flavr Savr realizado por la Administración para los Alimentos y los Fármacos estadounidense mostró que no había diferencias significativas en su composición frente a la del tomate convencional, salvo por un detalle. El tomate Flavr Savr todavía presenta los genes de resistencia a la kanamicina utilizados para seleccionar las células vegetales fabricadas por ingeniería genética en el inicio del proceso de modificación. A nivel nutricional, estos genes no tienen ningún efecto, pero algunos oponentes argumentan que podrían acabar en el interior de los consumidores y hacerles resistentes a la kanamicina (un antibiótico que, de hecho, ya casi no se utiliza debido a sus intensos efectos secundarios). Dichos consumidores serían, por tanto, en teoría, vulnerables a la infección. Lo más probable es que los genes de resistencia a la kanamicina no sobrevivan al ácido presente en el estómago. No obstante, para algunos consumidores, el ínfimo riesgo de que esto pudiera ser así es simplemente inaceptable, y sienten que tienen el derecho a saber si estos genes se encuentran en los tomates que podrían estar comprando.

Una cosa que los consumidores deberían recordar, sin embargo, es que los genes de resistencia a los antibióticos no solo están presentes en los organismos involucrados en la ingeniería genética: son muy frecuentes en las bacterias que colonizan los llamados alimentos *naturales*. Esto se debe a que la resistencia a los antibióticos es una propiedad natural de los microbios, según se discutió en el capítulo 4. Por supuesto que es posible que haya ADN de otros organismos en cualquiera de las plantas o animales de que consta nuestra dieta, ya que existe en todas las células.

Sin embargo, podemos estar seguros de que los productos fabricados por ingeniería genética poseerán genes de antibióticos. Queda pues claro que el proceso por el cual esto se produce puede afectar a la composición del alimento. La discusión sobre el etiquetado de los productos se centra en si las etiquetas deberían informar solo sobre el contenido nutricional del alimento o si deberían también informar acerca de cómo ha sido producido. Esta es una discusión que no se resolverá fácilmente. Existe una buena razón para que las etiquetas sigan siendo lo más sencillas posible: solo hay que fijarse en las etiquetas de los cosméticos y artículos de tocador denominados no crueles con los animales para ver cuán cínico y engañoso puede llegar a ser el etiquetado. Sin embargo, existen razones igualmente buenas, desde el punto de vista ético, para dar a los consumidores la máxima información posible, de modo que estos puedan hacer una elección libre. El aspecto más evidente de este debate es que el consumidor se beneficiará más de cualquier sistema de etiquetado que se adopte, cuanto mayor sea su comprensión de la metodología científica implicada en la fabricación del producto ofrecido.

Pero incluso si los alimentos elaborados por ingeniería genética resultasen ser totalmente seguros para el consumidor, forzosamente habrá más preocupación acerca del efecto de las plantas transgénicas para el medio ambiente. Probablemente la preocupación principal sea que si hacemos más resistentes a las plantas cultivadas, añadiendo genes de resistencia a las plagas y las enfermedades, las plantas los transferirán a las malas hierbas, quienes entonces se apoderarán de su ecosistema.

Las malas hierbas suelen prosperar debido a que poseen una combinación particularmente beneficiosa de genes. La adición de genes que producen un gasto de energía bioquímica en la mala hierba, no le va a ayudar a crecer. Con toda seguridad, un gen proveniente de una planta transgénica no mejorará a la mala hierba si determina la resistencia a una plaga a la cual la mala hierba no es sensible.

Sin embargo, hay que decir que poseemos muy poca experiencia sobre cómo se comportan en el campo las plantas transgénicas. Se están llevando a cabo numerosos ensayos de campo a media o pequeña escala, sin que se hayan descrito efectos adversos para el ecosistema circundante. Quizá el aspecto más interesante de estos ensayos sea que en el Reino Unido, al menos, se pueden debatir públicamente desde hace dos años. Aunque los detalles sobre los futuros ensayos de campo con plantas transgénicas han de ser publicados en la prensa, poca gente ha hecho comentarios sobre los aspectos involucrados. Esto es una pena, porque si el público trabajase conjuntamente con los científicos en la evaluación de los riesgos de las plantas transgénicas para el medio ambiente, los beneficios de la biotecnología vegetal para la sociedad se comprenderían más fácilmente, y los peligros potenciales se podrían neutralizar en un estado más precoz.

11
Soluciones ambientales

Las preocupación acerca del estado de nuestro medio ambiente ha ido lentamente en aumento en las agendas políticas a lo largo de la última década más o menos. Esta toma de conciencia existe a muchos niveles: hay aspectos globales como el cambio climático, problemas locales como la congestión debida al tráfico, y preocupación por la salud en relación con los desechos tóxicos y la polución ambiental.

Los procesos biológicos, como la fotosíntesis, ayudaron a dar forma a nuestro ambiente en los inicios de la evolución, como veremos en el capítulo 12. El objetivo de la biotecnología medioambiental es el de utilizar el poder transformador de la bioquímica, dirigido obviamente por el ADN, para ayudar a crear un medio ambiente que podamos legar con orgullo a nuestros nietos.

Existen dos maneras principales en las que la biotecnología puede suavizar el impacto de la actividad humana sobre nuestro planeta. Puede ser de ayuda en el abastecimiento de energía y recursos materiales, así como para acabar con la polución.

Atrapando la energía solar

A medida que crece la población mundial, también lo hacen las aspiraciones de la gente. Por ello, muchos habitantes de los países en vías de desarrollo quieren tener coches, neveras, y otros objetos que damos por hecho en los países occidentales. Al mismo tiempo, también quieren desarrollar sus industrias para generar ingresos y un mejor nivel de vida. Inevitablemente, de esto resultará un aumento del consumo de energía, desde una mayor cantidad de electricidad necesaria para hacer funcionar los aparatos domésticos e industriales, hasta más combustible para la calefacción y el transporte.

Hoy en día, el mercado de la energía comercial está dominado por el carbón, el petróleo y el gas, es decir: los combustibles fósiles. Estos son los productos finales de la fotosíntesis, el proceso por el cual la energía solar fija el dióxido de carbono de la atmósfera en forma de moléculas más complejas basadas en el carbono, como la glucosa, el almidón, y las grasas y las proteínas de las plantas (ver también el capítulo 10).

Cuando los seres vivos mueren y se descomponen, asistidos por unos microbios denominados descomponedores, el carbono puede volver a introducirse en la atmósfera en formas orgánicas (vivas) e inorgánicas (muertas). El nivel de dióxido de carbono en la atmósfera debido a estos procesos biológicos es alrededor de 280 partes por millón (ppm) o 0,028%. Sin embargo, bajo ciertas condiciones geológicas, los restos de los seres vivos basados en el carbono se transforman, a lo largo de millones de años, en combustibles fósiles. El carbón contiene un elevado porcentaje de carbono puro, el petróleo es una compleja mezcla de hidrocarburos (componentes que contienen solo carbono e hidrógeno), y el gas natural está compuesto principalmente por metano, el hidrocarburo más sencillo.

Cuando los combustibles fósiles se queman, su energía química es liberada en forma de calor y luz. Esto puede usarse bien directamente, como en una cocina de gas, o indirectamente para hacer funcionar generadores de electricidad o los motores de los vehículos. Desde la revolución industrial, la carga de dióxido de carbono en la atmósfera debida a estas emisiones llamadas antropogénicas se ha añadido a la cantidad proveniente de los procesos biológicos. El nivel total del dióxido de carbono es en la actualidad de 350 ppm y aumentará hasta cerca de 560 ppm en los próximos cuarenta o cincuenta años, si el consumo de energía sigue aumentando tal y como hoy en día se calcula.

El dióxido de carbono es solo una minúscula proporción de nuestra atmósfera, la cual está compuesta principalmente de oxígeno y nitrógeno. Sin embargo, incluso una pequeña cantidad de dióxido de carbono puede tener un profundo efecto, porque es lo que denominamos un gas invernadero. El dióxido de carbono siempre ha jugado un papel importante en el mantenimiento de la temperatura de la Tierra a un nivel adecuado para la vida. La ínfima cantidad presente en la atmósfera atrapa suficiente calor del Sol para mantener la temperatura media de nuestro planeta a unos 15 °C. Las concentraciones más altas de dióxido de carbono previstas arriba aumentarán probablemente esta temperatura en uno o dos grados. No parece mucho, pero podría tener un profundo efecto sobre los seres vivos: desde aumentar la incidencia de enfermedades transmitidas por el agua y las inundaciones, hasta incrementar la producción de cultivos como los tomates, o ampliar el abanico de mariposas que sobreviven al invierno en el interior de las ciudades. Es el calentamiento global de la Tierra. A diferencia del efecto invernadero, que es la retención natural de calor por parte del dióxido de carbono, este aumento de la temperatura se debe totalmente a la actividad humana.

Cuando se queman combustibles fósiles, estos se pierden, al menos a corto plazo. El dióxido de carbono que liberan acabará pasando a la materia vegetal a través de la fotosíntesis, y este a su vez, se descompondrá en combustibles fósiles. Mientras tanto, se produce un calentamiento global de la Tierra y un problema de reducción en los suministros de combustibles fósiles.

Una parte pequeña, pero cada vez más importante, de energía eléctrica se está suministrando a partir de recursos renovables, como el viento, las olas, y el agua (hidroeléctrica). Desgraciadamente, la extracción de energía a partir de estos recursos no es tan eficaz como de los combustibles fósiles. Se necesitan unos pocos miles de generadores eólicos para obtener tanta energía como una central energética que funciona con carbón. Sin embargo, estas energías renovables no producen dióxido de carbono.

La energía nuclear es también una fuente de energía muy eficaz, y no produce dióxido de carbono, pero presenta otras desventajas. Da lugar a mucha más oposición por parte de la opinión pública que cualquier otra fuente energética, debido a los temores relacionados con los peligros acarreados por la radiación. No hay una solución fácil para el problema de almacenamiento y eliminación de los desechos nucleares.

Por todo esto, y dado que no existe una fuente de energía ideal, es importante desarrollar diferentes opciones. La biomasa es material vegetal que se ha hecho crecer para la producción de energía. En los países en vías de desarrollo, fuera del mercado comercial energético, representa la mayor parte del consumo de la energía local y doméstica, por ejemplo para las cocinas que funcionan con madera.

La madera es la fuente mayor y más económica de biomasa, pero los árboles pueden tardar años en alcanzar su altura final. El interés por desarrollar la biomasa como una fuente de energía comercial y creíble se ha centrado en la selección de especies de crecimiento rápido que ardan eficazmente. Por ejemplo, el *Leucaene leucocephala*, natural de México, se está cultivando en la actualidad en la India, y ya está siendo suministrando energía a las personas a nivel local, solo tres años después de haber sido plantado. Existen muchas otras especies con potenciales similares, como por ejemplo el *Eucalyptus* y arbustos como el *Euphorbia*.

La combustión directa no es la única manera de extraer energía de las plantas. Durante miles de años, las levaduras han degradado los azúcares y los almidones vegetales para obtener la energía bioquímica necesaria para vivir, produciendo etanol (un componente de la familia de agentes químicos llamados alcoholes) como producto de desecho. Para los humanos, el etanol es una bebida social y una droga legal. Hasta hace muy poco, la única evidencia sobre su valor como combustible eran las llamas feroces y efímeras del brandy cuando se quemaba sobre un pastel de Navidad o una *Crêpe Suzette*.

Solo se necesitan hacer pequeñas adaptaciones en los motores para que los coches puedan funcionar con una mezcla de etanol y gasolina. Brasil se situó a la cabeza en este sentido, produciendo etanol a partir del azúcar de caña y vendiéndolo como aditivo para la gasolina en 1975. Se pueden fabricar nuevos coches con unos motores diseñados para funcionar con etanol puro. Los cultivos a base de azúcar y almidón, como la remolacha, las patatas, la mandioca, y las patacas, poseen el mejor potencial para la producción de etanol. Fabricarlo a partir de materiales basados en la celulosa es más exigente, debido a la necesidad de convertir la celulosa, en primer lugar, en almidón antes de realizar la fermentación.

El petróleo o el crudo aportan combustibles para una amplia variedad de usos: coches, barcos y aeroplanos, así como para sistemas de calefacción central. El reto es ver si las plantas pueden hacer lo mismo. Por el momento sí parece que puedan hacerlo. Aparte de la combustión directa y el etanol, también existen combustibles diesel a partir de plantas. Se trata de los aceites vegetales, como el de girasol, de semillas de colza, y el aceite de oliva. En Filipinas existe incluso una nuez con contenido análogo al petróleo que arde con gran brillo si se enciende, y la investigación botánica sugiere que podría haber más de 300 especies de plantas diferentes que puedan aportar sustitutos del diesel.

Rudolf Diesel, el inventor del motor diesel, utilizó aceite de cacahuete para hacer funcionar una de sus máquinas en la Exposición de París de 1910, y en 1912 escribió: «el uso de aceites vegetales como combustibles para los motores puede parecer insignificante hoy en día. Sin embargo tales aceites podrían llegar a ser, con el paso del tiempo, tan importantes como los productos a base de petróleo y del alquitrán de carbón de los que disponemos en la actualidad». Los autobuses, taxis y camiones que transitan por las ciudades podrían funcionar ya con diesel biológico: la única barrera es económica. En Europa, Austria se ha puesto a la cabeza en la utilización del biodiesel. En el resto del mundo, los combustibles a base de plantas todavía requieren los tipos de incentivos fiscales que se dieron a la gasolina sin plomo en el Reino Unido hace algunos años (lo que provocó una caída drástica de los niveles de plomo en el aire urbano).

No se necesita ni siquiera cultivar plantas especialmente dedicadas a la producción de combustible. Para muchos usos, el material de desecho también sirve igual de bien. Las melazas provenientes de la fabricación del azúcar, la cáscara del arroz, los restos de queso, y las pieles de los frutos cítricos se han usado para generar etanol o producir energía directamente. Los desechos de la agricultura, como el estiércol del ganado o la paja, también pueden quemarse para producir una energía barata, y por toda Europa se están difundiendo esquemas basados en estas ideas.

Los vertederos son desagradables para la vista. Pueden ser también unos nichos muy cómodos para comunidades de bacterias y hongos. En el entorno pobre en oxígeno de un vertedero, crecen especies conocidas como metanógenos. Como su propio nombre indica, producen metano conforme se alimentan del material orgánico contenido en la basura, frecuentemente después de que ya haya sido procesada en parte por otros microbios (ver también la discusión sobre arqueobacterias en el capítulo 4). El gas proveniente de los vertederos es una mezcla en partes casi iguales de metano y dióxido de carbono que está producido por esta actividad microbiana. Una tonelada de desechos produce cien veces su propio volumen en gas durante un período de diez años. Inevitablemente, debido a que el metano es inflamable, esto es peligroso. En 1986, un bungaló en Loscoe, Derbyshire (Reino Unido) fue derribado, hiriendo a sus ocupantes, por una explosión ocurrida en un vertedero vecino.

Por razones de seguridad y economía, los ingenieros empezaron a enterrar las tuberías, los pozos y los agujeros, realizados en los vertederos para explotar este gas, que puede ser utilizado para la calefacción central e incluso para generar electricidad. Desde el punto de vista ambiental, tiene sentido eliminar el metano quemándolo hasta producir dióxido de carbono. El metano, al igual que el dióxido de carbono, es un gas de efecto invernadero, y contribuye al calentamiento global de la Tierra, pero, por molécula, tiene veintisiete veces más potencial de calentamiento de la atmósfera que el dióxido de carbono. Todavía existe un enorme potencial sin explorar en los vertederos. Los microbiólogos consideran que solo se genera una tercera parte del gas que podría producirse. Una mejor disposición de la basura en el vertedero, así como una mayor investigación sobre los tipos de microbios que allí viven podrían aumentar mucho las perspectivas de este tipo de generación de energía. Por supuesto, siempre es posible limitarse a quemar la basura, y utilizar el calor para generar energía (como se hace en muchas incineradoras privadas y públicas).

Con toda probabilidad, lo mejor que se puede obtener de la biomasa es la diversificación del suministro de energía y que aporte una energía barata y de baja tecnología para compañías, comunidades y proyectos locales. Toda combustión directa de material orgánico producirá dióxido de carbono, por lo que, en este sentido, la biomasa supone una amenaza similar de calentamiento global a corto plazo a la de los combustibles fósiles (aunque las plantas absorben el dióxido de carbono y ayudan así a equilibrar la ecuación). De hecho, el peligro de contaminación atmosférica puede ser mayor si se quema la basura. Los humos cáusticos de una hoguera contienen una mezcla de gases de desecho, algunos de los cuales son altamente tóxicos. Pero otros biocombustibles, como el diesel obtenido de las plantas o el gas de los vertederos, tienen la ventaja de que no producen dióxido de azufre, uno de los principales contaminantes originados por la combustión del carbón.

Minas microbianas

Aparte de la energía, uno de los principales requisitos de la civilización humana es el suministro de metales. Más de la mitad de los 92 elementos naturales son metales. Muchos de ellos combinan la dureza y la resistencia con la capacidad de poder dar forma a objetos tan diversos como un coche, una grúa, o un miembro artificial. Aunque los metales han sido sustituidos por plásticos para miles de usos, no contar con ellos sería tan impensable como no tener electricidad.

La mayor parte de los metales son elementos reactivos. Si, por ejemplo, una minúscula cantidad del metal cesio se deja caer en un tanque de agua, la explosión resultante sería de las más espectaculares de la química. Huelga decir que no hay mercado para coches hechos de cesio, pero este metal se utiliza en las fotocélulas de los medidores de intensidad lumínica. Menos dramática, y económicamente más grave, es la lenta corrosión del hierro que se oxida cuando es expuesto al aire y al agua.

La consecuencia de la reactividad química de los metales es que, puesto que la Tierra se formó hace cerca de cinco mil millones de años, estos se han combinado con otros elementos, fundamentalmente oxígeno y azufre, y se han incrustado en la corteza terrestre como minerales. La obtención del metal puro, implica la explotación minera y posteriormente, en la mayoría de los casos, el procesado químico o eléctrico.

Los procedimientos de explotación de los minerales siempre han tenido un precio desde el punto de vista ambiental. En primer lugar, las minas dejan una marca indeleble en el paisaje. En segundo lugar, en las extracciones, como la producción del aluminio a partir de la bauxita, se utilizan grandes cantidades de energía y de recursos materiales. También se pueden generar subproductos contaminantes, como el dióxido de azufre, mediante el procesado de metales. Incluso los metales mismos pueden contaminar el suelo y el agua que rodean el lugar de producción.

Cada vez se propugnan más las excavaciones más profundas y amplias en la extracción de metales, a pesar de los intentos de reciclar lo que ya tenemos por medio de la recogida de latas y otros objetos parecidos, debido al aumento de la industrialización y el incremento de población. La última gran zona salvaje del mundo, la Antártida, está sometida a grandes presiones para que se abran sus depósitos de minerales. El continente está a salvo por el momento, gracias a la moratoria de cincuenta años sobre minería impuesta por el Tratado Antártico en 1991, pero las necesidades de metales de los países en vías de desarrollo, podrían amenazar este acuerdo. ¿Qué pasaría por ejemplo si todos los chinos pidieran la pequeña cantidad de tungsteno necesaria para una lámpara de bicicleta (un requisito legal en occidente)?

Para evitar el saqueo de la Antártida, y que se acuchillen otras partes del planeta con los desórdenes causados por la minería, podría ir en nuestro propio interés buscar una tecnología que sacara el máximo provecho de los minerales de menor grado. Los microbios nos ofrecen una manera de hacerlo.

Los romanos extrajeron cobre de las minas de Río Tinto en el suroeste de España hace 2.000 años. Este lugar está rodeado por depósitos de líquido cuyo color azul oscuro es el signo distintivo del sulfato de cobre. La acción bacteriana lixivia cobre de las rocas de la mina hacia dichos depósitos. La investigación ha demostrado que el microbio responsable de ello es el *Thiobacillus ferrooxidans*. Se trata de una bacteria con una extraña dieta. En lugar de obtener la energía mediante la descomposición de la glucosa, o de otros alimentos basados en el carbono, este microbio consume minerales que contienen hierro y azufre, como un fenómeno menor de feria que se tragara imperdibles. Estos minerales se convierten en otras sustancias químicas mediante la acción de las enzimas del *T. ferrooxidans* y se libera la energía como parte del proceso.

Los átomos de azufre de los minerales se convierten en ácido sulfúrico, un potente agente químico que libera el cobre presente en las rocas en forma de sulfato de cobre, y este se disuelve en el agua circundante. No se precisa la participación del trabajo humano: *T. ferrooxidans* lo hace todo.

Si uno mete una moneda en una solución de sulfato de cobre, inmediatamente adquiere una capa de cobre recién depositado. Se utiliza un procedimiento similar para extraer el cobre a escala industrial en las minas de Río Tinto y otras minas de cobre. La lixiviación del cobre producida por *T. ferrooxidans* es tan fructífera que este proceso representa la tercera parte de toda la minería de cobre a nivel mundial.

La diversidad de los microbios es tan rica que no sería sorprendente descubrir que hay otras especies con la misma habilidad extractora de metales que la que presenta el *T. ferrooxidans*. De hecho, se están desarrollando sistemas similares para la extracción de oro y de fosfatos (los últimos se utilizan en la fabricación de detergentes fertilizantes, y bebidas sin alcohol como la Coca-Cola).

Los microbios también juegan un papel en el reciclaje de metales. Se ha encontrado que cierta especie, cuyo nombre está en la actualidad bajo secreto comercial, puede consumir la capa de pintura del exterior de las latas de aluminio en cuestión de minutos. Esto no solamente acelera el proceso de reciclaje, sino que también evita la necesidad de tener que utilizar disolventes, que pueden ser tóxicos, para disolver la pintura.

Campos de petróleo alternativos

El petróleo es la fuerza motriz tanto de las economías industriales como de las que están en vías de desarrollo. Aproximadamente la mitad se utiliza para obtener energía, y, como ya hemos visto, al menos parte de esta está siendo sustituida por combustibles basados en las plantas. La otra mitad se utiliza para alimentar la industria petroquímica, y en este caso, también, los materiales provenientes de las plantas están demostrando su enorme potencial como sustitutos del petróleo. Aunque la proporción exacta varía de un sitio a otro, alrededor de la mitad del petróleo refinado se utiliza como combustible para vehículos.

La revolución de las petroquímicas tiene sus raíces en los años cuarenta y es probable que haya muy pocos lugares en el mundo que no hayan sido influenciados por ella. Ha sido la base de la industria farmacéutica moderna, y ha sustituido al papel y a la madera por los plásticos, al jabón por los detergentes, y a las fibras naturales por las sintéticas, solo por nombrar algunas de sus aplicaciones.

Los aceites vegetales contienen compuestos con carbono, hidrógeno y oxígeno, conocidos como ácidos grasos, que pueden sustituir a los hidrocarburos del petróleo en muchas de sus aplicaciones industriales. Por ejemplo, con el aceite de palma se pueden fabricar detergentes, el aceite de yoyoba es un lubricante, y el ácido ricinoléico proveniente del aceite de ricino, posee cientos de usos industriales que incluyen la síntesis de cosméticos, plásticos, y del nilón. El mercado potencial para el ácido ricinoléico solo en el Reino Unido se aproxima a los cincuenta millones de libras esterlinas.

Lo que ha frenado el desarrollo industrial de estos aceites vegetales es la dificultad de cultivar las propias plantas. Por ejemplo, la planta del aceite de ricino no es más que un cultivo menor debido a que su rendimiento es muy escaso, y las semillas de la planta no solo contienen aceite de ricino, con su precioso ácido ricinoléico, sino también ricino, una de las toxinas más potentes del mundo (se utilizó para asesinar al diplomático búlgaro Georgi Markov en Londres en 1978).

Sin embargo, está bastante claro que el ácido ricinoléico está separado de uno de los principales componentes de los aceites de oliva y de girasol, el ácido oléico, por solo un paso químico que puede llevarse a cabo mediante la acción de una única enzima. La introducción del gen de esta enzima en los girasoles, de alto rendimiento, podría producir grandes cantidades de ácido ricinoléico para uso industrial. Los científicos británicos ya están trabajando en líneas similares. Están intentando transferir una enzima a las semillas del aceite de colza que convertiría su ácido oléico en el ácido petroselénico con el que está estrechamente relacionado. Este ácido, presente en las semillas de coriandro, puede ser procesado para dar lugar a un amplio rango de plásticos y polímeros.

Las plantas son fábricas naturales de aceites y de muchos otros productos. También se puede conseguir que fabriquen sustancias que se originan en otros organismos. Uno de los primeros ejemplos de esto fue un polímero biodegradable, el polihidroxibutirato (PHB). Se trata de un producto natural de una bacteria, la *Alcaligenes eutrophus*, que ha resultado ser difícil de procesar tras la fermentación. Chris Somerville de la Universidad del Estado de Michigan (Estados Unidos) ha demostrado que el PHB, que ya se utiliza en Europa para objetos como frascos de champú, puede ser producido por *Arabidopsis*. Otros investigadores están intentando producirlo en las patatas en el lugar de los granos de almidón.

Los girasoles de alto rendimiento también podrían albergar genes de materiales naturales que puedan sustituir los productos derivados del petróleo. La seda tejida por las arañas es tan fuerte como las fibras sintéticas y mucho más elástica, pero se necesitarían 400 arañas para fabricar un metro cuadrado de tela tejida con su seda. Los genes que fabrican la seda, sin embargo, ya han sido identificados. Por tanto, podrían ser transferidos a los girasoles, haciendo de estos unas *fábricas* que podrían tejer la seda de las arañas.

Se puede incluso utilizar las plantas como biorreactores para la producción de proteínas terapéuticas. Entre algunos ejemplos, podemos incluir el interferón, utilizado en el tratamiento del cáncer, y la α-amilasa, usada en la cocción del pan y en las vacunas para humanos y animales. Una de las ventajas más obvias de las plantas como biorreactores es que se pueden fabricar grandes cantidades de productos, y como con los biorreactores animales, el aparato bioquímico de las células puede llevar a cabo las modificaciones adecuadas en los mismos, como la glucosilación.

Algunos de los primeros descubrimientos en este campo fueron una consecuencia añadida de la investigación de nuevos modos de fomentar la resistencia de la planta a la enfermedad. Por ejemplo, cuando los investigadores del Instituto de Investigación Scripps de California intentaron que una planta fabricase anticuerpos frente a los patógenos invasores, se dieron cuenta de que los anticuerpos de los ratones podían ser fabricados fácilmente por las mismas plantas.

Al igual que los aceites industriales que ya hemos visto, los productos provenientes de los biorreactores vegetales aportan a los granjeros nuevas opciones en una era en la que la sobreproducción de alimentos está muy extendida y representa una nueva salida en la utilización del suelo.

El equipo de limpieza biotecnológica

Es imposible mantener el suelo, el agua, y el aire en condiciones inmaculadas en una sociedad industrial moderna. Incluso los estándares medioambientales cada vez más estrictos no pueden protegernos del legado de un pasado muy sucio, y los agentes contaminantes no conocen fronteras nacionales. El éxito de la legislación que apoya la gasolina sin plomo se evaluó observando la caída de los niveles de plomo en el Ártico, donde las lecturas no tienen posibilidad de confundirse con el ruido de fondo ambiental. El plomo se ha desplazado hacia el Polo Norte, a lo largo de los años, desde las naciones poseedoras de vehículos a motor.

La gente se preocupa constantemente por la contaminación, y pide directrices y prioridades. Los agentes contaminantes son sustancias químicas que se considera presentan algunos efectos adversos sobre la salud de los humanos o sobre la vida salvaje. Debido a que los humanos tenemos unos estilos de vida tan complicados, es difícil relacionar una mala salud con un aumento de la mortalidad debido a agentes contaminantes específicos. Frecuentemente, la evidencia de los efectos nocivos de los agentes químicos se reúne a partir de los ficheros médicos de los trabajadores industriales que han estado expuestos a unos niveles mucho más altos de un agente químico que el público en general lo estará nunca, en circunstancias normales.

Por ejemplo, la frecuencia más elevada que la media de cáncer de vejiga entre las personas que trabajan en la industria de productos de goma se convirtió en un aviso sobre el potencial del hidrocarburo benceno de causar cáncer. Este, y otros hidrocarburos, están presentes en los humos provenientes de la combustión del diesel. Pero no existe una evidencia suficientemente fuerte que avale el hecho de que las personas que pasan mucho tiempo viajando en bicicleta detrás de los autobuses tengan más probabilidades de tener cáncer debido a su exposición al benceno, en comparación con las personas que no están expuestas a los humos del diesel.

Esto no significa que el benceno sea inocente en lo que a la salud media de la gente se refiere, simplemente ocurre que es difícil demostrar su culpabilidad. Hasta hace pocos años, no había necesidad de preocuparse sobre el daño potencial causado por concentraciones bajas de benceno, u otras sustancias químicas en el medio ambiente, porque no podían detectarse. En la actualidad, los equipos de medida sensibles pueden detectar niveles de femtogramos (es decir 10^{-15} o una milmillonésima parte de una millonésima de gramo) de estas sustancias en las muestras de aire, de agua, o del propio suelo. La biotecnología ha jugado su papel en el desarrollo de las medidas ambientales: las enzimas, los anticuerpos y la PCR (ver páginas 131-132) se utilizan para detectar diferentes tipos de contaminación, como la bacteria *Salmonella* en los alimentos, o la *Legionella* (el microbio causante de la enfermedad del legionario) en los sistemas de calefacción central. Los gobiernos pueden establecer límites seguros, en base a las evidencias disponibles, y estos límites han de revisarse al alza o a la baja de vez en cuando.

Sin embargo, es difícil dar consejos definitivos sobre los riesgos de la polución ambiental. Algunas personas quieren sentirse seguras y emprenden una campaña implacable contra todas las sustancias *químicas* y *gérmenes* que se encuentran en el ambiente, y los medios de comunicación también juegan un papel en la divulgación de esos temores, pero existe demasiada incertidumbre para que la industria adopte una actitud complaciente o defensiva, si bien a veces lo hace.

Inevitablemente, y en vista de la discusión arriba mencionada sobre su importancia para la sociedad, los metales son contaminantes presentes en todo el medio ambiente. Los que más preocupan son los llamados metales pesados, como el plomo, el cadmio y el níquel, y los elementos radiactivos, como el uranio y el plutonio. Estos son probablemente tóxicos, ya que reemplazan a metales vitales, como el hierro, utilizados en los procesos bioquímicos.

Sin embargo, los metales pesados no son tóxicos para algunas plantas y microbios. Muchos hongos pueden atrapar metales pesados en sus paredes celulares, en procesos conocidos como bioabsorción. Las paredes son ricas en un polímero llamado quitina y esta molécula es la que se une fuertemente a los átomos del metal pesado.

Cientos de experimentos han demostrado que la bioabsorción funciona. Los hongos pueden ser prensados sobre una estera en la que se puede dejar que goteen los desechos tóxicos. La concentración de metal pesado se reduce notablemente cuando la quitina recoge los átomos de metal. También se encuentra quitina en las conchas de los crustáceos, y en otros experimentos se ha demostrado que las conchas de gambas sobrantes de la industria pesquera pueden ser igualmente eficaces. De hecho, la bioabsorción puede ser demasiado exitosa: se ha avisado del peligro que entraña comer crustáceos procedentes de aguas contaminadas con metales, ya que las conchas podrían absorber la contaminación y esta podría ser ingerida.

La bioabsorción no hace desaparecer los metales pesados. Los concentra y los hace más fáciles de manipular. Después de un tratamiento típico de bioabsorción, se obtiene un filtro fúngico cargado con metales pesados. El tratamiento con agentes químicos como el ácido sulfúrico liberará este metal para llevar a cabo una retirada controlada, o para su reciclaje. La industria nuclear está invirtiendo en investigación en el campo de la bioabsorción y otros procesos similares, debido a que el plutonio y el uranio pueden procesarse de esta manera. Por tanto, la bioabsorción añade una tecnología necesaria al difícil problema técnico de cómo manejar y desechar los residuos nucleares.

Las plantas también pueden encargarse de la polución por metales pesados. Estas plantas, conocidas como hiperacumuladores, abarcan todo el espectro (desde las especies herbáceas hasta los árboles). Un ejemplo sorprendente es *Sebertis acuminata*, planta natural de Nueva Caledonia donde florece sobre terrenos ricos en níquel. El árbol contiene un látex, parecido a la goma, que es azul ya que contiene más de un 11% de níquel que ha absorbido del suelo.

Los experimentos realizados por el profesor Steve McGrath y su equipo en la Estación de Investigación de Rothamsted, en el Reino Unido, han demostrado que la mostaza salvaje alpina acumulaba cien veces más zinc que el aceite de semillas de colza. Otro hiperacumulador resultó ser la planta común encontrada en las rocas y llamada *alyssum*.

Algunas plantas y microbios se especializan en descomponer toxinas basadas en el carbono. Convierten a la toxina en una sustancia no tóxica, frecuentemente dióxido de carbono. Estas toxinas suelen ser xenobióticos, sustancias químicas que no aparecen en la naturaleza, como diversos disolventes, plásticos y pesticidas, que se fabrican a partir del petróleo. La mayoría de los gobiernos poseen listas de las más dañinas, como los bifenilos policlorados (PCB), antaño muy utilizados en la industria eléctrica y que hoy en día se descomponen lentamente en el ambiente para dar lugar a toda una serie de sustancias químicas tóxicas.

Algunas de esas toxinas son nocivas para todos los seres vivos, debido a que atacan a algunas de las funciones básicas de la célula, pero los agentes químicos que dañan el sistema nervioso es muy probable que no dañen a las bacterias, los hongos, o las plantas. Para cada agente químico presente en la lista de sustancias peligrosas, existe probablemente al menos un microbio que la metabolizará, degradando a veces sus complejas moléculas para obtener la energía almacenada en sus enlaces químicos.

El truco para encontrar estos microbios tan hábiles es observar el suelo contaminado con la sustancia prohibida. Normalmente, en el suelo abunda la actividad microbiana; existen cerca de mil millones de bacterias para cada gramo. El suelo contaminado es un ecosistema especializado que favorece la supervivencia de los microbios capaces de adaptarse a la presencia del agente contaminante. Estas especies se aíslan del suelo gracias a técnicas microbiológicas estándar. Aquí, al igual que con la transferencia esperada del gen del ácido ricinoléico a los girasoles, la ingeniería genética podría ser apropiada. Podría ocurrir que el microbio con el gen para afrontar el agente contaminante no fuese el más idóneo para la supervivencia en el terreno de interés. Por tanto, el gen podría transferirse a una especie *mejor*. Por otro lado, es poco frecuente encontrar solo una especie llevando a cabo la desintoxicación: en general, un equipo de especies trabaja secuencialmente. Recientemente, un grupo de microbiólogos de la Universidad de Minnesota pudo combinar un conjunto de genes desintoxicadores en un microbio. Este, de la especie *Pseudomonas*, fue capaz de retirar del suelo con gran eficacia los componentes polihalogenados, tradicionalmente muy difíciles de degradar. Pudo incluso degradar los clorofluorocarbonos.

Las plantas también pueden destruir las toxinas como las PCB. Cuando la gente se preocupa sobre los efectos de los agentes químicos tóxicos, probablemente no esté al corriente de los potentes mecanismos protectores que lleva en su cuerpo. El sistema inmune protege frente a microbios patógenos, mientras que el hígado, y en cierta medida los riñones, actúan sobre las toxinas. Todos sabemos que el hígado se ocupa del alcohol que hemos ingerido. Hace algo parecido con otras sustancias químicas peligrosas para las células. Hace esto activando los genes que sintetizan un grupo de enzimas llamadas P450. Ahora parece que las plantas también fabrican P450 actuando como una especie de *hígado verde*, que puede destruir agentes químicos prohibidos como los PCB y otros compuestos relacionados.

La biotecnología puede incluso hacer que los esfuerzos existentes para ayudar al medio ambiente sean más eficaces. Científicos canadienses y norteamericanos han comunicado recientemente que el tratamiento enzimático del papel reciclado repartía el papel de manera natural en dos tipos: con o sin tinta. Normalmente, habría que aplicar agentes que eliminaran la tinta antes de elaborar la pulpa de papel para su reciclaje. Esto supone la necesidad de tratar el flujo de residuos de la planta recicladora. Con el tratamiento basado en la celulasa, no se necesitan sustancias químicas, y las investigaciones preliminares sugieren que también se podría ahorrar bastante energía.

Desde la agroquímica hasta la biotecnología

Los agentes químicos utilizados en la agricultura, pesticidas, herbicidas y fertilizantes, han aportado enormes beneficios, desde el aumento de la producciones de los cultivos hasta la eliminación de plagas de mosquitos portadores de la malaria. Sin embargo, también está claro que han dañado el medio ambiente. Existen dos problemas principales: contaminan las aguas, los suelos y los alimentos, a veces permaneciendo en ellos durante muchos años; y, por otro lado, no son demasiado específicos, por lo que también acaban con especies inocentes cuando atacan a sus objetivos.

Rachel Carson fue la primera que hizo sonar la alarma con su libro *Primavera Silenciosa* en 1962. Desde entonces, los grupos de presión y la opinión pública han realizado campañas contra la polución agroquímica. Sus esfuerzos han dado lugar a prohibiciones de algunos de los pesticidas más tóxicos, como el DDT, y al control de las concentraciones de nitratos (provenientes de los fertilizantes químicos) en el agua.

A esto hay que añadir el fracaso de los pesticidas en solventar el problema para el que fueron creados. El 14% de las cosechas todavía se pierde por culpa de las plagas. Algunas de ellas, como los gusanos que se comen anualmente el equivalente a treinta mil millones de dólares en cultivos, parecen haber ganado la batalla frente a la industria química, ya que muchas compañías se han retirado de esta área.

Muchos científicos creen que deberíamos observar cómo se controlan las plagas en la naturaleza, y utilizar la biotecnología para desarrollar estas soluciones. Antes de la intervención de la industria química, los ecosistemas libraron batallas en sus propios términos, utilizando un amplio rango de armas bioquímicas. Por ejemplo, las piretrinas se dan en los crisantemos y son altamente eficaces para paralizar y matar a muchos tipos de insectos. También existen microbios que atacan a los insectos, gusanos que matan babosas, y hongos que matan a otros microbios, y todos lo consiguen gracias a la fabricación de sus propias toxinas.

Existen tres formas en que la biotecnología puede aprovechar estas habilidades naturales. La primera consiste sencillamente en desviar a los microorganismos atacantes hacia donde más se necesitan. Por ejemplo, la empresa británica *Microbios* se asegura de que la bacteria fijadora de nitrógeno *Rhizobia* encuentre a sus plantas leguminosas compañeras vendiéndosela a los granjeros. Y hay también nuevas esperanzas para aquellos cuyos jardines han sido devastados por las babosas: *Microbios* está cultivando en fermentadores un gusano que ataca a estas plagas tan voraces.

El segundo enfoque es prescindir del propio microorganismo atacante, y simplemente extraer la sustancia química tóxica que utiliza para aniquilar a su presa. Los experimentos llevados a cabo por el gran patólogo en plantas Gary Strobel, de la Universidad del Estado de Montana, han culminado en el aislamiento del primer herbicida específico. Las malas hierbas son algo más que una molestia para el jardín: son una amenaza que acarrea la pérdida de cerca de la tercera parte de las cosechas mundiales. Los herbicidas químicos pueden ser eficaces, pero tienden a atacar a otras plantas también. Strobel utilizó en un enfoque ecológico para hallar un asesino natural de la peor mala hierba existente en los Estados Unidos, la centáurea moteada. Su trabajadora colega Andrea Stierle dedicó su luna de miel a buscar centáureas moteadas enfermas, y tomó muestras de las mismas para llevarlas al laboratorio y analizarlas. Se descubrió que estas plantas estaban infectadas por un hongo que fabricaba un compuesto denominado maculosina, que era tóxica para ellas. Strobel y su equipo empezaron a extraer maculosina de los hongos, y esperan poder desarrollarla como herbicida biológico.

Por último, la manera más sofisticada de desarrollar pesticidas y fertilizantes naturales implica a la ingeniería genética. Esto significa aportar al organismo que está siendo atacado, en general una planta, los genes de otras especies que podrían protegerla, si se encontrara en la vecindad. De manera similar, se podrían transferir los genes de una planta que es capaz de resistir una determinada amenaza. El desarrollo de las plantas que contienen el gen para la proteína insecticida (bt) ya se ha tratado en el capítulo 10. Existen muchos otros genes defensivos que están siendo introducidos en las plantas. *Axis Genetics*, en Cambridge, ha identificado muchos genes vegetales que codifican proteínas protectoras, y se dedica a transferirlos a plantas de importancia comercial.

Incluso las plantas resistentes a los herbicidas, de las que se ha creído que podían fomentar el uso de agroquímicos, podrían resultar ser ecológicas. Nilgun Turner y sus colaboradores de la Universidad de Rutgers han creado recientemente plantas resistentes al herbicida *bialaphos*.

Las plantas que utilizaron eran hierbas como las del género *Agrostis*, frecuentemente utilizada en los campos de golf. Aparentemente, el *bialaphos* es preferible a otros herbicidas, como el 2,4-D, debido a que es degradado con rapidez. Por ello, si las malas hierbas de los campos de golf pudieran ser tratadas con este herbicida porque la hierba es resistente, esto debería evitar la creación de herbicida tóxico.

Hasta la fecha, los métodos basados en la biotecnología han tenido poco impacto en el mercado de los agroquímicos. El mundo ha gastado en agroquímicos cerca de 49.000 millones de dólares en 1994, y solo 120 millones en biopesticidas y 50 millones en biofertilizantes. Esto se debe a que los productos biotecnológicos, desde las plantas transgénicas hasta los componentes extraídos, como la maculosina, tardan mucho en ser probados. Pero el equilibrio entre el enfoque biológico y el químico para sacar el máximo partido a la agricultura tiene que cambiar en los próximos años.

Biotecnología: ¿es realmente ecológica?

Pocas de las soluciones que la biotecnología ofrece frente a los problemas medioambientales se han ensayado a gran escala. La ingeniería genética, potencialmente de gran valor en aplicaciones como la limpieza de los vertidos de petróleo o de las tierras contaminadas, ha sido apenas aplicada debido a las normativas exigentes impulsadas en parte por la opinión pública temerosa de la liberación de organismos modificados genéticamente.

Sin embargo, sigue habiendo mucha investigación y desarrollo al respecto. La mayoría de los científicos no esperan que las soluciones biotecnológicas superen a los métodos convencionales. Los pesticidas *naturales* y las plantas fabricadas por ingeniería genética representarán, según su opinión, solo el 20% del mercado, a lo sumo.

No obstante, a pesar de lo ecológica que pueda ser la imagen de la biotecnología ambiental, la situación actual sugiere que los activistas medioambientales y los científicos tienen pocas cosas en común. Existe una profunda sospecha entre los medioambientalistas acerca de la vía *biotécnica*. Ciertamente, esto se debe en parte a la falta de información. Sin embargo, cuando uno de los suyos empieza a cuestionar la biotecnología es hora de que los científicos a su vez se replanteen su propio enfoque. Hace unos pocos años, una notable bióloga molecular estadounidense especializada en plantas, Martha Crouch, se quejó en una revista líder acerca de la *reparación técnica rápida* que la biotecnología ofrece con respecto a los problemas medioambientales. La vía biotecnológica animaría a las personas a pensar que pueden contaminar el entorno y a que siempre se podrá encontrar una solución *natural*. Crouch querría que los científicos, los políticos, y el público en general fueran más radicales en sus decisiones con respecto al entorno. Con este objetivo, dejó su trabajo como bióloga molecular para dedicarse a otro tipo de ciencia menos centrada en los humanos.

Parte IV
La última frontera

12
Más allá del ADN

El conocimiento de la estructura y función del ADN es, con toda probabilidad, el concepto más poderoso de la biología, estando como de hecho está, en el corazón de nuestra comprensión de la herencia y la coordinación de la actividad bioquímica de la célula. Para algunos científicos, el enfoque molecular de la ciencia de la vida, con el ADN como la molécula maestra, ofrece una comprensión completa de la naturaleza. Según su opinión, problemas sin resolver, como la naturaleza de la conciencia humana o cómo se desarrolla un embrión, serán aclarados tan pronto como sean clonados los genes apropiados. Otros científicos argumentan que la genética molecular solo es parte de un cuadro mucho más amplio y que otras teorías e ideas requieren la misma atención y una mayor exploración.

Neodarwinismo y el gen egoísta

El neodarwinismo, como teoría, no es tan moderno como podría parecer. El término fue acuñado por primera vez en 1896, y se refiere a la síntesis del trabajo realizado por Darwin con el aportado por Mendel. Solo como recapitulación, las observaciones de Darwin sobre la naturaleza le llevaron a la proposición de que existían variaciones del fenotipo dentro de las especies, y que las variantes mejor adaptadas a su entorno tendrían más descendencia («la supervivencia del más apto»). Por eso, la vida evolucionó a través de las generaciones. Mendel dio un paso más hacia el mecanismo de la herencia con su descubrimiento experimental de los genes como entidades discretas heredables.

El descubrimiento de la autorreplicación del ADN, y de las mutaciones genéticas que se transmitían de una célula a otra, y de generación en generación, aportó una potente explicación tanto para las teorías de Darwin como para las de Mendel a un nivel molecular fundamental. Los genes son segmentos de ADN. Cuando son expresados, a través de mecanismos moleculares que son razonablemente bien conocidos, dan lugar a todo un rango de fenotipos. La mutación cambia los genotipos, los cuales a su vez alteran el fenotipo expresado.

Los más abiertos defensores del neodarwinismo en la actualidad son Stephen Jay Gould de la Universidad de Harvard, y el científico que trabaja en Oxford Richard Dawkins. Gould tiende a defender los cambios evolutivos a gran escala, tal y como lo expone en su análisis de las rocas y la explosión de la vida alrededor del período precámbrico de hace 580 millones de años. En realidad hay mucho que defender: uno podría pensar que el darwinismo está bien establecido (después de todo lleva existiendo más de cien años), pero siempre hay críticas. Entre estas se pueden incluir desde las provenientes de personas que piensan que la Tierra tiene una edad de 5.000 años, hasta aquellas que señalan (y con bastante razón) verdaderos errores en las ideas originales de Darwin.

Dawkins ha desarrollado una teoría propia, que es la del *gen egoísta*. En su libro del mismo nombre desarrolla la idea más bien sombría de que los humanos, y otros animales, son solo máquinas de supervivencia cuyo objetivo es albergar a lo realmente importante: los genes. Esto recuerda a la teoría de Tom Kirkwood del soma desechable (ver capítulo 8) sobre el envejecimiento. Dawkins utiliza ejemplos provenientes del mundo del comportamiento animal para apoyar sus teorías.

Inevitablemente, las opiniones de Dawkins han sido tachadas de reduccionistas, ya que ¡menguan aún más la dignidad de los humanos! Él, a su vez, utiliza la teoría del gen egoísta como plataforma para atacar a la teología, argumentando que esta no tiene lugar en un mundo en el que la vida está dirigida por el ciego impulso de la replicación del ADN. Sin embargo, y curiosamente, las ideas de Dawkins son casi religiosas en un sentido, como han señalado algunos críticos. Da tanta importancia al ADN que esta molécula adquiere casi un estatus de una cierta fuerza vital. En otras disciplinas, como el yoga o la acupuntura, esto podría llamarse de otra forma, como *prana* o *ki*. El concepto de que cierta fuerza vital fluye por los seres vivos tiene una larga historia, si bien es rechazado por la mayoría de los científicos de hoy en día. Schrödinger fue el primero en dar al ADN un estatus especial como cristal aperiódico, pero sin lugar a duda no pretendió que se contemplara como una fuerza vital.

Jacques Monod estaba totalmente en contra del concepto de fuerza vital, y fue un firme defensor del reduccionismo. Monod, por supuesto, había demostrado que los genes podrían responder a su entorno a través de interacciones con proteínas, y en aquel momento también se sabía que las enzimas podían controlar sus propias actividades de la misma manera. Por ejemplo, cuando hay ya suficiente energía bioquímica en las células de una persona, las enzimas que degradan la glucosa reciben una señal química que les dice que deben dejar de trabajar. Para Monod, esta *inteligencia* química era la prueba del poder del reduccionismo. Aquella había evolucionado a través de azares ciegos, como resultado de mutaciones que habían ayudado al organismo y que, por tanto, habían sobrevivido. Por ello, Monod criticó con severidad a los que pensaban que había algún propósito superior o fuerza directriz de la vida, ya que todo podía explicarse por medio de los enlaces químicos.

Uno de los aspectos esenciales de la evolución es su carácter «ciego». La mutación ocurre al azar. La mayor parte de las mutaciones bien no tienen ningún efecto, o son deletéreas para el organismo. A veces, le dan alguna ventaja al organismo en un entorno concreto, por ejemplo la que le da a un mamífero un pelaje blanco en un hábitat antártico. Pero, teniendo en cuenta el dogma central, el animal no puede durante su vida decidir tener un gen para ese pelaje blanco en vista de que en su hábitat nieva mucho.

Sin embargo, en 1988, John Cairns y sus colaboradores comunicaron algunos experimentos que parecían indicar que las bacterias, al menos, tienen mecanismos para elegir qué mutaciones han de ocurrir. Esto se denomina mutación dirigida. En estos experimentos, las bacterias fueron cultivadas en un medio que carecía de un componente vital, como el aminoácido triptófano. Las mutaciones que conferían la habilidad de sintetizar el triptófano que faltaba parecían ser más frecuentes de lo predicho por el azar. Este era un detalle importante, ya que se creía que la cuestión de si las bacterias, al igual que el resto de los seres vivos, mutaban al azar había quedado establecida definitivamente por los experimentos que habían realizado en los años cuarenta los premios Nobel Salvador Luria y Max Delbrück. Denominado *prueba de fluctuación*, su experimento se centraba en la adquisición por parte de las bacterias de una resistencia vírica. La distribución de estos mutantes entre la población parecía sugerir claramente que la mutación era independiente de la presión ambiental, en este caso la presencia de virus en el entorno.

El trabajo de Cairns es interesante, ya que parece resucitar la desacreditada teoría del naturalista francés Jean Lamarck, según la cual las características adquiridas durante la vida de un organismo podían ser heredadas. Lamarck argumentaba, por ejemplo, que el largo cuello de las jirafas era el resultado de generaciones en busca de comida situada en las copas de los árboles. Con el desarrollo del dogma central, las ideas de Lamarck fueron desacreditadas ya que la información no puede volver desde la proteína hasta el ADN. Si uno es una jirafa, el hecho de tener que estirar el cuello para alcanzar las hojas de los árboles más altos no tiene ningún efecto sobre el ADN; no causa una mutación en el ADN que codifica para los músculos del cuello.

Es demasiado pronto para decir si los experimentos de Cairns señalan el resurgimiento de las ideas de Lamarck. Las características adquiridas (como la capacidad de fabricar triptófano originada por una carencia del mismo a lo largo de la vida de una bacteria) serían transmitidas a la descendencia, al igual que las observaciones de Lamarck con respecto a que la facultad de llegar a lo más alto de los árboles era transmitida por las jirafas a su progenie. Podría ser algo peculiar de las bacterias, o acerca del ayuno en general (la falta de un aminoácido esencial es una forma de ayuno para estas bacterias).

Genes y ambiente

En la teoría del gen egoísta, el ambiente (ya sea el entorno personal interno o externo de un individuo, o el ambiente global más amplio) es un telón de fondo pasivo ante el egoísmo implacable del ADN. Sin embargo, muchos científicos declaran que esta rígida aplicación del dogma central debería ser periférica más que central.

En particular, con el Proyecto del Genoma Humano y la pelea por identificar genes *para* trastornos concretos, corremos el peligro de simplificar demasiado la conexión entre el genotipo y el fenotipo. El peligro de este tipo de pensamiento, según el bioquímico norteamericano Richard Strohman, radica en que el público podría alarmarse sin razón, y que podrían gastarse grandes cantidades de dinero en programas inútiles de cribado. Strohman declara que, mientras que el cartografiado lineal del genotipo al fenotipo «un gen: una enfermedad» es perfectamente válido para los trastornos en un solo gen como es el caso de la hemofilia, tiene mucho menos fundamento cuando se trata de enfermedades más comunes como el cáncer, las enfermedades cardíacas, y los trastornos mentales.

En lugar de esto, Strohman opina que hay que volver a examinar el concepto de la epigénesis: la interacción de los genes con factores fisiológicos y medioambientales. En los trastornos multigénicos, hay mucha redundancia en el sistema, y podrían existir muchas vías impredecibles que dieran lugar al mismo resultado fisiológico. Obviamente se genera mucho entusiasmo cuando un defecto génico se relaciona con una enfermedad. Por ejemplo, una mutación en el gen de la enzima conversora de angiotensina (ECA) ha sido relacionada con un ataque cardíaco (infarto de miocardio) (ver también el capítulo 7). Debido a que esta es una de las principales causas de muerte en los países occidentales, existe un gran estímulo por buscar una relación causa-efecto. Sin embargo, es probable que en presencia de un gen defectuoso de la ECA, otros genes asuman su trabajo. Por tanto, la mutación de la ECA puede ser considerada como una condición necesaria, pero no suficiente, para que ocurra un ataque cardíaco. El estudiar a toda la población, o incluso solo a las familias vulnerables, no tendría, según Strohman, ningún valor final, si bien se habrían derrochado muchos recursos preciosos.

Si observamos el entorno más amplio, la interacción de los genes y sus productos con los que les rodea podría ser un proceso de doble sentido. Al igual que la presencia de metales pesados en el terreno podría señalar la activación y expresión de los genes para las proteínas que pueden eliminarlos, los procesos biológicos también ejercen un efecto sobre su ambiente. Estas ideas se engloban en la teoría de Gaia, desarrollada por el químico británico James Lovelock, así como por Lynn Margulis, cuyo trabajo sobre la endosimbiosis ya ha sido descrito en el capítulo 4.

Según la teoría de Gaia, la vida y su entorno están mucho más entrelazados de lo que en un principio se pensó. Muchas de las sustancias esenciales para la vida, como el oxígeno y el dióxido de carbono de la atmósfera, son producidas en la realidad por los seres vivos. Lovelock argumenta que la vida misma regula y repara las condiciones necesarias para su existencia. Obsérvese que estamos hablando de la vida y no de la vida humana. La especie humana podría autodestruirse, en comparación con las arqueobacterias no somos tan robustos, pero con toda probabilidad, la vida misma persistiría. Tanto Lovelock como Margulis enojan a veces a los medioambientalistas preocupados por el estado del planeta que vamos a legar a nuestros nietos, cuando destacan que la aparición de oxígeno en la biosfera podría considerarse una contaminación de la misma forma en la que consideramos contaminantes a los óxidos de nitrógeno o a los humos generados por los tubos de escape. Y, sin embargo, el oxígeno permitió que los organismos avanzados y dependientes del oxígeno, como nosotros mismos, pudieran aparecer.

El aspecto clave para la vida en la regulación del ambiente es la temperatura. Si miramos a nuestros planetas vecinos Venus y Marte, podremos ver que son inhóspitos. Uno es demasiado frío, y el otro demasiado caliente. La Tierra, como el potaje del bebé oso en el cuento *Rizitos de oro y los tres osos*, está a la temperatura justa. Un punto de vista simple acerca de esto es que, debido a que nos encontramos entre el caliente Venus y el frío Marte, nuestra temperatura se encuentra en un cómodo valor intermediario. Esto no es así, porque la luminosidad del Sol aumenta constantemente, y al final, acabará consumiéndose por completo, momento en el cual toda la vida de nuestro planeta se extinguirá inevitablemente, a menos que la tecnología encuentre una manera ingeniosa de existir sin la presencia del Sol.

La temperatura de la Tierra debería haber aumentado desde que se inició la vida hace cerca de 3.800 millones de años (debido a la creciente luminosidad del Sol), y, sin embargo se ha mantenido aproximadamente constante en una media de unos 15 °C. Lovelock atribuye esto a la actividad de nuestros primeros ancestros, las cianobacterias. Su masiva actividad fotosintética, comenta, extrajo dióxido de carbono de la atmósfera, frenando así un efecto invernadero masivo que habría marchitado la vida.

Los críticos argumentan que Gaia (el nombre proviene de la diosa griega de la Tierra y el fallecido novelista William Golding, amigo de Lovelock, se lo dio), no es una idea nueva, y tampoco es una teoría que pueda ponerse a prueba. Lovelock apunta hacia una evidencia reciente que demuestra que la temperatura de la Tierra puede ser regulada por el gas dimetilsulfuro, el cual se oxida en la atmósfera hasta minúsculas partículas de ácido sulfúrico. Estas actúan como núcleos nubosos de condensación que enfrían el planeta. Por tanto, la acción de las bacterias está regulando la temperatura de la biosfera. Este tipo de mecanismos, descubiertos hace tan solo unos pocos años, sí parecen sugerir que las interacciones entre los seres vivos y su ambiente tienen un significado que va mucho más allá que el previsto por la biología molecular.

Es importante darse cuenta de que, tanto Margulis como Lovelock, siguen aceptando el concepto global del darwinismo, y que ninguno de ellos está proponiendo ningún punto de vista teleológico (que la vida tenga cierto propósito subyacente), ni antrópico. No obstante, Margulis, como ya hemos visto, cree que la simbiosis, durante la cual se transfieren grandes cantidades de material genético, es una fuerza impulsora de la evolución más importante que la mutación al azar tan destacada por los biólogos moleculares.

Nuevas fronteras: el caos y la resonancia mórfica

Hay algo curioso con respecto a la propia existencia de la vida en el sentido de que los seres vivos son sistemas con un elevado grado de organización y coordinación. Es difícil ver cómo el estudio del ADN puede afrontar este tema directamente. Si nos apartamos por un instante de la biología, y nos adentramos en las leyes de la física, y en particular en la termodinámica, el estudio de la energía, la vida parece ir en sentido contrario al que va el Universo. Según la segunda ley de la termodinámica, la cantidad de entropía, o desorden, del Universo está aumentando constantemente. Hay energía que fluye espontáneamente desde lo frío a lo caliente, desordenando las moléculas de la sustancia fría, por eso el hielo del *gin-tonic* se derrite en lugar de que toda la bebida se congele. En conjunto, la bebida acaba con menos orden y estructura. La tensión entre la tendencia hacia la *muerte por el calor* del Universo, y la construcción del orden y la complejidad ha sido explorada por el físico británico Paul Davies en su libro *La huella dactilar cósmica*. El ADN no puede decirnos mucho sobre la complejidad, pero el estudio de sistemas complejos ha logrado el éxito merecido desde hace una década aproximadamente.

En lo que se refiere al estudio de la naturaleza, la complejidad (como el mundo de la célula) es la regla en lugar de la excepción. Se creía que el comportamiento complejo era demasiado difícil de estudiar mediante las leyes de la física. Aun siendo desconocidos para la tendencia general de la ciencia, sin embargo el matemático francés Henri Poincaré desarrolló en los años veinte las herramientas matemáticas necesarias para desvelar los misterios de los sistemas complejos. Solo cuando aparecieron ordenadores muy potentes pudo explotarse esta rama de las matemáticas (la topología) para demostrar cómo puede surgir la complejidad en un sistema determinista. Este estudio se conoce bajo el nombre de teoría del caos y se aplica a muchos sistemas: desde el clima hasta la fisiología humana y el sistema solar.

La teoría del caos podría enseñarnos mucho sobre el funcionamiento de las células y de los organismos. Stuart Kauffman de la Universidad de Pennsylvania ha intentado relacionar la teoría del caos con la genética. Contempla el modelo de la regulación y expresión genéticas de una célula como si se tratara de un sencillo sistema electrónico de activación. Si el sistema es el genoma de un organismo, y los elementos del sistema son genes, entonces los genes son como simples interruptores que pueden activarse o desactivarse. El patrón de activación-desactivación es característico de cada célula. Por ejemplo, en una célula del cerebro el gen de la insulina está desactivado, pero en una célula del páncreas está activado. Como ya hemos visto, una serie de factores, proteínas y la presencia de otros genes, parecen determinar si un gen está activo o no. Kauffman los llama entradas o *inputs* y argumenta que, según la teoría matemática, el número de *inputs* a un gen produce un sistema que oscila entre el orden y el caos, en el que la evolución puede empezar a construir su complejidad. Kauffman ve a las células como complejos de atracción: un estado de expresión génica hacia el que gravita el organismo a partir de miles de millones de modelos posibles. Basándose en esta teoría, Kauffman ha sido capaz de realizar predicciones fascinantes sobre cómo se diferencian las células en relativamente pocos tipos celulares, o la relación entre el número de genes de un organismo y el número de tipos celulares. En un humano, suponiendo que posee 100.000 genes, se predicen 370 tipos de células. En la actualidad, la cifra es de 254, lo que es del orden de lo predicho, y por supuesto, podrían descubrirse más.

La teoría del caos también podría arrojar cierta luz sobre el origen de la vida. Según el premio Nobel Ilya Prigogine, la Tierra en su juventud podría haber sido lo que él denomina un medio excitable, maduro para realizar un salto repentino hacia la complejidad, quizá el ARN, o quizá la célula. Los medios excitables están muy de moda entre los científicos de este campo. Brian Goodwin de la *Open University* declara que este concepto podría explicar el desarrollo de un amplio abanico de organismos, desde la floración de las plantas hasta el despliegue del embrión humano.

Las ideas de la teoría del caos también se han volcado sobre los ritmos fisiológicos cuya relación con la expresión genética aún permanece oscura. El latido del corazón encaja mejor en los redundantes mecanismos del caos que en la rigidez de un ritmo regular, por ejemplo. Muchos sistemas anatómicos, como los capilares de los pulmones y los vasos sanguíneos presentan una geometría fractal, la cual está caracterizada por una autosimilitud en muchos órdenes de magnitud.

Los mismos patrones se repiten a sí mismos en muchos aspectos de la naturaleza, desde la ecología de los insectos hasta los turbulentos movimientos del tiempo. La teoría de Gaia ha encontrado conexiones entre los seres vivos y su entorno inanimado. El reto ahora es ver qué conexiones pueden hallarse entre la evolución y la teoría del caos, de la misma manera que los físicos están intentando relacionar la mecánica cuántica y la gravedad.

La búsqueda de algún tipo de gran teoría unificada, el intento de encontrar modelos de amplio espectro en la propia naturaleza, es quizá parte de la psicología humana. Uno de los intentos más controvertidos y de reciente aparición es el del botánico británico Rupert Sheldrake. En su libro *Una Nueva Ciencia de la Vida* publicado en 1981, Sheldrake argumenta que en el Universo penetran fenómenos intangibles conocidos como campos mórficos. Estos contienen información sobre sistemas naturales y se forman siempre que nace algún sistema nuevo, como un cristal o una nueva especie o modelo de comportamiento. Estos campos aparentemente evolucionan a través del espacio y el tiempo y la resonancia entre acontecimiento actuales, como la formación de cristales o el aprendizaje de lecciones, o el desarrollo de embriones, se conoce con el nombre de resonancia mórfica. Sheldrake declara que la resonancia mórfica puede afrontar con éxito problemas clave del desarrollo, y que su estudio en los años cuarenta fue interrumpido debido al desarrollo de la biología molecular.

Casi no hay evidencia experimental sobre la resonancia mórfica, y las ideas de Sheldrake han sido vivamente criticadas por la comunidad científica, hasta el punto de que su primer libro fue denunciado en la revista *Nature* diciendo que servía solo para ser quemado. En un editorial, Sir John Maddox dijo que la biología molecular podía dar respuestas a cualquier problema destacado de la biología.

Nadie sabe si los puntos de vista reduccionistas de Maddox serán corroborados por los datos aportados por el Proyecto del Genoma Humano. Si recordamos que se están cartografiando en paralelo los genes de especies diferentes, surge la cuestión de la estrecha relación entre nosotros y otras especies. Aproximadamente un 1% de diferencia en el ADN entre nosotros y nuestros parientes más cercanos, los chimpancés, ha originado el lenguaje y la conciencia, las habilidades necesarias para desarrollar la ingeniería genética y todas las demás tecnologías basadas en el ADN. Tal es su potencia, que es poco probable que el ADN se baste para explicar porqué hemos descubierto sus secretos y su potencial para ¡hacer frente a las necesidades humanas!

Bibliografía recomendada

CAPÍTULO 1

Horace Freeland Judson, The *Eight Day of Creation,* Touchstone Books, S & S Trade, 1980.
James D. Watson, The *Double Helix,* Norton, 1980. Edición española: *La doble hélice,* Salvat, 1994.

CAPÍTULO 2

Walter J. Moore, *Schrödinger: Life and Thought,* Cambridge University Press, 1992. Edición española: *Schrödinger: una vida,* Cambridge University Press, 1996.
Erwin Schrödinger, *What is life?,* Cambridge University Press, 1968. Edición española: *¿Qué es la vida?,* Ediciones Orbis, 1986.

CAPÍTULO 3

Evelyn Fox Keller, *A Feeling for the Organism: The Life and Work of Barbara McClintock,* W. H. Freeman, 1984.

CAPÍTULO 4

A. G. Cairns-Smith, *Seven Clues to the Origin of Life: A Scientific Detective Story,* Cambridge University Press, 1990. Edición española: *Siete pistas sobre el origen de la vida,* Ediciones del Prado, 1994.
Adrian Desmond y James Moore, *Darwin,* Warner, 1992.
Bernard Dixon, *Power Unseen: How Microbes Rule the World,* W. H. Freeman, 1994.
Lynn Margulis y Dorion Sagan, *A Garden of Microbial Delights: A Practical Guide to the Subvisible World,* Kendall Hunt, 1993.
John Postage, *The Outer Reaches of Life,* Cambridge University Press, 1994.

CAPÍTULO 7

John Harris, *Wonderwoman and Superman: The Ethics of Human Biotechnology,* Oxford University Press, 1992. Edición española: *Superman y la mujer maravillosa; las dimensiones de la biotecnología,* Editorial Tecnos, 1998.

David Wetherall, *The New Genetics and Clinical Practice,* 3.ª edición, Oxford University Press, 1991.

CAPÍTULO 8

David W. E. Smith, *Human Longevity,* Oxford University Press, 1993.
Lewis Wolpert, *The Triumph of the Embryo*, Oxford University Press, 1994.

CAPÍTULO 10

Robert Walgate, *Miracle or Menace: Biotechnology and the Third World,* Panos Books, 1990.

CAPÍTULO 12

Paul Davies, *The Cosmic Blueprint,* Touchstone Books, S & S Trade, 1989.
Richard Dawkins, *The Selfish Gene*, 2.ª edición, Oxford University Press, 1990. Edición española: *El gen egoísta,* Salvat, 1994.
Brian Goodwin, *How the Leopard Changed its Spots*, Weidenfeld, 1994. Edición española: *Las manchas del leopardo,* Tusquets, 1998.
Stuart Kauffman, *The Origins of Order: Self Organisation and Selection in Evolution*, Oxford University Press, 1993.
James Lovelock, *The Ages of Gaia: A Biography of our Living Earth*, Bantam, 1990. Edición española: *Las edades de Gaia,* Tusquets, 1998.
Rupert Sheldrake, *The Presence of the Past: Morphic Resonance and the Habits of Nature*, Harper Collins, 1989. Edición española: *Presencia del pasado,* Kairós, 1990.

Índice alfabético

aerobios, 79
aceites vegetales, 198-200
ácidos grasos, 198-199
ácido nucleico, 17
ADN
    análisis, 131-136
    antiguo, 88-90
    apareamiento de bases, 30-31, 34-35
    bases, 20-21
    «basura», 57-58
    de cloroplastos, 79
    descubrimiento del, 15-17
    dinosaurio, 89-90
    doble hélice, 28-31
    egoísta, *ver* «basura»
    estructura, 19-21
    extracción del, 15
    fórmula, 19
    huella dactilar del, *ver* perfil
    longitud del, 21
    minisatélite, 140-142
    mitocondrial, 79
    mutación, 123-124
    origen del, 74-78
    papel en el núcleo, 23-27
    perfil, 139-144
    replicación, 31-35
    sondas, 62
    tamaño, 56-58
    transcripción, 41-44
    y crimen, 142-144
    y paternidad, 142
Agrobacterium tumifaciens, 175-176
Alcaligenes eutrophus, 198-199

alelo, 81
Alzheimer, enfermedad de, 49-50, 130-131, 146
anaerobios, 78-79
anticodón, 43-45
anticuerpos, 69, 164-166, 198-200
Arabidopsis thalania, 65, 179
Arqueobacterias, 87-88
ARN, 21, 67-68
    ARNm (mensajero), 40-44, 43-47
    ARNr (ribosómico), 42-47, 77
    ARNt (de transferencia), 42-45
    ARN polimerasa, 41-44, 51-52
Avery, Oswald, 23-25, 36-37

Bacillus thuringiensis, 181-182
bacteriófago, 23-27
bioabsorción, 200-201
biocombustibles, *ver* biomasa
biodiversidad, 83-85
biomasa, 193-196
biotecnología, 159
    agrícola, 177-187
    ambiental, 192-205
    de los alimentos, 166-169
    y medicina, 162-166
Bragg, Lawrence, 29
Bragg, William, 29
Brenner, Sydney, 39, 43-44, 61-62

Cairns, John, 210-211
Cairns-Smith, Graham, 75
Carson, Rachel, 203
Cech, Tom, 67-68, 77

células, 15-16, 80
    cancerosas, 146
    diploides, 60, 121-122
    en la ingeniería genética, 100-101
    germinales, 155
    haploides, 60, 121-122
    inmortales, 145-146
    madre embrionarias, 113
    somáticas, 155
    suicidas, 150-151, 154-155
    vegetales, 171-172
cinetosomas, 79, 81
clonación, 95-96
clonación de plantas, 173-174
cloroplastos, 56-80
código genético, 36-41
codón, 39-40
combustible
    etanol, 193-195
    a partir de la basura, 195-196
combustibles
    fósiles, 192-194
    renovables, 194
control biológico, 204-205
cromatina, 17
cromatografía, 27-28
cromosomas, 17, 58-61, 62-64
Crick, Francis, 29-31, 36, 43-44, 76-77
cristalografía por rayos x, 29
Chargaff, Erwin, 27-28
Chase, Martha, 25-27, 36-37

Darwin, Charles, 36-37, 73, 82-83, 209
Dawkins, Richard, 57-58, 209-210
DDT, 179-180, 203
Delbrück, Max, 37-38, 210-211
derechos de los animales, 115-118
desoxirribosa, 20-21
dogma central, 36, 47-48
Drosophila, 37-38, 63, 65, 147-148

Encefalopatía espongiforme bovina, 48-50

endosimbiosis, 78-79
enfermedad cardíaca, 127-128
enfermedad de Creutzfeldt-Jakob, 48-49
enfermedad de Parkinson, 49-50, 146-147
    ver también terapia génica
enfermedad genética, 123-131
    autosómica, 125
    fibrosis quística, 125-126
    hemofilia, 125-126
    ligada al cromosoma x, 126
    recesiva, 125
enlaces de hidrógeno, 30-31
entrecruzamiento, 63-64
entropía, 213-214
envejecimiento, 146-148
enzimas, 23
    de restricción, 96-98, 135-137
    en la biotecnología, 159-160
    en la fabricación de los zumos de frutas, 167
    en la fabricación del queso, 166-167
    en la fabricación del vino y la cerveza, 167-169
    en los detergentes, 169-170
    enzimas en la terapia contra el cáncer, 154-155
    transcriptasa inversa, 77
Escherichia coli, 21, 31, 51, 56, 60-61, 95, 100
etiquetado de alimentos, 190-191
eubacterias, 87-88
eucariotas, 56, 79, 84-85
evolución, 77-83
experimentos con animales, *ver* derechos de los animales
extinción, 83

fermentación, 159-162
fijación del nitrógeno, 177-178
fotosíntesis, 177-178
Flemming, Walther, 17
Franklin, Rosalind, 29-31

Índice alfabético

Gamow, George, 39, 40–42
gen, 36–38
    anemia falciforme, 153
    bancos de, 83–85
    cáncer de mama, 138–139
    constitutivo, 50
    deficiencia inmunitaria, 151–152
    e inteligencia, 129
    enfermedad de Parkinson, 153
    hemofilia, 155
    humano, 121–144
    inducible, 50
    intrones, 67–69
    ligamiento, 62–64
    maquinaria, 96
    marcador, 66
    número de, 58
    operador, 51–53
    para la enfermedad de Huntington, 132
    para la fibrosis cística, 131–132
    promotor, 51–53
    pseudogenes, 66–67
    resistencia a los antibióticos, 113
    sustitución dirigida de, 112–116
    talasemia, 151–152
    VIH, 154–155
    y alcoholismo, 129
    y cáncer, 149–151
    y desarrollo del embrión, 147–149
    y esquizofrenia, 129–130
genoma, 56
    cartografiado, 60–62
    de la levadura, 65
    de la manzana, 65–66
    del cereal, 180
    humano, 65–66
    mapas de ligamiento, 64
    mapa físico, 64
Goodwin, Brian, 214
Gould, Stephen Jay, 209–210
Griffith, Fred, 24, 102

Haeckel, Ernst, 17
herbicida, 203–204
Hershey, Alfred, 25–27, 36–37
Hertwig, Oskar, 18–19
hormonas
    estrógenos, 54–55
    vegetales, 172–173

insulina humana, 95
inteligencia extraterrestre, 90–92

Jacob, François, 50–53
Jeffreys, Alec, 141–142

Kauffman, Stuart, 213–214
Kirkwood, Tom, 146–147, 209–210
kuru, 48–49

Lamarck, Jean, 210–211
leucemia, 71, 150
Levene, Phoebus, 21–22, 37
Lovelock, James, 212–213
Luria, Salvador, 210–211

marcadores, 127–128
marco de lectura abierto, 40–41
Margulis, Lynn, 78–81, 212–213
McClintock, Bárbara, 69–70
meiosis, 62–64
Mendel, Gregor, 36–37, 81–82, 123, 209
Meselson, Matthew, 31–35
metabolitos, 159–160, 162
metales, 196, 201
Miescher, Friedrich, 15–17
Miller, Stanley, 75
minería, 196–198
    y microbios, 197
mitocondrias, 56, 80
modelo de operón, 51–52
Monod, Jacques, 50–53, 209–210
Morgan, Thomas Hunt, 63
Mullis, Kary, 133

mutación, 37–38, 85
    dirigida, 210–211

Neodarwinismo, 209–210
nucleína, 17–18
núcleo, 16, 80
nucleosoma, 60
nucleótido, 21
nucleótidos en el ADN, 27–28

Oncoratón, 118–119

paradoja del valor-C, 57-58
patentes, 117–119, 188–189
Pauling, Linus, 29–31
penicilina, 162
plantas
    resistencia a la salinidad, 185
    resistencia al frío, 182–185
plantas transgénicas, 173
    con resistencia a los herbicidas, 183
    con resistencia a los insectos, 182
    tomates, 185–187
polímeros biodegradables, 198–199
Prigogine, Ilya, 214
priones, 48–50
procariotas, 56, 84
proteínas, 23, 46–47
    AAT, 105–106
    BST, 105
    coagulación de la sangre, 107
    elastasa, 106
    enzima ECA, 127–128
    factores de transcripción, 53–54
    fármacos recombinantes, 155–156
    hemoglobina, 107–109
    histona, 60, 86
    ingeniería de, 101
    quimosina, 95–100
    tripsina, 106
proyecto del genoma humano, *ver* genoma,
    cartografía, humano

reacción en cadena de la polimerasa, 89–90
reproducción sexual, 121–123
resistencia a los antibióticos, 70, 99–100, 102
resonancia mórfica, 215
revolución verde, 179–180
ribosoma, 44–47
Rose, Steven, 129

Schrödinger, Erwin, 37–38
Sheldrake, Rupert, 215
SIDA, *ver también* VIH, 48
Síndrome de Down, 122–123
síntesis proteica, *ver* traducción
sopa primordial, 74–75
Stahl, Franklin, 31–35
Strobel, Gary, 71, 203–204
Strohman, Richard, 211–212

talasemia, 69–70, 136–137
tamoxifeno, 139
Taxol, 71, 162–163
tecnología antisentido, 46–47, 154–155
teoría del caos, 213–214
teoría de Gaia, 212–213
traducción, 43–45
trasposones, 70–71
trasplantes de órganos, 109–112
triptófano, 160–161

Urey, Harold, 74–75

vacunas, 163–165
    para la hepatitis B, 164–165
valor-C, 56–57
vector, 95–96
vida, orígenes
VIH, 48
virus, 48
virus de la inmunodeficiencia humana, *ver* VIH
virus vegetales, 180–181

Watson, James, 29–31
Wilkins, Maurice, 29–31
Woese, Carl, 75, 86–88

xenoinjertos, 111–112

zinc, 54